"十三五"职业教育国家规划教材

"十二五"职业教育国家规划教材

经全国职业教育教材审定委员会审定

高等职业教育智能制造专业群系列教材

机械检测技术

（第三版）

罗晓晔　　王慧珍　　陈发波　　主　编

周渝庆　　赵永磊　　翟富林　　副主编

郁　艳　　宋绍刚　　参　编

U0302042

科学出版社

北　京

内 容 简 介

本书通过融合机械检测项目，着重介绍机械检测过程的基本思路，并对操作技巧进行指点，以帮助读者切实掌握机械检测的方法和技巧。全书共 13 个单元，包括绪论、检测技术基础、极限与配合、几何公差、表面粗糙度及其检测、通用计量器具及其使用方法、三坐标测量机介绍、坐标测量的准备工作、测头的选择和校验、零件坐标系的建立、几何特征的测量、尺寸评价和报告输出、三坐标测量项目实训。

本书适合作为应用型本科、高等职业院校"机械检测"等课程的教材，也可作为各类技能培训的教材，还可供相关工程技术人员自学使用。

图书在版编目（CIP）数据

机械检测技术/罗晓晔，王慧珍，陈发波主编. —3 版. —北京：科学出版社，2021.3

ISBN 978-7-03-063408-5

Ⅰ. ①机… Ⅱ. ①罗… ②王… ③陈… Ⅲ. ①机械—检测—高等职业教育—教材 Ⅳ. ①TH17

中国版本图书馆 CIP 数据核字（2019）第 254835 号

责任编辑：张振华 / 责任校对：马英菊
责任印制：吕春珉 / 封面设计：东方人华平面设计部

科 学 出 版 社 出版

北京东黄城根北街 16 号
邮政编码：100717
http://www.sciencep.com

新科印刷有限公司 印刷

科学出版社发行　　各地新华书店经销

*

2012 年 1 月第一版　　2021 年 3 月第十次印刷
2015 年 1 月第二版　　开本：787×1092　1/16
2019 年 11 月第三版　　印张：22 1/2

字数：500 000

定价：59.00 元

（如有印装质量问题，我社负责调换〈新科〉）

销售部电话 010-62136230　编辑部电话 010-62135120-2005（VT03）

前　言

机械检测技术为产品质量提供保障，是生产中不可或缺的重要环节，也是制造工程师必备的基本技能。"机械检测技术"是高等工科院校制造类专业群一门重要的专业课程，其内容涉及机械设计、机械制造、质量控制与生产管理等多个方面。开设本课程的目的是使学生了解公差的基础知识，掌握机械产品的检测项目和方法，培养学生的综合设计能力。

本书第一版、第二版分别于 2012 年、2015 年出版。自 2012 年首次出版至今，本书以检测技术全面且融入新技术、案例实用、编写严谨、理实兼顾的优点，获得了各院校师生的好评。为进一步提升本书的教学效果，使其更好地适应基于工作过程的项目化教学模式，我们对本书进行了优化修订。本次修订是在"对接产业、工学结合、提升质量，推动职业教育深度融入产业链，有效服务经济社会发展"的大背景下，根据全国机械职业教育教学指导委员会对制造类专业群课程改革的要求，以及新的课程标准和教学标准，践行和创新"理实一体化教学"先进职业教育理念而进行的。修订过程中，我们整合了知名检测设备厂商——海克斯康测量技术有限公司（产）、高职院校（学）、零部件制造企业（用）三方的要求，确保本书与检测技术的发展同步、与高职院校的教学需求匹配、与测量技术的实际应用对接。

本书由全国机械职业教育模具专业指导委员会副主任罗晓晔、海克斯康测量技术有限公司王慧珍和陈发波担任主编，重庆工业职业技术学院周渝庆、青岛工程职业学院赵永磊、安徽汽车工业学校翟富林担任副主编，青岛工程职业学院郇艳、宋绍刚参与编写。全书由"基础知识、通用检测技能、三坐标检测技能"构成三位一体的教学内容，共分 13 个单元，主要包括机械检测基础知识（单元 1～单元 5）、通用测量工具检测（单元 6）、坐标检测知识与项目实践（单元 7～单元 13）。为了让读者真正理解和掌握相关的检测技术，本书提供了典型检测实例，以便读者能边学边练，扎实掌握相关技能。

本书广泛吸收了国内外机械检测技术各个领域成熟的经验及最新参考资料中的精华，大部分内容是编者在实践中积累的、有实用价值的检测实例和技巧，并对一些有普遍实用意义的检测内容进行了总结和提高，力求做到理论联系实际，反映国内外先进水平。本书突出对人才创新素质和创新能力的培养，力求达到使读者在实际应用中举一反三、触类旁通的目的。本书充分体现了高等职业教育的应用特色和能力本位，重点突出、简明扼要，实例实用可靠，有利于"基于工作过程""做中学"等现代职业教育理念的实现。

针对教学的需要，本书由杭州浙大旭日科技开发有限公司配套提供全新的立体教学资源库。其内容更丰富，形式更多样，并可灵活、自由地组合和修改。在此对杭州浙大旭日科技开发有限公司为本书配套提供的教学资源库表示衷心的感谢。

限于编写时间和编者水平，疏漏之处在所难免，我们十分期望读者与专业人士提出宝贵意见与建议，以便今后不断加以完善。

目　　录

1 单元

绪 论

>>>>

◎ **单元导读**

　　机械检测技术是现代化、大规模协同生产有序运作的技术保障。通过本单元的学习，应了解有关互换性、标准化、优先数、产品几何量技术规范等概念及其在设计、制造、使用和维修等方面的重要作用，同时能够清楚地认识到机械检测技术的发展。

◎ **思政目标**

◆树立正确的学习观、价值观，自觉践行行业道德规范。

◆牢固树立质量第一、信誉第一的强烈意识。

◆发扬一丝不苟、精益求精的"工匠精神"。

◆遵规守纪，安全生产，爱护设备，钻研技术。

1.1

互 换 性

1.1.1 互换性的概念

现代化的机械制造常采用专业化协作组织生产的方法，即分散制造、集中装配，这样既能提高企业的生产效率，又能保证产品质量和降低成本。随着流水线传送带的运动，产品各部位的零部件被拼装。装配时，工人不需对零部件进行挑选。那么，如何实现不同零部件的统一装配呢？

我们都知道，无论怎样复杂的机械产品，都是由大量的通用标准零件和专用零件组成的。对于这些通用标准零件可以由不同厂家生产制造。这样，产品生产商只需生产关键的专用零件，不仅可以大大减少生产成本，还可以缩短生产周期，及时满足市场需求。同样的疑问，不同厂家生产的零件，是如何解决装配问题的呢？

零部件之所以能实现组合装配，是因为这些产品零件都具有互换性。互换性是指机械产品中同一规格的一批零件（或部件），任取其中一件，不需做任何挑选、调整或辅助加工就能进行装配，并能满足机械产品的使用性能要求的一种特性。在日常生活中，有许多现象涉及互换性，我们经常遇到如灯泡损坏这样的问题，维修时，只需购买相同规格的灯泡装上即可。这是因为灯泡制造规格相同，都是按互换性要求制造的，无论哪个厂家生产，只要产品合格，都具有互相替换的性能。相同的例子还有很多，如汽车、自行车或手表、计算机中的部件损坏，通过更换新部件便能重新使用；仪器设备的螺钉脱落，按相同规格更换即可。

1.1.2 互换性的作用

互换性在提高产品质量和可靠性、提高经济效益等方面具有重大作用，已成为现代机械制造业中普遍遵守的准则。互换性对我国机械行业的发展具有十分重要的意义，现代的工业要求机械零件具有互换性，这样才能将一台设备中的成千上万个零件（或部件）分散到不同的工厂、车间进行高效率的专业化生产，然后集中进行装配。互换性生产可为产品的设计、制造、使用和维修带来很大的方便，使各相关部门获得最佳的经济效益和社会效益。

1）设计方面。由于大量零部件已标准化、通用化，只要根据需要选用即可，从而大大简化了设计过程，缩短了设计周期，同时有利于产品多样化和计算机辅助设计（computer aided design，CAD）。

2）制造方面。互换性有利于组织大规模专业化协作生产，专业化生产又有利于采用高科技和高生产率的先进工艺和装备，实现生产过程机械化、自动化，从而提高生产率和产品质量，降低生产成本。

3）装配方面。由于装配时不需附加加工和修配，减轻了工人的劳动强度，缩短了劳动周期，并且可以采用流水作业的装配方式，大幅度地提高生产效率。

4）使用维修方面。零部件具有互换性，可以及时更换损坏的零部件，减少机器的维修时间和费用，延长机器使用寿命，提高使用价值。

由上可知，互换性生产对提高生产效率，保证产品质量和可靠性，降低生产成本，缩短生产周期，增加经济效益具有重要作用，因此，互换性生产已成为现代制造业普遍遵守的一个原则，也是现代工业发展的必然趋势。

1.1.3 互换性的分类

1）按互换程度，互换性可分为完全互换和不完全互换。

完全互换是指零件在装配或更换时，不需选择、调整或辅助加工；不完全互换又称有限互换，是指允许零部件在装配前预先分组或在装配时采取修配、调整等措施。当装配精度要求较高时，采用完全互换将使零件制造公差很小，加工困难，成本增加。这时可将零件加工精度适当降低，使之便于加工，加工完成后，通过测量将零件按实际尺寸分为若干组，两个相同组号的零件相装配，这种方法称为分组装配法。这样既可保证装配精度和使用要求，又能解决加工困难、降低成本。这种方法具有仅同一组内零件有互换性，组与组之间不能互换的特性。

但是，互换性并不是在任何情况下都是有效的。有时零部件也采用无互换性的装配方式，这种方式通常在单件小批量生产中，特别是在重型机器与高精度的仪器制造中应用较多。例如，为保证机器的装配精度要求，装配过程中允许采用钳工修配的方法来获得所需要的装配精度，称为修配法；装配过程中允许采用移动或互换某些零件以改变其位置和尺寸的办法来达到所需的精度，称为调整法，这些方法都是没有互换性的装配方式。

2）按互换范围，互换性可分为功能互换和几何参数互换。

功能互换是指零部件的几何参数、力学性能、物理性能及化学性能等方面都具有互换性（又称广义互换）；几何参数互换是指零部件的尺寸、形状、位置及表面粗糙度等参数具有互换性（又称狭义互换）。

3）对于标准件，互换性又可分为内互换和外互换。

标准部件内部零件之间的互换称为内互换。例如，滚动轴承外圈内滚道、内圈外滚道与滚动体之间的互换即为内互换。标准部件与其他零件（或部件）之间的互换称为外互换。例如，滚动轴承外圈外径与机壳孔、内圈内径与轴径的互换为外互换。

设计采用何种互换性生产方式，要由产品精度、产品复杂程度、生产规模、设备条件及技术水平等一系列因素决定。一般来说，企业外部的协作、大量和成批生产，均采用完全互换法生产，如汽车、电视机、手机、手表等。采用不完全互换法生产的往往是一些特殊行业。例如，精度要求很高的行业（如轴承工业），常采用分组装配生产；而小批和单件生产的行业（如矿山、冶金等重型机器业），常采用修配法或调整法生产。

1.1.4 互换性的实现条件

1. 几何参数误差

现代化的生产是按专业化、协作化组织生产的，必须面临保证互换性的问题。事实上，任何一种加工都不可能把零件制造得绝对精确。在零件加工过程中，由于工艺系统（零件、机床、刀具、夹具等）误差和其他因素的影响，加工完成后的零件，总是存在不同程度的几何参数误差。几何参数误差对零件的使用性能和互换性会有一定影响。实践证明，生产时，只需将产品按相互的公差配合原则组织生产，遵循国家公差标准，将零件加工后各几何参数（尺寸、形状、位置）所产生的误差控制在一定的范围内，就可以保证零件的使用功能，实现互换性。

零件的几何参数误差分为尺寸误差、几何形状误差、相互位置误差和表面粗糙度。

尺寸误差指零件加工后的实际尺寸相对于理想尺寸之差，如直径误差、孔径误差、长度误差等。

几何形状误差（宏观几何形状误差）指零件加工后的实际表面形状相对于理想形状的差值，如孔、轴横截面的理想形状是圆形，加工后实际形状为椭圆形等。

相互位置误差指零件加工后的表面、轴线或对称平面之间的实际相互位置相对于理想位置的差值，如两个表面之间的垂直度、阶梯轴的同轴度等。

表面粗糙度（微观几何形状误差）指零件加工后的表面上留下的较小间距和微小峰谷所形成的不平度。

2．公差

公差是零件在设计时规定的尺寸变动范围，在加工时只要控制零件的误差在公差范围内，就能保证零件具有互换性。因此，建立各种几何参数的公差标准是实现对零件误差的控制和保证互换性的基础。

3．技术检测

实际生产中，判断加工后的零件是否符合设计要求，必须通过机械检测实现对产品尺寸、性能的检验或测量，从而判断产品是否合格。

技术检测不仅能评定零件合格与否，还能分析不合格的原因，指导我们及时调整工艺过程，监督生产，预防废品产生。事实证明，产品质量的提高，除设计和加工精度的提高外，往往更依赖于技术测量方法和措施的改进及检测精度的提高。

公差标准是实现互换性的应用基础，技术检测是实现互换性的技术保证。合理确定公差与正确进行检测，是保证产品质量、实现互换性生产的两个必不可少的条件。

1.2 标准化和优先数

1.2.1 标准化及其作用

1．标准

标准是以生产实践、科学试验和可靠经验的综合成果为基础，对各生产、建设及流通等领域重复性事物和概念统一制定、发布和实施的准则；它是各方面共同遵守的技术法规，是为了在一定的范围内获得最佳秩序和社会效益，对活动或其结果规定共同的和重复使用的规则、导则或特性文件。标准代表着经济技术的发展水平和先进的生产方式，既是科学技术的结晶、组织互换性生产的重要手段，又是实行科学管理的基础。

标准的范围广泛，种类繁多，涉及生产、生活的方方面面。标准按照适用领域、有效作用范围可分为基础标准、产品标准、方法标准、安全标准、卫生标准、环境保护标准等。标准按照颁布的权力级别可分为国际标准，如 ISO（International Organization for Standardization，国际标准化组织）、IEC（International Electrotechnical Commission，国际电工委员会）；区域标准，如 EN（欧盟）；国家标准，如 GB（中国）、SNV（瑞士）、JIS（日本）等标准；行业标准，如我国的 JB（原机械部）、YB（原冶金部）等标准；地方标准（如 DB）和企业标准（如 QB）。标准经主管部门颁布生效后，具有一定的法制性，不得擅自修改或拒不执行。

各标准中的基础标准则是生产技术活动中最基本的、具有广泛指导意义的标准。这类标准具有最一般的共性，因而是通用性最广的标准。例如，极限与配合标准、几何公差标准、表面粗糙度标准等。

2．标准化

在机械制造中，标准化是实现互换性生产、组织专业化生产的前提条件，是提高产品质量、降低产品成本和提高产品竞争能力的重要保证，是消除贸易障碍，促进国际技术交流和贸易发展，使产品打进国际市场的必要条件。随着经济建设和科学技术的发展，以及国际贸易的扩大，标准化的作用和重要性越来越受到各个国家，特别是工业发达国家的高度重视。

可以说，标准化水平的高低体现了一个国家现代化的程度。在现代化生产中，标准化是一项重要的技术措施，因为一种机械产品的制造过程往往涉及许多部门和企业，甚至还要进行国际协作。为了满足生产上各部门与企业在技术上相互协调的要求，必须有一个共同的技术标准。公差的标准化有利于机器的设计、制造、使用和维修，有利于保证产品的互换性和质量，有利于刀具、量具、夹具、机床等工艺装备的标准化。

自 1959 年起，我国陆续制定了各种国家标准。1978 年，我国正式参加国际标准化组织，由于我国经济建设的快速发展，旧的国家标准已不能适应现代大工业互换性生产的要求。1979 年，原国家标准局统一部署，有计划、有步骤地对旧的基础标准进行了两次修订。随着改革开放的深入，我国的标准化建设得到快速发展，标准体系逐渐与国际标准接轨。

总之，标准化在实现经济全球化、信息社会化方面有其深远的意义。

1.2.2　优先数和优先数系

机械产品总有自己的一系列技术参数，在设计中经常会遇到数据的选取问题，几何量公差最终也是数据的选取问题，如产品分类、分级的系列参数的规定，公差数值的规定等。对各种技术参数值协调、简化和统一是标准化的重要内容。为了使各种参数值协调、简化和统一，前辈们在生产实践中总结出一套科学合理的统一数值标准，即优先数系列，简称优先数系；优先数系中的任一个数值都为优先数。优先数和优先数系标准是重要的基础标准。

国家标准 GB/T 321—2005《优先数和优先数系》给出了制定标准的数值制度，也是国际上通用的科学数值制度。

优先数系公比为 $\sqrt[5]{10}$、$\sqrt[10]{10}$、$\sqrt[20]{10}$、$\sqrt[40]{10}$、$\sqrt[80]{10}$，分别用 R5、R10、R20、R40、R80

表示，其中，R5、R10、R20、R40 为基本系列；R80 为补充系列，仅用于分级很细的特殊场合。R5 是为了满足分级更细的需要而推荐的，其他 4 个都含有倍数系列。

R5 系列公比为

$$q_5 = \sqrt[5]{10} \approx 1.60$$

R10 系列公比为

$$q_{10} = \sqrt[10]{10} \approx 1.25$$

R20 系列公比为

$$q_{20} = \sqrt[20]{10} \approx 1.12$$

R40 系列公比为

$$q_{40} = \sqrt[40]{10} \approx 1.06$$

R80 系列公比为

$$q_{80} = \sqrt[80]{10} \approx 1.03$$

按公比计算得到的优先数的理论值，除 10 的整数次幂外，都是无理数，工程技术上不便直接使用，实际应用的都是经过圆整后的近似值。根据圆整的精确程度，可分为计算值，即对理论值取 5 位有效数字，供精确计算；常用值，即经常使用的优先数，取 3 位有效数字。

表 1-1 中列出了 1～10 范围内基本系列的常用值和计算值。可将表 1-1 中所列优先数乘以 10，100，…，或乘以 0.1，0.01，…，即可得到所需的优先数，如 R5 系列从 10 开始取数，依次为 10，16，25，40，…。

表 1-1　优先数系的基本系列（摘自 GB/T 321—2005）

基本系列（常用值）				计算值
R5	R10	R20	R40	
			1.00	1.0000
			1.06	1.0593
		1.00	1.12	1.1220
		1.12	1.18	1.1885
1.00	1.00	1.25	1.25	1.2589
	1.25	1.40	1.32	1.3335
			1.40	1.4125
			1.50	1.4962
			1.60	1.5849
			1.70	1.6788
		1.60	1.80	1.7783
		1.80	1.90	1.8836
1.60	1.60	2.00	2.00	1.9953
	2.00	2.24	2.12	2.1135
			2.24	2.2387
			2.36	2.3714
			2.50	2.5119
			2.65	2.6607
		2.50	2.80	2.8184
		2.80	3.00	2.9854
2.50	2.50	3.15	3.15	3.1623
	3.15	3.55	3.35	3.3497
			3.55	3.5481
			3.75	3.7584

续表

基本系列（常用值）				计算值
R5	R10	R20	R40	
4.00	4.00	4.00	4.00	3.9811
			4.25	4.2170
		4.50	4.50	4.4668
			4.75	4.7315
	5.00	5.00	5.00	5.0119
		5.60	5.30	5.3088
			5.60	5.6234
			6.00	5.9566
6.30	6.30	6.30	6.30	6.3096
			6.70	6.6834
		7.10	7.10	7.0795
			7.50	7.4989
	8.00	8.00	8.00	7.9433
		9.00	8.50	8.4140
			9.00	8.9125
			9.50	9.4406
10.00	10.00	10.00	10.00	10.0000

　　优先数系中的所有数都为优先数，即都为符合 R5、R10、R20、R40 和 R80 系列的圆整值。在生产中，为满足用户各种需要，同一种产品的同一参数从大到小取不同的值，从而形成不同规格的产品系列。公差数值的标准化，也是以优先数系来选取数值的。

　　优先数系的主要优点是分档协调，疏密均匀，便于计算，简单易记，且在同一系列中，优先数的积、商、乘方仍为优先数。因此，优先数系广泛适用于各种尺寸、参数的系列化和质量指标的分级，如长度、直径、转速及功率等分级。在应用上，机械产品的主要参数一般遵循 R5 系列和 R10 系列；专用工具的主要尺寸遵循 R10 系列；通用型材、通用零件及工具的尺寸、铸件的壁厚等遵循 R20 系列。所以，优先数系对保证各种产品的品种、规格、系列的合理简化，分档和协调配套具有十分重要的意义。

1.3

互换性与检测技术

1.3.1 检测技术

1. 检测技术的重要作用

　　检测技术是互换性得以实现的必要保障。加工完成后的零件是否满足几何精度的要求，需要通过测量加以判断，机械检测是测量与检验的总称，是确定产品是否满足设计要求的过程，即判断产品合格性的过程。

　　测量是指将被测量与作为测量单位的标准量进行比较，从而确定被测量的实验过程；

而检验只需确定零件的几何参数是否在规定的极限范围内，并判断零件是否合格即可，不需要测出具体数值。

检验和测量的区别在于：检验只评定被测对象是否合格，而不能给出被测对象值的大小；测量是通过被测对象与标准量的比较，得到被测对象的具体量值，以此判别被测对象是否合格的过程。例如，用光滑极限量规检验被测零件尺寸，可以直接判断被测尺寸是否在其极限尺寸范围之内，从而得到被测零件是否合格的结论，但不能得出其实际尺寸。因此，检验和测量的概念是明显不同的。检测的核心是测量技术，通过测量得到的数据，不仅能判断产品是否合格，还为分析产品制造过程中的质量状况提供了最直接而可靠的依据。一般来说，在大批量生产条件下，检验精度要求不太高的零件时常用检验，因为检验的效率高；而高精度、单件小批生产条件下或需要进行加工精度分析时，多采用测量。

测量技术包括测量的仪器、测量的方法和测量数据的处理与评判。通过测量不仅可以评定产品质量，还可以分析产品不合格的原因，及时调整生产工艺，预防废品产生。

2. 检测技术的发展

近年来，随着工业现代化快速发展，各行业对制造精度和产品质量提出了更高的要求，使机械检测的作用与地位更加重要。同时，现代计算机科学、电子和微机械电子科学与技术的迅速发展又为机械检测技术的发展提供了知识和技术支持，从而促使检测技术得到极大的发展和广泛应用。

制造业的发展，促使检测技术中的新原理、新技术、新装置系统不断出现。与传统测量技术比较，现代测量技术呈现出一些新的特点：测量精度不断提高，测量范围不断扩大，从静态测量到动态测量，从非现场测量到现场在线测量，从简单信息获取到多信息融合，测量对象复杂化、测量条件极端化。

国外对测量及相关技术的研究力度和资金投入加大，测量仪器设备有了长足进步，大量新型高性能测量仪器设备不断出现，如便携式形貌测量设备、基于视觉的在线检测设备、基于机器人的在线检测与监控设备、微/纳米级测量设备等。仪器设备的测量精度有了质的飞跃，自动化程度显著改善，同时在计算机软、硬件的支持下，功能得到极大拓展。

国内测量技术的研究及仪器设备水平与国外比较还有一定差距，与国内快速发展的制造业很不协调，存在自主创新能力差，高端、高附加值测量仪器设备空白，不重视技术创新等问题。差距存在是客观的，但同时也应看到，当前全球同步发展的计算技术、信息技术，高性能器件、全球市场的开放和融合，加之国内制造业的兴起等，为国内测量技术及仪器设备的振兴提供了现实的机遇。

3. 坐标测量技术的诞生

伴随着众多制造业如汽车、电子、航空航天、机床及模具工业的蓬勃兴起和大规模生产的需要，要求零部件具备高度的互换性，并对尺寸、位置和形状提出了严格的公差要求。在加工设备提高工作效率、自动化更强的基础上，要求计量检测手段应当高速、柔性化、通用化，而固定的、专用的或手动的工具量具大大限制了大批量制造和复杂零件加工的发展；平板+高度尺+卡尺的检验模式已不能满足现代柔性制造和复杂形状工件测量的需要，在此基础上坐标测量行业应运而生。

坐标测量技术的原理是任何形状都是由空间点组成的，所有的几何量测量都可以归纳为空间点的测量，因此精确进行空间点坐标的采集，是评定任何几何形状的基础。

坐标测量机的基本原理是将被测零件放入它允许的测量空间，精确地测出被测零件表面的点在空间 3 个坐标位置的数值，将这些点的坐标数值经过计算机数据处理，拟合形成测量元素，如圆、球、圆柱、圆锥、曲面等，经过数学计算的方法得出其形状、位置公差及其他几何量数据。

在测量技术上，光栅尺及容栅、磁栅、激光干涉仪的出现，革命性地把尺寸信息数字化，为几何量测量的计算机处理，进而用于控制打下基础。

坐标测量机的特点是高精度（达到 μm 级）、万能性（可代替多种长度计量仪器）、数字化（把实体的模型转化成数字化的三维坐标），因而多用于产品测绘、复杂型面检测、工具夹具测量、研制过程中间测量、CNC 机床或柔性生成线在线测量等方面；只要是测量机的测头能够瞄准（或触碰）的地方（接触法与非接触法均可），就可测出它们的几何尺寸和相互位置关系，并借助计算机完成数据处理。这种三维测量方法具有万能性，可方便地进行数据处理与过程控制，因而测量机不仅在精密检测和产品质量控制上扮演着重要角色，还在设计、生产过程控制和模具制造方面发挥着越来越重要的作用，并在汽车工业、航空航天、机床工具、国防军工、电子和模具等领域得到广泛应用。

1.3.2　机械检测的现状及趋势

1. 检测技术的现状及发展导向

随着近几年世界经济格局的变化和我国经济高速发展的趋势，我国的机械制造行业也发生了新的变革。测量技术的先进程度将成为我国未来制造业赖以生存的基础和可持续发展的关键。随着制造业的规模扩大和技术发展，检测设备越来越普遍地应用于现代化工厂，如图 1-1 所示。诸多检测设备的管理和测量信息的收集成为日趋明显的问题：

如何统一管理各部门测量数据？

如何快速利用检测数据指导产品制造？

如何使检测过程高效、产品质量可控？

如何管理供应商检测数据？

如何保证检测信息的共享和保密管理，让各部门得到自己所需的检测信息并高效工作？

如何将现场手动量具的检测数据纳入数据库管理？

产品制造的各环节和部门的技术也在不断发展，产品设计和检测规划的三维无纸化设计，企业的网络技术发展，测量设备及技术的更加自动化和企业信息化管理的需求，使检测自动化和无纸化成为机械检测的发展方向。

机械检测的未来发展趋势呈现以下特点：

1）无纸化，三维 CAD 模型取代了传统的二维图纸测量编程。

2）网络化，测量文件及任务信息通过网络公告和通知取代传统的人员通知。

3）集成化，各种设备和部门的测量结果和数据通过网络进行中心化、远程化管理。

图 1-1　现代化工厂及计量管理系统

2. 数字化检测——从传统的蓝图打印跨越到无纸数字化检测

致力于持续不断的产品创新、效率提升、成本降低与品质提高，从而在日渐激烈的市场竞争中脱颖而出，无疑是现代制造业的普遍追求。为此，各种现代的制造技术，如 CAD、CAM（computer aided manufacturing，计算机辅助制造）、CIM（computer integrated manufacturing，计算机集成制造）、高性能数控加工中心、网络系统及先进的生产管理系统（ERP）在企业中得到了广泛应用与推广。

（1）数字化检测概念及特点

以 PC-DMIS 为核心的企业计量解决方案（enterprise metrology solutions，EMS），在企业现有 CAD 系统、先进的生产管理系统和网络技术的基础上，实现了将用户的计量操作从设计一直延伸到最后的检测，将传统的蓝图打印改为现代的无纸数字化检测。

数字化检测是指充分利用测量相关环节的先进资源，通过先进的 CAD 技术、互联网技术和测量设备及软件，实现从检测编程、测量、数据处理到报告生成和传递等全部过程的电子化、无纸化、自动化，如图 1-2 所示。

图 1-2　数字化检测方案

（2）数字化检测实现及基本流程

数字化检测从产品设计、产品加工、质量检测、数据处理、信息反馈等环节将各车间、各部门、各种测量设备、各种软件进行信息集成和联通，使每个环节的检测信息进行统一收集和管理；统一数据库保存和报告的自动分发，保证各相关部门和人员各取所需，及时获取所需检测信息快速指导工作。数字化检测信息传递基本流程如图 1-3 所示。

（3）数字化检测的优势及发展

通过数字化检测的手段使产品的检测过程自动化、网络化，工作过程更加高效，人力资源成本降低，员工的劳动强度降低，检测信息数据库统一管理，信息的账户和权限管理提高了信息管理的安全性和保密性。图 1-4 为数字化检测工厂管理平台示意图。

图 1-3　数字化检测信息传递基本流程

图 1-4　数字化检测工厂管理平台示意图

1.4

产品几何量技术规范

1.4.1　产品几何量技术规范概念及作用

进入 21 世纪以来，随着知识的快速扩张和经济的全球化，以及企业规模和地域分散性的扩大，传统的内部交流和联系机制日趋消失，国家、地域之间的经济竞争日趋激烈。因此，在世界领域内提供和实施可靠的交流与评判工具，已成为满足工业的全球化竞争的任务。

在机械制造领域，最主要的交流与评判工具就是产品几何量技术规范（geometrical product specifications，GPS）。它是一套有关工件几何特性的技术规范，是覆盖产品尺寸、几何公差和表面特征的标准，贯穿几何产品的研究、开发、设计、制造、检验、销售、使用和维修的整个过程。

GPS 的发展与应用有多种原因，最根本的是其使产品的一些基本性能得到了保证，主要体现在：

1）功能性。例如，组成汽车的零件能够满足一定的几何公差要求，汽车才能够良好地工作。

2）安全性。例如，发动机的曲轴表面通过磨削加工能够达到规定的表面粗糙度要求，因疲劳断裂损坏发动机的危险性就会大大降低。

3）独立性。例如，保证压缩机气缸的表面粗糙度要求，就可以直接保证机器的使用寿命。

4）互换性。互换性作为 GPS 的最初应用，其目的是有利于机器或设备的装配和修理。

1.4.2　新一代 GPS 体系简介

新一代 GPS 是国际上近几年提出的、正在研究与发展中的、引领世界制造业前进方向的、基础性的新型国际标准体系，是实现数字化制造和发展先进制造技术的关键。这一标准体系与现代设计和制造技术相结合，是对传统公差设计和控制实现的一次大的改革。

传统的 ISO GPS 标准是一套基于几何学的产品几何标准与检测规范，它虽然提供了产品设计、制造及检测的技术规范，但没有建立彼此之间的联系，其精度和公差设计理论不适用于计算机中的三维图形表达。

新一代 GPS 以数学作为基础语言结构，以计量数学为根基，给出产品功能、技术规范、制造与检验之间的量值传递的数学方法，它蕴含工业化大生产的基本特征，反映了技术发展的内在需要，为产品技术评估提供了"通用语言"，为设计、产品开发及计量测试人员等建立了一个交流平台。

新一代 GPS 标准所涉及的范围不仅包括工件尺寸和形状位置几何特性、表面特征及其相关的检验原则、计量器具（又称测量器具）和校准要求、测量不确定度，还包括基本表达方法和图样标注的解释等，如图 1-5 所示。概括如下：①GPS 基本规则、原则和定义、几何性能及其检验的标准；②尺寸、距离、角度、形状、位置、方向、表面粗糙度等几何特征的标准；③基于制造工艺（如机械加工、铸造、冲压等）的加工公差等级分类标准和标准机械零件（如螺纹件、键、齿轮等）的公差等级标准；④产品生命周期中设计、制造、计量、质量保证等环节所涉及的标准。

基础GPS标准	全局GPS标准 影响部分或全部通用GPS标准链环的 GPS标准或相关标准
	通用GPS标准矩阵 要素几何特征 1. 尺寸　　　　2. 距离 3. 半径　　　　4. 角度 5. 与基准无关的线的形状 6. 与基准有关的线的形状 7. 与基准无关的面的形状 8. 与基准有关的面的形状 9. 方向　　　　10. 位置 11. 圆跳动　　　12. 全跳动 13. 基准　　　　14. 轮廓粗糙度 15. 轮廓波纹度　16. 综合轮廓 17. 表面缺陷　　18. 棱边
	补充GPS标准 补充GPS标准链环 A. 加工特殊公差标准 A1. 机械加工链环　　A2. 铸造链环 A3. 焊接链环　　　　A4. 热切削链环 A5. 塑料模具链环　　A6. 金属无机涂料链环 A7. 涂料链环 B. 机械零件几何标准 B1. 螺纹链环　B2. 齿轮链环　B3. 花键链环

图 1-5　GPS 标准体系总体结构

本课程的性质与主要内容

本课程是机械类各专业的一门专业基础课,是基础课程学习过渡到专业课学习的桥梁。课程包括公差与误差检测两大内容,把标准化和计量学两个领域的有关部分有机地结合在一起,与机械设计、机械制造、质量控制等多方面密切相关,是机械工程技术人员和管理人员必备的基本知识与技能。

通过课程学习,学生应达到以下要求:

1)掌握各有关公差标准的基本内容、特点和表格使用。

2)了解技术测量的基本概念,常用的测量方法及计量器具的工作原理,掌握常用计量器具的操作技能,并能分析测量误差及其处理方法。

3)初步掌握三坐标测量机的基本使用,能对产品几何量公差进行三坐标检测,并能进行数据采集、评价及检测报告输出。

总之,通过本课程学习,需要掌握几何测量技术的基本理论知识,了解公差、检测之间的关系,对三坐标测量机的检测过程、基本操作有一个初步认识,具有继续自学并结合工程实践应用、扩展的能力。

习　题

1. 什么是互换性？它在机械制造中有何意义？
2. 公差、检测、互换性、标准化有什么关系？
3. 什么是优先数系？

2 单元

检测技术基础

>>>>

◎ **单元导读**

　　了解检测技术基础概念知识是本课程专业知识学习的基础，通过本单元的学习，应了解机械检测技术相关的基本常识、常用术语，包括检测的量值传递系统、测量方法、测量误差及误差产生原因和误差处理方法，同时简单认识在检测中使用的计量器具。

◎ **思政目标**

◆树立正确的学习观、价值观，自觉践行行业道德规范。

◆牢固树立质量第一、信誉第一的强烈意识。

◆发扬一丝不苟、精益求精的"工匠精神"。

◆遵规守纪，安全生产，爱护设备，钻研技术。

检测技术基本概念

机械制造业的发展以检测技术的发展为基础，测量技术的发展促进了现代制造技术的进步。测量在机械制造业占有极其重要的地位。

关于检测方面的国家标准有 GB/T 6093—2001《几何量技术规范（GPS）长度标准量块》、GB/T 1957—2006《光滑极限量规 技术条件》、GB/T 3177—2009《产品几何技术规范（GPS）光滑工件尺寸的检验》、GB/T 10920—2008《螺纹量规和光滑极限量规 型式与尺寸》等。

为了满足机械产品的功能要求，在正确合理地完成了强度、运动、寿命和精度等方面的设计以后，还必须进行加工、装配和检测过程的设计，即确定加工方法、加工设备、工艺参数、生产流程和检测方法。其中，非常重要的环节就是保证机械零件的几何精度及互换性，而质量保证的首要方法就是检测。

检测过程可对机械零件进行定性或定量的分析，从而判断其是否符合设计要求。定性检测的方法只能得到被测对象合格与否的结论，而不能得到其具体的量值，如用光滑极限量规检验工件的尺寸；定量检测就是将被测的量和一个作为计量单位的标准量进行比较，以获得被测量值的实验过程。通常有以下几种检测方式。

1. 测量

测量是指以确定被测对象的几何量量值为目的进行的实验过程。这个过程的实质是将被测几何量量值 L 与计量单位标准量 E 进行比较，从而获得两者比值 q，即

$$q = \frac{L}{E}$$

被测几何量量值 L 为测量所得的量值 q 与计量单位标准量 E 的乘积，即

$$L = q \times E$$

几何量测量主要是指各种机械零部件表面几何尺寸、形状的参数测量，其几何量参数包括零部件具有的长度、角度参数、坐标、表面几何形状与位置参数、表面粗糙度等。几何量测量是确保机械产品质量和实现互换性生产的重要措施。

测量是各种公差与配合标准贯彻实施的重要手段。为了实现测量的目的，不仅要使用统一的标准量，有明确的测量对象和确定的计量单位，还要采用一定的测量方法和运用适当的测量工具，而且测量结果要达到一定的精度。

因此，一个完整的测量过程应包括测量对象、计量单位、测量方法和测量精度 4 个要素。

（1）测量对象

测量对象是指被测定物理量的实体，如测量量块长度时的量块、测量表面粗糙度时的各种工件、测量平面度时的平板等。而被测量是指某一被测的物理量或测量对象的某一被测参数。课程中涉及的测量主要指几何量测量，包括长度、角度、形状、相对位置、表面粗糙度、形状和位置误差等。

（2）计量单位

计量单位是在定量评定物理量时，作为标准并用以与被测的物理量进行比较的同类物理量的量值。我国采用的法定计量单位中，长度的计量单位为米（m）。

（3）测量方法

测量方法是测量时所采用的测量原理、计量器具及测量条件的总和。

（4）测量精度

测量精度是测量结果与被测量真值的一致程度，即测量结果的正确与可靠程度。任何测量过程总不可避免地会出现测量误差，误差大，说明测量结果与真值相差较大，准确度低，因此准确度和误差是两个相对的概念。测量时的精度要求并不是越高越好，而是根据被测量的精度要求进行选取，该精度要按最经济的方式完成测量任务。

测量是机械生产过程中的重要组成部分，测量技术的基本要求：在测量过程中，应保证计量单位的统一和量值准确；应将测量误差控制在允许范围内，以保证测量结果的精度；应正确、经济合理地选择计量器具和测量方法，以保证一定的测量条件。

2．测试

测试是指具有试验研究性质的测量，也就是试验和测量结合。

3．检验

检验是判断被测对象是否合格的过程，通常不需要测出被测对象的具体数值，常使用量规、样板等专用定值无刻度量具来判断被检对象的合格性。

2.2　测量基准与量值传递

测量工作过程需要标准量作为依靠，而标准量所体现的量值需要由基准提供，因此，为了保证测量的准确性，就必须建立起统一、可靠的计量单位基准。

计量基准是为了定义、实现、保存和复现计量单位的一个或多个量值，用作参考的实物量具、测量仪器、参考物质和测量系统。在几何量计量中，测量基准可分为长度基准和角度基准两类。

2.2.1 长度基准与量值传递系统

为了进行长度计量，必须规定一个统一的标准，即长度计量单位。目前，国际上使用的长度单位有米制和英制两种，统一使用的公制长度基准是在 1983 年 10 月第 17 届国际计量大会上通过的，以米作为长度基准。1984 年，我国国务院发布了《关于在我国统一实行法定计量单位的命令》，决定在采用先进的国际单位制的基础上，进一步统一我国的计量单位，并发布了《中华人民共和国法定计量单位》，其中规定长度的基本单位为米（m）。

机械制造中常用的长度单位为毫米（mm）：

$$1mm = 10^{-3}m$$

精密测量时，多采用微米（μm）为单位：

$$1\mu m = 10^{-3}mm$$

超精密测量时，则用纳米（nm）为单位：

$$1nm = 10^{-3}\mu m$$

国际长度单位"米"的最初定义始于 1791 年法国。随着科学技术的发展，米的定义也在不断完善。1983 年 10 月，第 17 届国际计量大会通过了米的新定义："米是光在真空中 1/299792458s 时间间隔内所经路程的长度。新定义的米，可以通过时间法、频率法和辐射法来复现，把长度单位统一到时间上可以利用高度精确的时间计量，大大提高长度计量的精度。

在实际生产和科研中，不便于用光波作为长度基准进行测量，而是采用各种计量器具进行测量。为了保证量值统一，必须把长度基准的量值准确地传递到生产中应用的计量器具和工件上。因此，必须建立一套从长度的国家基准谱线到被测工件的严密而完整的长度量值传递系统。

量值传递就是将国家的计量基准所复现的计量单位值，通过检定传递到下一级的计量标准，并依次逐级传递到工作用计量器具，以保证被检计量对象的量值能准确一致。各种量值的传递一般是阶梯式的，即由国家基准或比对后公认的最高标准逐级传递，直到工作用计量器具。长度量值分两个平行的系统向下传递（图 2-1），其中一个是刻线量具（线纹尺）系统，另一个是端面量具（量块如图 2-2 所示）系统。

图 2-1　长度量值传递系统

图 2-2　量块

2.2.2　角度基准与量值传递系统

角度也是机械制造中重要的几何参数之一，常用角度单位度（°）是由圆周角 360° 来定义的，而弧度（rad）与度（°）、分（′）、秒（″）又有确定的换算关系。

我国法定计量单位规定平面角的角度单位为弧度及度、分、秒。

1rad 是指在一个圆的圆周上截取弧长与该圆的半径相等时所对应的中心平面角。

$$1° = (2\pi / 360)rad = (\pi / 180)rad$$

度、分、秒的关系采用 60 进位制，即

$$1° = 60' , \quad 1' = 60''$$

任何一个圆周均可形成封闭的 360° 中心平面角，因此，角度不需要和长度一样再建立一个自然基准。但在计量部门，为了工作方便，在高精度的分度中，常以多面棱体（图 2-3）作为角度基准来建立角度量值传递系统（图 2-4）。

图 2-3 多面棱体

图 2-4 角度量值传递系统

多面棱体是用特殊合金或石英玻璃精细加工而成的。它分为偶数面和奇数面两种，前者的工作角为整度数，用于检定圆分度器具轴系的大周期误差，还可以进行对径测量；后者的工件角为非整度数，它可综合检定圆分度器具轴系的大周期误差和测微器的小周期误差，能较正确地确定圆分度器具的不确定度。

测量方法与计量器具

2.3.1 测量方法的分类

测量方法是指在进行测量时所用的，按类别叙述的一组操作逻辑次序。从不同观点出发，可以将测量方法进行不同的分类。常见的测量方法有如下几种。

1．直接测量和间接测量

按实测几何量是否为要测几何量，可将测量方法分为直接测量和间接测量。

（1）直接测量

直接测量是指直接从计量器具获得被测量量值的测量方法，如用游标卡尺、千分尺测量。

（2）间接测量

间接测量是先测得与被测量有一定函数关系的量，然后通过函数关系求得被测量值。例如，测量大尺寸圆柱形零件直径 D 时，先测出其周长 L，然后按公式 $D = L / \pi$ 求得零件的直径 D，如图 2-5 所示。

周长：L

图 2-5　用公式测量直径

直接测量过程简单，其测量精度只与测量过程有关，而间接测量的精度不仅取决于几个实测几何量的测量精度，还与所依据的计算公式和计算的精度有关。因此，为减少测量误差，一般采用直接测量，必要时才用间接测量。

2．绝对测量和相对测量

按示值是否为被测量的量值，可将测量方法分为绝对测量和相对测量。

（1）绝对测量

绝对测量是指被计量器具显示或指示的示值即为被测几何量的量值。例如，用测长仪测量零件，其尺寸由刻度尺直接读出。

（2）相对测量

相对测量又称比较测量，是指计量器具显示或指示出被测几何量相对于已知标准量的偏差，测量结果为已知标准量与该偏差值的代数和。

一般来说，相对测量的测量精度比绝对测量高。

3．接触测量和非接触测量

按测量时被测表面与计量器具的测头是否接触，可将测量方法分为接触测量和非接触测量。

（1）接触测量

接触测量是指在测量时，计量器具的测头与被测表面直接接触的测量，如用游标卡尺、千分尺测量工件。

（2）非接触测量

非接触测量是指在测量时，计量器具的测头与被测表面不接触的测量，如用气动量仪测量孔径和用显微镜测量工件的表面粗糙度。

在接触测量中，接触时有机械作用的测量力，会引起被测表面和计量器具有关部分的弹性变形，进而影响测量精度；非接触测量则无此影响，故适宜于软质表面或薄壁易变形工件的测量，但不适合测量表面有油污和切削液的零件。

4．单项测量与综合测量

按零件上同时被测几何量的多少，可将测量方法分为单项测量和综合测量。

（1）单项测量

单项测量是指分别测量工件各个参数的测量。例如，分别测量螺纹的中径、螺纹和牙型半角。

（2）综合测量

综合测量是指同时测量工件上某些相关几何量的综合结果，以判断综合结果是否合格。例如，用螺纹通规检验螺纹的单一中径、螺距和牙型半角实际值的综合结果，即作用中径。

单项测量的效率比综合测量低，但单项测量结果便于工艺分析，综合测量适用于大批量生产，且只要求判断合格与否，而不需要得到具体的误差值。

5．被动测量和主动测量

按测量结果对工艺过程所起的作用，可将测量方法分为被动测量和主动测量。

（1）被动测量

被动测量是指在零件加工后进行测量。其测量结果只能判断零件是否合格。

（2）主动测量

主动测量是指在零件加工过程中进行测量。其测量结果可及时显示加工是否正常，并可以随时控制加工过程，及时防止废品的产生，缩短零件生产周期。

主动测量常用于生产线上，因此，又称在线测量。它使检测与加工过程紧密结合，充分发挥检测的作用，是检测技术发展的方向。

6．自动测量和非自动测量

按测量过程自动化程度，可将测量方法分为自动测量和非自动测量。自动测量是指测量过程按测量者所规定的程序自动或半自动地完成。非自动测量又称手工测量，是在测量者直接操作下完成的。

此外，按被测零件在测量过程所处的状态，可将测量方法分为动态测量和静态测量；按测量过程中决定测量精度的因素或条件是否相对稳定，可将测量方法分为等精度测量和不等精度测量等。

2.3.2　计量器具的分类

本节简单介绍计量器具的分类，详细内容参见单元 6。计量器具包括量具和量仪。通常将没有传动放大系统的测量工具称为量具，如游标卡尺、角尺和量规等；将具有传动放大系统的计量器具称为量仪，如机械比较仪、长度仪和投影仪等。计量器具可按其原理、结构特点及用途分为如下几种。

（1）基准量具和量仪

用来校对或调整计量器具或作为标准尺寸进行相对测量的量具和量仪称为基准量具和量仪，如量块、角度量块、激光比长仪等。

（2）通用量具和量仪

通用量具和量仪可以用来测量一定范围内的任意尺寸的零件。它有刻度，可测出具体尺寸值，根据所测信号的转换原理和量仪本身的结构特点，其又分为如下几种类型。

固定刻线量具：米尺、钢直尺、卷尺等。

游标类量具：游标卡尺、游标深度尺、游标高度尺、齿厚游标卡尺、游标量角器等。

螺旋类量具：螺纹千分尺、公法线千分尺、内径千分尺等。

机械式量仪：机械式量仪是指用机械方法实现原始信号转换的量仪，如百分表、千分表、杠杆齿轮比较仪等。

光学式量仪：利用光学方法实现原始信号转换的量仪，如光学计、工具显微镜、光学测角仪、光栅测长仪、激光干涉仪等。

电学式量仪：将零件尺寸的变化量通过一种装置转变成电流（电感、电容等）的变化，然后将此变化测量出来，即可得到零件的被测尺寸，如电感比较仪、电动轮廓仪、容栅测位仪等。这种量仪精度高、测量信号易与计算机连接，可实现测量和数据处理的自动化。

气动式量仪：将零件尺寸的变化量通过一种装置转变成气体流量（压力等）的变化，然后将此变化测量出来，即可得到零件的被测尺寸，如压力式气动量仪、浮标式气动量仪等。

综合类量仪：微型计算机控制的数显万能测长仪、三坐标测量机等。

（3）极限量规类

极限量规是一种没有刻度的专用检验工具，用来检验工件实际尺寸和几何误差的综合结果。量规只能判断工件是否合格，而不能获得被测几何量的具体数值，如塞规、卡规、螺纹量规等。

（4）测量装置

测量装置指为确定被测量所必需的测量装置和辅助设备的总体。其能够测量较多的几何参数和较复杂的工件，与相应的计量器具配套使用，可方便地检验出被测件的各项参数，如检验滚动轴承用的各种检验夹具，可同时测出轴承套圈的尺寸及径向或轴向跳动等。

2.3.3　计量器具的度量指标

度量指标是选择、使用和研究计量器具的依据，也是表征计量器具的性能和作用的指标。计量器具的基本度量指标如下。

（1）分度值

分度值（i）是计量器具刻度尺或刻度盘上相邻两刻线所代表的量值之差。例如，千分尺的分度值 $i=0.01$mm。分度值是量仪能指示出的被测件量值的最小单位。数字显示仪器的分度值称为分辨率，它表示最末一位数字间隔所代表的量值之差。

（2）刻度间距

刻度间距（a）是指量仪刻度尺或刻度盘上两相邻刻线的中心距离，一般为 1～1.25mm。

（3）示值范围

示值范围（b）是指计量器具所指示或显示的最小值到最大值的范围。

（4）测量范围

测量范围（B）是指在允许误差范围内，计量器具所能测量零件的最小值到最大值的范围。

（5）灵敏度

灵敏度（K）是计量器具对被测量变化的反应能力。若用 ΔL 表示计量器具的变化量，用 ΔX 表示被测量的增量，则 $K = \Delta L / \Delta X$。

（6）灵敏限（灵敏阈）

灵敏限（灵敏阈）是指能引起计量器具示值可察觉变化的被测量的最小变化值，它表示计量器具对被测量微小变化的敏感程度。例如，1 级百分表灵敏阈为 $3\mu m$，即被测量只要有 $3\mu m$ 的变化，百分表示值就会有能观察到的变化。

（7）测量力

测量力是指测量过程中，计量器具与被测表面之间的接触压力。在接触测量中，希望测量力是一个恒定值。测量力太大会使零件产生变形，测量力变动会使示值不稳定。

（8）示值误差

示值误差是指计量器具上的示值与被测量真值之间的差值。示值误差可从说明书或检定规程中查得，也可通过实验统计确定。

（9）示值变动性

示值变动性是指在测量条件不变的情况下，对同一被测量进行多次（一般 5～10 次）重复测量时，其读数的最大变动量。

（10）回程误差

回程误差是指在相同测量条件下，计量器具按正反行程对同一被测量进行测量时，计量器具示值之差的绝对值。

（11）修正值

修正值是指为消除系统误差，用代数法加到未修正的测量结果上的值。修正值与示值误差绝对值相等但符号相反。

（12）不确定度

不确定度是指在规定条件下测量时，由于测量误差的存在，对测量值不能肯定的程度。计量器具的不确定度是一项综合精度指标，它包括测量仪的示值误差、示值变动性、回程误差、灵敏限及调整标准件误差等的综合影响，反映了计量器具精度的高低，一般用误差限来表示被测量所处的量值范围。例如，分度值为 0.01mm 的外径千分尺，在车间条件下测量一个尺寸小于 50mm 的零件时，其不确定度为 ± 0.004mm。

测量误差及其处理

2.4.1　测量误差的概念

由于计量器具本身的误差及测量方法和条件的限制，任何测量过程都不可避免地存在误差，测量所得的值不可能是被测量的真值，测得值与被测量的真值之间的差异在数值上表现为测量误差。

测量误差可以表示为绝对误差和相对误差。

1. 绝对误差

绝对误差 δ 是指被测量的测得值 x 与其真值 x_0 之差，即

$$\delta = x - x_0$$

由于测得值 x 可能大于或小于真值 x_0，测量误差 δ 可能是正值也可能是负值，因此，真值可用下式表示：

$$x_0 = x \pm \delta$$

用绝对误差表示测量精度，只能用于评比大小相同的被测值的测量精度。对于大小不相同的被测值，则需要用相对误差来评价其测量精度。

2. 相对误差

相对误差 ε 表示为测量误差（取绝对值）除以被测量的真值。被测量的真值不能确定，因此在实际应用中常以被测量的约定真值或实际测得值代替真值进行估算。

相对误差 ε 是绝对误差 δ 的绝对值与被测量的真值 x_0 之比，即

$$\varepsilon = \frac{|x - x_0|}{x_0} \times 100\% = \frac{|\delta|}{x_0} \times 100\%$$

与绝对误差相比，相对误差能更好地说明测量的精确程度。

2.4.2　测量误差的来源

实际测量中，产生测量误差的因素很多，主要原因有以下几个方面。

1. 测量方法误差

测量方法误差是指由于测量方法不完善所引起的误差，包括工件装夹、定位不合理或测头偏离、测量基准面本身的误差和计算不准确等造成的误差。

2．计量器具误差

计量器具误差是指计量器具本身在设计、制造和使用过程中造成的各项误差，包括原理误差、制造和调整误差、测量力引起的测量误差等。这些误差的综合反映可用计量器具的示值精度或不确定度来表示。

3．基准件误差

基准件误差是指作为标准量的基准件本身存在的制造误差和检定误差。例如，用量块作为基准件调整计量器具的零位时，量块的误差会直接影响测得值。因此，为保证一定的测量精度，必须选择一定精度的量块。

4．测量环境误差

测量环境误差是指测量时的环境条件不符合标准条件所引起的误差，包括温度、湿度、气压、振动、照明等不符合标准及计量器具或工件上有灰尘等引起的误差。

其中，温度对测量结果的影响最大。图样上标注的各种尺寸、公差和极限偏差都是以标准温度 20℃ 为依据的。在测量时，当实际温度偏离标准温度 20℃ 时温度变化引起的测量误差为

$$\Delta L = L[\alpha_2(t_2 - 20℃) - \alpha_1(t_1 - 20℃)]$$

式中：ΔL——测量误差；

L——被测尺寸；

t_1，t_2——计量器具和被测工件的温度，℃；

α_1，α_2——计量器具和被测工件的线膨胀系数，$℃^{-1}$。

测量时，应根据测量精度的要求，合理控制环境温度，以减小温度对测量精度的影响。

5．人为误差

人为误差是指由于测量人员的主观因素所引起的差错，如测量人员技术不熟练、使用计量器具不正确、视觉偏差、估读判断错误等引起的误差。

2.4.3　测量误差的分类及处理

任何测量过程由于受到计量器具和测量条件的影响，都会不可避免地产生测量误差。测量误差按其性质分为随机误差、系统误差和粗大误差。

1．随机误差

随机误差是指在相同测量条件下，多次测量同一量值时，其数值大小和符号以不可预见的方式变化的误差。

随机误差是由于测量中的不稳定因素综合形成的，是不可避免的。产生随机误差的原因很多，如温度、磁场、电源频率的偶然变化等都可能引起这种误差；另外，观测者本身感官分辨能力的限制，也是随机误差的一个来源。

消除随机误差可采用在同一条件下，对被测量进行足够多次的重复测量，取其平均值作为测量结果的方法。

2. 系统误差

系统误差是指在相同测量条件下，多次重复测量同一量值时，误差的大小和符号均保持不变或按一定规律变化的误差。前者称为定值系统误差，可以用校正值从测量结果中消除，如千分尺的零位不正确而引起的测量误差；后者称为变值系统误差，可用残余误差法发现并消除。

计量器具本身性能不完善、测量方法不完善、测量者对仪器使用不当、环境条件的变化等原因都可能产生系统误差。系统误差和随机误差是两类性质完全不同的误差。系统误差反映在一定条件下误差出现的必然性；而随机误差反映在一定条件下误差出现的可能性。

系统误差的大小表征测量结果的准确度，它说明测量结果相对真值有一定的误差。系统误差越小，测量结果的准确度越高。系统误差对测量结果影响较大，要尽量减少或消除系统误差，提高测量精度。

3. 粗大误差

粗大误差是指由于主观疏忽大意或客观条件发生突然变化而产生的误差。在正常情况下，一般不会产生这类误差。例如，由于操作者的粗心大意，在测量过程中看错、读错、记错及突然的冲击振动而引起的测量误差。显然，凡是含有粗大误差的测量结果都是应该舍弃的。

2.4.4　测量精度

测量精度是指被测量的测得值与其真值的接近程度。测量精度和测量误差从两个不同的角度说明了同一个概念。因此，可用测量误差的大小来表示精度的高低。测量精度越高，测量误差越小，反之，测量误差就越大。

由于在测量过程中存在系统误差和随机误差，从而引出以下的概念。

1. 准确度

准确度是指在规定的条件下，被测量中所有系统误差的综合，它表示测量结果中系统误差影响的程度。系统误差越小，则准确度越高。

2. 精密度

精密度是指在规定的测量条件下连续多次测量时，所得测量结果彼此之间符合的程度，它表示测量结果中随机误差的大小。随机误差越小，则精密度越高。

3. 精度

精度是指连续多次测量所得的测得值与真值的接近程度，它表示测量结果中系统误差与随机误差综合影响的程度。系统误差和随机误差越小，则精度越高。

通常，精密度高的，准确度不一定高，反之亦然；但精度高时，准确度和精密度必定都高。

以射击打靶为例，如图 2-6 所示，黑点表示弹着点。图 2-6（a）表示弹着点密集但偏离靶心，表示随机误差小而系统误差大；图 2-6（b）表示弹着点围绕靶心分布，但很分散，说明系统误差小而随机误差大；图 2-6（c）表示弹着点既分散又偏离靶心，说明随机误差与系统误差都大；图 2-6（d）表示弹着点既围绕靶心分布又密集，说明系统误差与随机误差都小。

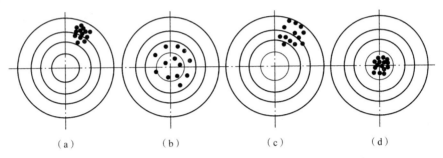

图 2-6　测量精度分类示意图

习　　题

1．测量的实质是什么？一个完整的测量过程包括哪几个要素？
2．什么是测量误差？测量误差的主要来源有哪些？
3．什么是系统误差、随机误差和粗大误差？它们有什么区别？
4．随机误差如何产生？应怎么对它进行处理？

3 单元

极限与配合

>>>>

◎ **单元导读**

　　圆柱结合是机械制造中应用最广泛的一种结合，由孔和轴构成。这种结合由结合直径与结合长度两个参数确定。圆柱结合的公差制是机械公差方面重要的基础标准，包括极限制、配合制、检验制及量规制等。这些公差制不仅适用于圆柱形内、外表面的结合，还适用于其他结合中由单一尺寸确定的部分。本单元主要介绍极限与配合的相关知识。

◎ **思政目标**

　　◆树立正确的学习观、价值观，自觉践行行业道德规范。

　　◆牢固树立质量第一、信誉第一的强烈意识。

　　◆发扬一丝不苟、精益求精的"工匠精神"。

　　◆遵规守纪，安全生产，爱护设备，钻研技术。

极限与配合的基本术语及定义

在国家标准 GB/T 1800.1—2009《产品几何技术规范（GPS） 极限与配合 第 1 部分：公差、偏差和配合的基础》"术语及定义"中，规定了有关要素、尺寸、偏差、公差和配合的基本术语和定义。

3.1.1 要素

1．组成要素

组成要素（integral feature）是指构成零件轮廓的面、轮廓面上的线。

2．导出要素

导出要素（derived feature）是指由一个或几个组成要素导出的中心点、中心线或中心面。

3．尺寸要素

尺寸要素（feature of size）是指由一定大小的线性尺寸或角度尺寸确定的几何形状。尺寸要素可以是圆柱形、球形、两平行对应面、圆锥形或楔形。

4．公称组成要素

公称组成要素（nominal integral feature）是指由图样规范或其他方法确定的理想正确组成要素。

5．公称导出要素

公称导出要素（nominal derived feature）是指由一个或几个公称组成要素导出的中心点、中心线或中心面。

6．实际组成要素

实际组成要素（real integral feature）是指由接近实际（组成）要素所限定的工件实际表面的组成要素部分。

7．提取组成要素

提取组成要素（extracted integral feature）是指按规定方法，由实际（组成）要素提取有限数目的点所形成的实际（组成）要素的近似替代。

8．提取导出要素

提取导出要素（extracted derived feature）是指由一个或几个提取组成要素导出的中心点、中心线或中心面。

9．拟合组成要素

拟合组成要素（associated integral feature）是指按规定方法，由提取组成要素形成的并具有理想形状的组成要素。

10．拟合导出要素

拟合导出要素（associated derived feature）是指由一个或几个拟合组成要素导出的中心点、中心线或中心面。

各要素的含义如图 3-1 所示。

A—公称组成要素；B—公称导出要素；C—实际组成要素；D—提取组成要素；E—提取导出要素；
F—拟合组成要素；G—拟合导出要素。

图 3-1　各要素的含义

3.1.2　孔和轴

1．孔

孔（hole）通常指工件的圆柱形内表面，也包括非圆柱形内表面（由二平行平面或切面形成的包容面）。

2．轴

轴（shaft）通常指工件的圆柱形外表面，也包括非圆柱形外表面（由二平行平面或切面形成的被包容面）。

孔与轴的显著区别在于，从加工方面看，孔越做越大，轴越做越小；从装配关系看，孔是包容面，轴是被包容面。在国家标准中，孔与轴不仅包括通常理解的圆柱形内、外表面，还包括其他几何形状的内、外表面中由单一尺寸确定的部分。在图 3-2 中，D_1、D_2、D_3 和 D_4 均可称为孔，而 d_1、d_2、d_3 和 d_4 均可称为轴。

图 3-2 孔与轴尺寸

3.1.3 尺寸

尺寸（size）是指以特定单位表示线性尺寸值的数值，如长度、高度、直径、半径等都是尺寸。在工程图样上，尺寸通常以 mm 为单位，标注时可将长度单位 mm 省略。

1. 公称尺寸

公称尺寸（nominal size）是指由图样规范确定的理想形状要素的尺寸，如图 3-3 所示。通过它应用上、下极限偏差可以计算出极限尺寸。

图 3-3 公称尺寸、上极限尺寸和下极限尺寸

公称尺寸通常是设计者经过强度、刚度计算，或根据经验对结构进行考虑，并参照标准尺寸数值系列确定的。相配合的孔和轴的公称尺寸应相同，并分别用 D 和 d 表示。

2. 提取组成要素的局部尺寸

提取组成要素的局部尺寸（local size of an extracted integral feature）是一切提取组成要素上两对应点之间距离的统称，简称为提取要素的局部尺寸，旧标准中称为实际尺寸（为表述方便，本书中使用实际尺寸这一说法）。

由于存在测量误差，实际尺寸不一定是被测尺寸的真值。加上测量误差具有随机性，所以多次测量同一处尺寸所得的结果可能是不相同的。同时，由于形状误差的影响，零件的同一表面上的不同部位，其实际尺寸往往并不相等。通常用 D_a 和 d_a 表示孔与轴的实际尺寸。

3. 提取圆柱面的局部尺寸

提取圆柱面的局部尺寸（local size of an extracted cylinder）是指要素上两对应点之间的

距离。其中，两对应点之间的连线通过拟合圆圆心；横截面垂直于由提取表面得到的拟合圆柱面的轴线。

4．两平行提取表面的局部尺寸

两平行提取表面的局部尺寸（local size of two parallel extracted surfaces）是指两平行对应提取表面上两对应点之间的距离。其中，所有对应点的连线均垂直于拟合中心平面；拟合中心平面是由两平行提取表面得到的两拟合平行平面的中心平面（两拟合平行平面之间的距离可能与公称距离不同）。

5．极限尺寸

尺寸要素允许（孔或轴允许）的尺寸有两个极端。提取组成要素的局部尺寸应位于其中，也可达到极限尺寸（limits of size）。尺寸要素允许的最大尺寸，称为上极限尺寸（upper limit of size），孔用 D_{max} 表示，轴用 d_{max} 表示；尺寸要素允许的最小尺寸，称为下极限尺寸（lower limit of size），孔用 D_{min} 表示，轴用 d_{min} 表示。

合格零件的实际尺寸应位于两个极限尺寸之间，也可达到极限尺寸，可表示为 $D_{max} \geqslant D_a \geqslant D_{min}$（对于孔），$d_{max} \geqslant d_a \geqslant d_{min}$（对于轴）。

3.1.4　偏差与公差

1．偏差

偏差（deviation）是某一尺寸（实际尺寸、极限尺寸等）减去公称尺寸所得的代数差。上极限尺寸减去其公称尺寸所得的代数差称为上极限偏差，用代号 ES（孔）和 es（轴）表示；下极限尺寸减去其公称尺寸所得的代数差称为下极限偏差，用代号 EI（孔）和 ei（轴）表示。上极限偏差和下极限偏差统称为极限偏差。实际尺寸减去其公称尺寸所得的代数差称为实际偏差。偏差可以为正值、负值和零。合格零件的实际偏差应在规定的极限偏差范围内。

2．尺寸公差

尺寸公差（size tolerance）简称公差，为上极限尺寸与下极限尺寸之差，或上极限偏差与下极限偏差之差。它是允许尺寸的变动量。

孔公差用 Th 表示，轴公差用 Ts 表示。用公式可表示为

$$Th = \left| D_{max} - D_{min} \right| \quad 或 \quad Th = \left| ES - EI \right| \tag{3-1}$$

$$Ts = \left| d_{max} - d_{min} \right| \quad 或 \quad Ts = \left| es - ei \right| \tag{3-2}$$

公差是用以限制误差的，工件的误差在公差范围内即为合格。也就是说，公差代表制造精度的要求，反映加工的难易程度。这一点必须与偏差区分开，因为偏差仅仅表示与公称尺寸偏离的程度，与加工难易程度无关。

【例 3-1】　已知孔、轴的公称尺寸为 $\phi 45mm$，孔的上极限尺寸为 $\phi 45.030mm$，下极限尺寸为 $\phi 45mm$；轴的上极限尺寸为 $\phi 44.990mm$，下极限尺寸为 $\phi 44.970mm$。试求孔、轴的极限偏差和公差。

解：孔的上极限偏差为 $ES = D_{max} - D = 45.030 - 45 = +0.030$（mm）。

孔的下极限偏差为 $\mathrm{EI} = D_{\min} - D = 45 - 45 = 0 \, (\mathrm{mm})$。

轴的上极限偏差为 $\mathrm{es} = d_{\max} - d = 44.990 - 45 = -0.010 \, (\mathrm{mm})$。

轴的下极限偏差为 $\mathrm{ei} = d_{\min} - d = 44.970 - 45 = -0.030 \, (\mathrm{mm})$。

孔的公差为 $\mathrm{Th} = |D_{\max} - D_{\min}| = |45.030 - 45| = 0.030 \, (\mathrm{mm})$。

轴的公差为 $\mathrm{Ts} = |d_{\max} - d_{\min}| = |44.990 - 44.970| = 0.020 \, (\mathrm{mm})$。

3．零线

在极限与配合图解中，表示公称尺寸的是一条直线，以其为基准确定偏差和公差。通常，零线（zero line）沿水平方向绘制，正偏差位于其上，负偏差位于其下，如图 3-4 所示。

图 3-4　公差带图解

4．公差带

公差带（tolerance zone）是在公差带图解中，由代表上极限偏差和下极限偏差或上极限尺寸和下极限尺寸的两条直线所限定的一个区域。它是由公差带大小和其相对零线的位置来确定的，如图 3-4 所示。

5．标准公差

国家标准极限与配合制中所规定的任一公差，称为标准公差（standard tolerance）。设计时，公差带的大小应尽量选择标准公差，可见公差带的大小已由国家标准化。

6．基本偏差

国家标准极限与配合制中，确定公差相对零线位置的那个极限偏差，称为基本偏差（fundamental deviation）。它可以是上极限偏差或下极限偏差，一般为靠近零线的那个偏差，在图 3-4 中为下极限偏差。

3.1.5　配合与基准制

1．配合

公称尺寸相同，相互结合的孔与轴公差之间的关系，称为配合（fit）。配合的前提必须是公称尺寸相同，二者公差带之间的关系确定了孔、轴装配后的配合性质。

在机器中，由于零件的作用和工作情况不同，相结合两零件装配后的松紧程度要求也不一样。例如，图 3-5 所示 3 个滑动轴承，图 3-5（a）为轴直接装入孔座中，要求自由转动且不打晃；图 3-5（b）为衬套装在座孔中，虽也要紧固，但要求容易装入，且要求比图 3-5（c）的配合要松一些；图 3-5（c）为衬套装在座孔中，要求紧固，不得松动。

（a）轴承座孔与轴装配　　（b）轴承座孔与衬套　　（c）轴承座孔与衬套
要求间隙配合　　　　装配要求过渡配合　　　装配要求过盈配合

图 3-5　配合种类

国家标准根据零件配合的松紧程度的不同要求，将配合分为间隙配合、过盈配合、过渡配合 3 类。

（1）间隙配合

间隙是指孔的尺寸减去相配合的轴的尺寸之差为正。

间隙配合（clearance fit）是指具有间隙（包括最小间隙等于零）的配合。此时，孔的公差带在轴的公差带之上（图 3-6）。

（a）　　　　　　　　　　　　　（b）

图 3-6　轴承座孔与轴间隙配合

配合是指一批孔、轴的装配关系，而不是单个孔和轴的相配关系，所以用公差带图解反映配合关系更确切。当孔为上极限尺寸而轴为下极限尺寸时，两者之差最大，装配后便产生最大间隙；当孔为下极限尺寸而轴为上极限尺寸时，两者之差最小，装配后产生最小间隙。

（2）过盈配合

过盈是指孔的尺寸减去相配合的轴的尺寸之差为负。

过盈配合（interference fit）是指具有过盈（包括最小过盈等于零）的配合。此时，孔的公差带在轴的公差带之下（图 3-7）。

当孔为下极限尺寸而轴为上极限尺寸时，两者之差最大，装配后便产生最大过盈；当孔为上极限尺寸而轴为下极限尺寸时，两者之差最小，装配后产生最小过盈。

（a）　　　　　　　　　　　（b）

图 3-7　轴承座孔与衬套过盈配合

（3）过渡配合

可能具有间隙或过盈的配合，称为过渡配合（transition fit）。此时，孔的公差带与轴的公差带相互交叠（图 3-8）。

由于孔、轴的公差带相互交叠，因此既有可能出现间隙，又有可能出现过盈。

（a）

（b）

图 3-8　轴承座孔与衬套过渡配合

2．配合公差

组成配合的孔、轴公差之和，称为配合公差（variation of fit）。它是允许间隙或过盈的变动量。

对于间隙配合，配合公差等于最大间隙与最小间隙代数差的绝对值；对于过盈配合，其值等于最大过盈与最小过盈代数差的绝对值；对于过渡配合，其值等于最大间隙与最大过盈代数差的绝对值。

【例 3-2】已知 $\phi 50^{+0.025}_{0}$ mm 的孔与 $\phi 50^{+0.018}_{+0.002}$ mm 的轴形成配合。试求极限间隙和极限过盈及配合公差。

解：孔的上极限偏差为 ES = +0.025 mm，上极限尺寸为 D_{max} = 50.025 mm。

孔的下极限偏差为 EI = 0 mm，下极限尺寸为 D_{min} = 50 mm。

轴的上极限偏差为 es = +0.018 mm，上极限尺寸为 d_{max} = 50.018 mm。

轴的下极限偏差为 ei = +0.002 mm，下极限尺寸为 d_{min} = 50.002 mm。

最大间隙为 $X_{max} = D_{max} - d_{min} = ES - ei = +0.023$（mm）。

最大过盈为 $Y_{max} = D_{min} - d_{max} = EI - es = -0.018$（mm）。

配合公差为 $T_f = |X_{max} - Y_{max}| = |+0.023 + 0.018| = 0.041$（mm）。

3．配合制

同一极限制的孔和轴组成配合的一种制度，称为配合制（fit system）。国家标准对配合制规定了两种形式：基孔制配合和基轴制配合。

（1）基孔制配合

基本偏差为一定的孔的公差带，与不同基本偏差的轴的公差带形成各种配合的一种制度，称为基孔制。基孔制配合的孔为基准孔，代号为 H，国家标准规定基准孔的下极限偏差为零（图 3-9）。图 3-10 为基孔制的几种配合示意图。

图 3-9 基孔制

图 3-10 基孔制的几种配合示意图

（2）基轴制配合

基本偏差为一定的轴的公差带，与不同基本偏差的孔的公差带形成各种配合的一种制度，称为基轴制。基轴制配合的轴为基准轴，代号为 h，国家标准规定基准轴的上极限偏差为零（图 3-11）。图 3-12 为基轴制的几种配合示意图。

图 3-11　基轴制

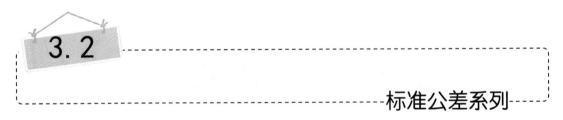

图 3-12　基轴制的几种配合示意图

在一般情况下，优先选用基孔制配合。如有特殊要求，允许将任一孔、轴公差带组成配合。

3.2　标准公差系列

标准公差用于确定尺寸公差带的大小。国家标准按照不同的公称尺寸和不同的公差等级制定了一系列的标准公差数值。

3.2.1　标准公差因子

标准公差因子是计算标准公差值的基本单位，是制定标准公差数值系列的基础。利用统计法在生产中可发现：在相同的加工条件下，公称尺寸不同的孔或轴加工后产生的加工误差不相同，而且误差的大小无法比较；在尺寸较小时加工误差与公称尺寸呈现立方抛物线关系，在尺寸较大时接近线性关系。误差是由公差来控制的，所以利用这个规律可反映公差与公称尺寸之间的关系。

当公称尺寸≤500mm 时，公差单位（以 i 表示）按下式计算：

$$i = 0.45\sqrt[3]{D} + 0.001D \quad （用于 IT5～IT8）\tag{3-3}$$

式中：D 为公称尺寸的计算尺寸，mm。

在式（3-3）中，第一项主要反映加工误差，第二项用来补偿测量时温度变化引起的与公称尺寸成正比的测量误差。第二项比第一项对公称尺寸的变化更敏感，即随着公称尺寸逐渐增大，第二项对公差单位的贡献更显著。

对于大尺寸而言，温度变化引起的误差随直径的增大呈线性关系。

当公称尺寸=500～3150mm 时，公差单位（以 I 表示）按下式计算：

$$I = 0.004D + 2.1 \quad （用于 IT1～IT8）\tag{3-4}$$

当公称尺寸>3150mm 时，以式（3-4）来计算标准公差，但不能完全反映误差出现的规律。

3.2.2 公差等级及数值

根据公差系数等级的不同，GB/T 1800.1—2009 把公差等级分为 20 个等级，用 IT（ISO tolerance）加阿拉伯数字表示，如 IT01，IT0，IT1，…，IT18。其中，IT01 等级最高，等级依次降低，IT18 等级最低。当其与代表基本偏差的字母一起组成公差带时，省略 IT 字母，如 h7。

极限与配合在公称尺寸至 500mm 内规定了 IT01、IT0、IT1～IT18 共 20 级，在公称尺寸 500～3150mm 内规定了 IT1～IT18 共 18 个标准公差等级。

公差等级越高，零件的精度也越高，但加工难度大，生产成本高；反之公差等级越低，零件的精度也越低，但加工难度小，生产成本低。

标准公差由公差等级系数和公差单位的乘积决定。在公称尺寸≤500mm 的常用尺寸范围内，各公差等级的标准公差数值计算公式如表 3-1 所示。

表 3-1　公称尺寸≤500mm 各公差等级的标准公差数值计算公式

标准公差等级	计算公式	标准公差等级	计算公式	标准公差等级	计算公式
IT01	0.3+0.008D	IT6	$10i$	IT13	$250i$
IT0	0.5+0.012D	IT7	$16i$	IT14	$400i$
IT1	0.8+0.02D	IT8	$25i$	IT15	$640i$
IT2	$(IT1)(IT5/IT1)^{1/4}$	IT9	$40i$	IT16	$1000i$
IT3	$(IT1)(IT5/IT1)^{1/2}$	IT10	$64i$	IT17	$1600i$
IT4	$(IT1)(IT5/IT1)^{3/4}$	IT11	$100i$	IT18	$2500i$
IT5	$7i$	IT12	$160i$		

公称尺寸为 500～3150mm 的各级标准公差数值计算公式如表 3-2 所示。

表 3-2　公称尺寸为 500～3150mm 的各级标准公差数值计算公式

标准公差等级	计算公式	标准公差等级	计算公式	标准公差等级	计算公式
IT01	I	IT1	$2I$	IT3	$(IT1)(IT5/IT1)1/2$
IT0	$2^{1/2}I$	IT2	$(IT1)(IT5/IT1)1/4$	IT4	$(IT1)(IT5/IT1)3/4$

续表

标准公差等级	计算公式	标准公差等级	计算公式	标准公差等级	计算公式
IT5	$7I$	IT10	$64I$	IT15	$640I$
IT6	$10I$	IT11	$100I$	IT16	$1000I$
IT7	$16I$	IT12	$160I$	IT17	$1600I$
IT8	$25I$	IT13	$250I$	IT18	$2500I$
IT9	$40I$	IT14	$400I$		

3.2.3　公称尺寸分段

根据标准公差计算公式，每一公称尺寸都对应一个公差值。但在实际生产中公称尺寸很多，因而就会形成一个庞大的公差数值表，给生产带来不便，同时也不利于公差值的标准化和系列化。为了减少标准公差的数量，统一公差值，简化公差表格以便于实际应用，国家标准对公称尺寸进行了分段。

公称尺寸分主段落和中间段落。其中，第一列为主段落。对大于 10mm 的每一主段落进行细分形成中间段落。尺寸分段后，对于同一尺寸段内的所有公称尺寸，在相同的公差等级的情况下，规定相同的标准公差。计算各公称尺寸段的标准公差时，公式中的 D 用每一尺寸段首尾两个尺寸（D_1、D_2）的几何平均值，即

$$D = \sqrt{D_1 \times D_2} \tag{3-5}$$

对于小于等于 3mm 的尺寸段，用 1mm 和 3mm 的几何平均值（即 $D = \sqrt{1 \times 3} \approx 1.732$）计算标准公差。

标准公差数值见附表 14，表中的数值就是经过计算，并按规定的尾数化整规则进行圆整后得出的。

标准公差数值有如下规律。

1）同一公差等级，不同公称尺寸分段，表示具有同等精度的要求，公差数值随尺寸增大而增大，这是从实践中总结出来的零件加工误差与其尺寸大小的相互关系。在这种情况下，对于同是孔或同是轴的零件尺寸来说，可采用相同工艺加工，加工上难易程度相当，即工艺上是等价的。

2）同一尺寸分段，IT5～IT18 的公差值采用了 R5 优先数系。IT5～IT18 的标准公差计算公式可表达为 IT $= \alpha i$（或 IT $= \alpha I$），α 是公差等级系数，采用了优先数系做分级，它是公比 $q = 10^{1/5}$ 的等比数列，即优先数系 R5 系列。

3.3　基本偏差系列

3.3.1　基本偏差代号

基本偏差是指在国家标准极限与配合制中，确定公差带相对零线位置的那个极限偏差。

它可以是上极限偏差或下极限偏差，一般为靠近零线的那个偏差，如图 3-4 中孔的基本偏差为下极限偏差。

为了形成不同的配合，国家标准对孔和轴分别规定了 28 种基本偏差。图 3-13 为基本偏差系列示意图；对于基本偏差代号，孔用大写字母 A，…，ZC 表示；轴用小写字母 a，…，zc 表示。

图 3-13　基本偏差系列

由图 3-13 可知，基本偏差在系列中具有以下特征。

对于孔：A～H 的基本偏差为下极限偏差 EI，其绝对值依次减小；J～ZC 的基本偏差为上极限偏差 ES，其绝对值依次增大；JS 的上、下极限偏差绝对值相等，均可称为基本偏差。对于轴：a～h 的基本偏差为上极限偏差 es，其绝对值依次减小；j～zc 的基本偏差为下极限偏差 ei，其绝对值逐渐增大；js 的上、下极限偏差绝对值相等，均可称为基本偏差。

H 与 h 的基本偏差值均为零，分别是下极限偏差和上极限偏差，即 H 表示 EI=0，h 表示 es=0。根据基准制规定，H 是基准孔基本偏差，组成的公差带为基准孔公差带，与其他轴公差带组成基孔制配合；h 是基准轴基本偏差，以它组成的公差带为基准轴公差带，它与孔公差带组成基轴制配合。

JS（js）的上、下极限偏差是对称的，上极限偏差值为+IT/2，下极限偏差值为-IT/2，可不计较谁是基本偏差。J 和 j 则不同，它们形成的公差带是不对称的，当其与某些公差等级（高精度）组成公差带时，其基本偏差不是靠近零线的偏差。因其数值与 JS（js）相近，在图 3-13 中，这两种基本偏差代号放在同一位置。

绝大多数基本偏差的数值不随公差等级变化，即与标准公差等级无关，但有少数基本偏差与公差等级有关。

3.3.2　轴的基本偏差

在基孔制的基础上，根据大量科学试验和生产实践，国家标准中规定了轴的基本偏差计算公式。

如图 3-14 所示，代号为 a～h 的基本偏差为上极限偏差，与基准孔配合是间隙配合，最小间隙正好等于基本偏差的绝对值；j、k、m、n 的基本偏差是下极限偏差，与基准孔配合是过渡配合；j～zc 的基本偏差是下极限偏差，与基准孔配合是过盈配合。公称尺寸≤500mm 的轴的基本偏差数值表见附表 15。

图 3-14　轴的基本偏差位置

得到基本偏差后，轴的另一个偏差可根据基本偏差和标准公差的关系计算得出：

$$es=ei+IT \tag{3-6}$$

$$ei=es-IT \tag{3-7}$$

公称尺寸≤500mm 轴的基本偏差计算公式如表 3-3 所示。

表 3-3　公称尺寸≤500mm 轴的基本偏差计算公式

基本偏差代号	适用范围	上极限偏差 es/μm	基本偏差代号	适用范围	上极限偏差 es/μm
a	$1\text{mm}<D\leqslant120\text{mm}$	$-(265+1.3D)$	fg	—	$-\sqrt{f\cdot g}$
	$120\text{mm}<D\leqslant500\text{mm}$	$-3.5D$	g	—	$-2.5D^{0.34}$
			h	—	0
b	$1\text{mm}<D\leqslant160\text{mm}$	$\approx-(140+0.85D)$	j	IT5～IT8	没有公式
	$160\text{mm}<D\leqslant500\text{mm}$	$\approx-1.8D$	k	≤IT3	0
c	$0<D\leqslant40\text{mm}$	$-52D^{0.2}$		IT4～IT7	$+0.6\sqrt[3]{D}$
				≥IT8	0
	$400\text{mm}<D\leqslant500\text{mm}$	$-(95+0.8D)$	m	—	$+(IT7-IT6)$
cd	—	$-\sqrt{c\cdot d}$	n	—	$+5D^{0.34}$
			p	—	$+IT7（0～5）$
d	—	$-16D^{0.44}$	r	—	$+\sqrt{P\cdot S}$
e	—	$-11D^{0.41}$	s	$0<D\leqslant50\text{mm}$	$+IT8+（1～4）$
ef	—	$-\sqrt{e\cdot f}$		$50\text{mm}<D\leqslant500\text{mm}$	$+IT7+0.4D$
			t	$24\text{mm}<D\leqslant500\text{mm}$	$+IT7+0.63D$
f	—	$-5.5D^{0.41}$	u	—	$+IT7+D$

基本偏差代号	适用范围	上极限偏差 es/μm	基本偏差代号	适用范围	上极限偏差 es/μm
v	14mm < D ≤ 500mm	+IT7+1.25D	za	—	+IT8+3.15D
x	—	+IT7+1.6D	zb	—	+IT9+4D
y	18mm < D ≤ 500mm	+IT7+2D	zc	—	+IT10+5D
z	—	+IT7+2.5D			
js: ±0.5ITn					

注: 1. 公式中 D 为公称尺寸段的几何平均值,mm。

2. j 只在附表 15 中给出真值。

3.3.3 孔的基本偏差

基孔制与基轴制是两种并行的制度。

如图 3-15 所示,代号为 A～G 的基本偏差皆为下极限偏差,EI>0。代号为 H 的基本偏差为下极限偏差,EI=0,它是基孔制中基准孔的基本偏差代号。基本偏差代号为 JS 的孔的公差带相对于零线对称分布,基本偏差可取为上极限偏差,ES=+Th/2,也可取为下极限偏差 ES=-Th/2。代号 J～ZC 的基本偏差皆为上极限偏差 ES。

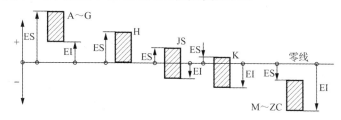

图 3-15 孔的基本偏差位置

孔的基本偏差数值则是由轴的基本偏差数值转换而得的。换算原则:在孔、轴同级配合或孔比轴低一级的配合中,基轴制配合中孔的基本偏差代号与基孔制配合中轴的基本偏差代号相当时(如 ϕ80G7 / h6 中孔的基本偏差 G 对应于 ϕ80H6 / g7 中轴的基本偏差 g),应该保证基轴制和基孔制的配合性质相同(极限间隙或极限过盈相同)。

国家标准应用了通用规则和特殊规则两种规则。通用规则指与标准公差等级无关的基本偏差用倒像方法,孔的基本偏差与轴的基本偏差关于零线对称。特殊规则指与标准公差等级有关的基本偏差,倒像后要经过修正,即孔的基本偏差和轴的基本偏差符号相反,绝对值相差一个 Δ 值。可以用下面的简单表达式说明。

通用规则:

$$ES = -ei，\quad EI = -es$$

特殊规则:

$$ES = -ei + \Delta，\quad \Delta = ITn - IT(n-1)$$

通用规则适用于所有的基本偏差,但以下情况例外:

1)公称尺寸=3～500mm,标准公差等级大于 IT8 的孔的基本偏差 N,其数值(ES)等于零。

2)公称尺寸=3～500mm 的基孔制或基轴制配合中,给定某一公差等级的孔要与更精一级的轴相配（如 H7/p6 和 P7/h6），并要求具有相等的间隙或过盈。此时，应采用特殊规则。

GB/T 1800.1—2009 规定的公称尺寸≤500mm 孔的基本偏差数值见附表 16。

3.3.4 尺寸公差表查法介绍

根据孔和轴的公称尺寸、基本偏差代号及公差等级，可以从表中查得标准公差及基本偏差数值，进而计算出上、下极限偏差数值及极限尺寸。计算公式为 ES=EI+IT 或 EI=ES-IT，ei=es-IT 或 es=ei+IT。

【例 3-3】 已知某轴ϕ50f7，查表计算其上、下极限偏差及极限尺寸。

解：从附表 14 查得标准公差 IT7 为 0.025mm，从附表 15 查得上极限偏差 es 为-0.025mm，则下极限偏差 ei=es-IT=-0.050（mm）。

依据查得的上、下极限偏差可计算其极限尺寸如下：

上极限尺寸=50-0.025=49.975（mm）

下极限尺寸=50-0.050=49.950（mm）

【例 3-4】 已知某孔ϕ30K7，查表计算其上、下极限偏差及极限尺寸。

解：从附表 14 查得标准公差 IT7 为 0.021mm，从附表 16 查得上极限偏差 ES =（-2 + Δ)μm，其中 Δ = 8μm，所以 ES=0.006mm，则 EI=ES-IT=-0.015（mm）。

计算其极限尺寸：

上极限尺寸=30+0.006=30.006（mm）

下极限尺寸=30-0.015=29.985（mm）

若是基准孔，如ϕ50H7，因为其下极限偏差 EI 为 0，根据公式 ES=EI+IT，从附表 14 中查得 IT=25μm，即得 ES=0.025mm。若是基准轴，如ϕ50h6，因为其上极限偏差 es 为 0，由公式 ei=es-IT，从附表 14 中查得 IT=16μm，即得 ei=-0.016mm。

3.3.5 尺寸公差与配合代号的标注

在机械图样中，尺寸公差与配合的标注应遵守国家标准规定，现摘要叙述。

1．在零件图中的标注

在零件图中标注孔、轴的尺寸公差有下列 3 种形式。

1）在孔或轴的公称尺寸的右边注出公差带代号（图 3-16）。孔、轴公差带代号由基本偏差代号与公差等级代号组成（图 3-17）。

图 3-16 标注公差带代号

图 3-17　公差带代号的形式

2）在孔或轴的公称尺寸的右边注出该公差带的极限偏差数值［图 3-18（a）］，上、下极限偏差的小数点必须对齐，小数点后的位数必须相同。当上极限偏差或下极限偏差为零时，要注出数字"0"，并与另一个偏差值小数点前的一位数对齐［图 3-18（b）］。

若上、下极限偏差值相等，符号相反，则偏差数值只注写一次，并在偏差值与公称尺寸之间注写符号"±"，且两者数字高度相同［图 3-18（c）］。

3）在孔或轴的公称尺寸的右边同时注出公差带代号和相应的极限偏差数值，此时偏差数值应加上圆括号（图 3-19）。

图 3-18　标注极限偏差数值

图 3-19　标注公差带代号和极限偏差数值

2. 装配图中的标注

装配图中一般标注配合代号。配合代号由两个相互结合的孔或轴的公差带代号组成，写成分数形式，分子为孔的公差带代号，分母为轴的公差带代号（图 3-20）。

图 3-20　装配图中的一般标注方法

图 3-20 中 ϕ50H7/k6 的含义：公称尺寸为 ϕ50mm，基孔制配合，基准孔的基本偏差为 H，等级为 7 级；与其配合的轴基本偏差为 k，公差等级为 6 级。图 3-20 中 ϕ50F8/h7 是基轴制配合。

3.4

常用尺寸公差带与配合

从互换性生产和标准化角度来说，必须以标准的形式对孔、轴配合作一定范围的规定，因此，我国极限与配合标准规定了相应的间隙配合、过盈配合和过渡配合这 3 类不同性质的配合，并对组成配合的孔、轴公差带作出推荐。

3.4.1 优先和常用的公差带

国家规定了孔、轴各有 20 个公差等级和 28 种基本偏差，因此理论上讲，可以得到轴的公差带 544 种，孔的公差带 543 种。这么多公差带都应用显然是不经济的，不利于实现互换性。

因此，GB/T 1801—2009《产品几何技术规范（GPS）极限与配合 公差带和配合的选择》对孔、轴规定了一般、常用和优先公差带。国家标准中列出了孔的一般公差带 105 种，其中常用公差带 43 种，在常用公差带中有优先公差带 13 种，如图 3-21 所示；轴的一般公差带 116 种，其中常用公差带 59 种，在常用公差带中有优先公差带 13 种，如图 3-22 所示。

图 3-21 和图 3-22 中，方框内为常用公差带，带圆圈的为优先公差带。

选用公差带时，应按优先、常用、一般公差带的顺序选取。若一般公差带中没有满足要求的公差带，则按 GB/T 1800.2—2009《产品几何技术规范（GP5） 极限与配合 第 2 部分：标准公差等级和孔、轴极限偏差表》中规定的标准公差和基本偏差组成的公差带来选取。

图 3-21 孔的一般、常用和优先公差带（公称尺寸≤500mm）

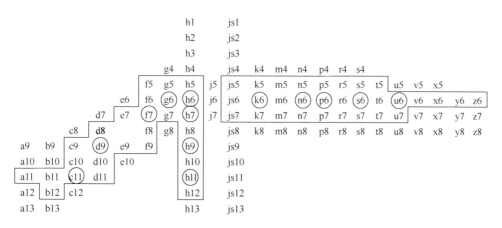

图 3-22　轴的一般、常用和优先公差带（公称尺寸 ≤500mm）

3.4.2　优先和常用配合

　　GB/T 1801—2009 中还规定了基孔制常用配合 59 种、优先配合 13 种，如表 3-4 所示；基轴制常用配合 47 种，优先配合 13 种，如表 3-5 所示。选用配合时，应按优先、常用的顺序选取。

表 3-4　基孔制优先、常用配合（公称尺寸 ≤500mm）

基准孔	轴																				
	a	b	c	d	e	f	g	h	js	k	m	n	p	r	s	t	u	v	x	y	z
	间隙配合								过渡配合			过盈配合									
H6						H6/f5	H6/g5	H6/h5	H6/js5	H6/k5	H6/m5	H6/n5	H6/p5	H6/r5	H6/s5	H6/t5					
H7						H7/f6	▰H7/g6	▰H7/h6	H7/js6	▰H7/k6	H7/m6	▰H7/n6	▰H7/p6	H7/r6	▰H7/s6	H7/t6	▰H7/u6	H7/v6	H7/x6	H7/y6	H7/z6
H8					H8/e7	▰H8/f7	H8/g7	▰H8/h7	H8/js7	H8/k7	H8/m7	H8/n7	H8/p7	H8/r7	H8/s7	H8/t7	H8/u7				
				H8/d8	H8/e8	H8/f8		H8/h8													
H9			H9/c9	▰H9/d9	H9/e9	H9/f9		▰H9/h9													
H10			H10/c10	H10/d10				H10/h10													
H11	H11/a11	H11/b11	▰H11/c11	H11/d11				▰H11/h11													
H12		H12/b12						H12/h12													

　　注：1. H6/n5、H7/p6 在公称尺寸小于或等于 3mm，H8/t7 在小于或等于 100mm 时，为过渡配合。

　　2. 标注 ▰ 的配合为优先配合。

表 3-5　基轴制优先、常用配合（公称尺寸≤500mm）

基准轴	孔																					
	A	B	C	D	E	F	G	H	JS	K	M	N	P	R	S	T	U	V	X	Y	Z
	间隙配合								过渡配合				过盈配合								
h5						$\frac{F6}{h5}$	$\frac{G6}{h5}$	$\frac{H6}{h5}$	$\frac{JS6}{h5}$	$\frac{K6}{h5}$	$\frac{M6}{h5}$	$\frac{N6}{h5}$	$\frac{P6}{h5}$	$\frac{R6}{h5}$	$\frac{S6}{h5}$	$\frac{T6}{h5}$					
h6						$\frac{F7}{h6}$	$\frac{G7}{h6}$	$\frac{H7}{h6}$	$\frac{JS7}{h6}$	$\frac{K7}{h6}$	$\frac{M7}{h6}$	$\frac{N7}{h6}$	$\frac{P7}{h6}$	$\frac{R7}{h6}$	$\frac{S7}{h6}$	$\frac{T7}{h6}$	$\frac{U7}{h6}$				
h7					$\frac{E8}{h7}$	$\frac{F8}{h7}$		$\frac{H8}{h7}$	$\frac{JS8}{h7}$	$\frac{K8}{h7}$	$\frac{M8}{h7}$	$\frac{N8}{h7}$									
h8				$\frac{D8}{h8}$	$\frac{E8}{h8}$	$\frac{F8}{h8}$		$\frac{H8}{h8}$													
h9				$\frac{D9}{h9}$	$\frac{E9}{h9}$	$\frac{F9}{h9}$		$\frac{H9}{h9}$													
h10				$\frac{D10}{h10}$				$\frac{H10}{h10}$													
h11	$\frac{A11}{h11}$	$\frac{B11}{h11}$	$\frac{C11}{h11}$	$\frac{D11}{h11}$				$\frac{H11}{h11}$													
h12		$\frac{B12}{h12}$						$\frac{H12}{h12}$													

注：标注 ◣ 的配合为优先配合。

3.4.3　线性尺寸的未注公差

线性尺寸的未注公差即一般公差，是指在车间普通工艺条件下机床设备一般加工能力可保证的公差。在正常维护和操作情况下，它代表车间的一般加工的经济加工精度。

采用一般公差的优点如下。

1）简化制图，使图面清晰易读。

2）节省图样设计时间，提高效率。

3）突出了图样上注出公差的尺寸，这些尺寸大多是重要的且需要加以控制的。

4）简化检验要求，有助于质量管理。

一般公差适用于以下线性尺寸。

1）长度尺寸，包括孔、轴直径、台阶尺寸、距离、倒圆半径和倒角尺寸等。

2）工序尺寸。

3）零件组装后，再经过加工所形成的尺寸。

GB/T 1804—2000《一般公差 未注公差的线性和角度尺寸的公差》中对线性尺寸的未注公差规定了 4 个公差等级：精密级、中等级、粗糙级和最粗级，分别用字母 f、m、c 和 v 来表示。对尺寸也采用了大的分段。这 4 个公差等级相当于 IT12、T14、IT16、IT17，如表 3-6 所示。

表 3-6　线性尺寸的极限偏差数值　　　　　　　　　　（单位：mm）

公差等级	公称尺寸分段							
	0.5～3	>3～6	>6～30	>30～120	>120～400	>400～1000	>1000～2000	>2000～4000
精密 f	±0.05	±0.05	±0.1	±0.15	±0.2	±0.3	±0.5	—

续表

公差等级	公称尺寸分段							
	0.5～3	>3～6	>6～30	>30～120	>120～400	>400～1000	>1000～2000	>2000～4000
中等 m	±0.1	±0.1	±0.2	±0.3	±0.5	±0.8	±1.2	±2
粗糙 c	±0.2	±0.3	±0.5	±0.8	±1.2	±2	±3	±4
最粗 v	—	±0.5	±1	±1.5	±2.5	±4	±6	±8

　　无论是孔和轴还是长度尺寸，其极限偏差都采用对称分布的公差带。标准同时规定了倒圆半径与倒角高度尺寸的极限偏差，如表 3-7 所示。

表 3-7　倒圆半径和倒角高度尺寸的极限偏差数值　　　　（单位：mm）

公差等级	公称尺寸分段			
	0.5～3	>3～6	>6～30	>30
精密 f	±0.2	±0.5	±1	±2
中等 m				
粗糙 c	±0.4	±1	±2	±4
最粗 v				

　　当采用一般公差时，在图样上只注公称尺寸，不注极限偏差，而在图样的技术要求或有关文件中，用标准号和公差等级代号作出总的说明。例如，当选用中等级 m 时，表示为GB/T 1804-m。

　　一般公差主要用于精度较低的非配合尺寸，一般可以不检验。当生产方和使用方有争议时，应以表中查得的极限偏差作为依据来判断其合格性。

3.5　公差与配合的选用

　　公差与配合的选用是机械设计与制造中的重要环节。公差与配合的选用是否恰当，对产品的性能、质量、互换性和经济性有着重要的影响，其内容包括基准制的选用、公差等级的确定和配合种类的确定 3 个方面。选择的原则是在满足要求的条件下能获得最佳的技术经济效益，选择的方法有计算法、试验法和类比法。

　　计算法是按一定的理论和公式，通过计算确定公差与配合，其关键是确定所需间隙或过盈。由于机械产品的多样性与复杂性，因此理论计算是近似的，目前只能作为重要的参考。

　　试验法就是通过专门的试验或统计分析来确定所需的间隙或过盈。用试验法选取配合最为可能，但成本较高，故一般只用于重要的、关键性配合的选取。

　　类比法是以经过生产验证的，类似的机械、机构和零部件为参考，同时考虑所设计机器的使用条件来选取公差与配合，也就是凭经验来选取公差与配合。类比法一直是选择公差与配合的主要方法。

3.5.1　基准制的选用

国家标准规定有基孔制与基轴制两种基准制度。两种基准制既可得到各种配合，又统一了基准件的极限偏差，从而避免了零件极限尺寸数目过多和不便制造等问题。选择基准制时，应从结构、工艺性及经济性几个方面综合考虑。

1．优先选用基孔制

优先选用基孔制主要是从工艺和宏观经济效益角度来考虑的。选用基孔制可以减少孔用定值刀具和量具的规格数目，有利于刀具、量具的标准化和系列化，具有较好的经济性。

2．选用基轴制

在下列情况下应选用基轴制：

1）在同一公称尺寸的轴上有不同配合要求，考虑到若轴为无阶梯的光轴，则加工工艺性好（如发动机中的活塞销等），此时采用基轴制配合。

例如，图3-23（a）所示的活塞部件，活塞销1的两端与活塞2应为过渡配合，以保证相对静止；活塞销1的中部与连杆3应为间隙配合，以保证可以相对转动，而活塞销各处的公称尺寸相同，这种结构就是同一公称尺寸的轴与多孔相配，且要求实现两种不同的配合。若按一般原则采用基孔制配合，则活塞销要做成两头大、中间小的台阶形，如图3-23（b）所示。这样不但给制造带来困难，而且在装配时容易刮伤连杆孔的工作表面。如果改用基轴制配合，则活塞销就是一根光轴，而活塞2与连杆3的孔按配合要求分别选用不同的公差带（如$\phi30M6$和$\phi30H6$），以形成适当的过渡配合（$\phi30M6/h5$）和间隙配合（$\phi30H6/h5$），其尺寸公差带如图3-23（c）所示。

2）直接使用公差等级要求不高，不再进行机械加工的冷拔钢材（这种钢材按基准轴的公差带制造）做轴。在这种情况下，当需要各种不同的配合时，可选择不同的孔公差带位置来实现。这种情况应用在农业机械、纺织机械、建筑机械等使用的长轴。

3）加工尺寸小于1mm的精密轴比同级孔要困难，因此在仪器制造、钟表生产、无线电工程中，常使用经过光轧成形的钢丝直接做轴，这时采用基轴制较经济。

3．与标准件配合

与标准件或标准部件配合的孔或轴，应以标准件为基准件来确定采用基孔制还是基轴制。例如，滚动轴承的外圈与壳体孔的配合应采用基轴制，而其内圈与轴径的配合采用基孔制。

4．非基准制配合

非基准制配合是指相配合的孔和轴，孔不是基准孔H，轴也不是基准轴h的配合。最为典型的非基准配合是轴承盖与轴承座孔的配合。

如图3-24所示，在箱体孔中装配有滚动轴承和轴承盖，滚动轴承是标准件，它与箱体孔的配合是基轴制配合，箱体孔的公差带已由此确定为J7，这时如果轴承盖与箱体孔的配合坚持用基轴制，则配合为J/h，属于过渡配合。但轴承盖需要经常拆卸，显然应该采用间隙配合，同时考虑到轴承盖的性能要求和加工的经济性，轴承盖配合尺寸采用9级精度，故最终选择轴承盖与箱体孔的配合为J7/e9。

1—活塞销；2—活塞；3—连杆。

图 3-23　活塞、连杆、活塞销配合制选择

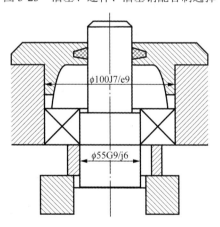

图 3-24　非基准制配合

3.5.2　公差等级的确定

公差等级的高低代表了加工的难易程度，因此确定公差等级就是确定加工尺寸的制造精度。合理地选择公差等级，就是要解决机械零、部件的使用要求与制造工艺成本之间的矛盾。确定公差等级的基本原则是，在满足使用要求的前提下，尽量选用较低的公差等级。

公差等级的确定一般采用类比法，即参考从生产实践中总结出来的经验资料，进行比较，选择合适的公差等级。选择时应考虑以下几个方面。

1．孔和轴的工艺等价性

孔和轴的工艺等价性是指孔和轴加工难易程度应相同。在常用尺寸段内，对于间隙配合和过渡配合，当孔的公差等级高于或等于 IT8 级时，轴比孔应高一级，如 H8/g7、H7/n6；当孔的精度低于 IT8 级时，孔和轴的公差等级应取同一级，如 H9/d9。对于过盈配合，当孔的公差等级高于或等于 IT7 级时，轴应比孔高一级，如 H7/p6；当孔的公差等级低于 IT7 级时，孔和轴的公差等级应取同一级，如 H8/s8。这样可以保证孔和轴的工艺等价性。实践中也允许任何等级的孔、轴组成配合。

2．相关件和配合件的精度

例如，齿轮孔与轴的配合，它们的公差等级取决于相关件齿轮的精度等级。与滚动轴承配合的轴径和外壳孔的精度等级取决于滚动轴承的精度等级。

3．加工成本

在选择公差等级时，要掌握各种加工方法能够达到的精度等级，并结合零件加工工艺综合考虑。各种加工方法能够达到的公差等级如表 3-8 所示，可供设计时参考。

表 3-8　各种加工方法能够达到的公差等级

加工方法	公差等级（IT）																			
	01	0	1	2	3	4	5	6	7	8	9	10	11	12	13	14	15	16	17	18
研磨	●	●	●	●	●	●	●													
珩磨						●	●	●	●											
圆磨							●	●	●											
平磨							●	●	●	●										
金刚石车							●	●	●											
金刚石镗							●	●	●											
拉削							●	●	●	●										
铰孔								●	●	●	●	●								
车								●	●	●	●	●	●							
镗								●	●	●	●	●	●							
铣									●	●	●	●	●							
刨、插										●	●	●	●							
钻削											●	●	●	●	●					
滚压、挤压												●	●							
冲压												●	●	●	●	●				
压铸													●	●	●	●				
粉末冶金成形								●	●	●										
粉末冶金烧结									●	●	●	●								
砂型铸造																		●	●	●
锻造																	●	●		

应结合工件的加工方法，根据该加工方法的经济加工精度确定公差等级。

4. 常用尺寸公差等级的应用

常用尺寸公差等级的应用如表 3-9 所示。

表 3-9　常用尺寸公差等级的应用

应用	公差等级（IT）																			
	01	0	1	2	3	4	5	6	7	8	9	10	11	12	13	14	15	16	17	18
量块	●	●	●																	
量规			●	●	●	●	●	●	●											
配合尺寸							●	●	●	●	●	●	●	●	●					
特别精密的配合				●	●	●	●													
非配合尺寸														●	●	●	●	●	●	●
原材料尺寸										●	●	●	●	●	●	●	●	●		

3.5.3　配合种类的确定

确定配合种类的目的是解决结合零件孔与轴在工作时的相互关系，以保证机器正常工作。在设计中，应根据使用要求，尽量选用优先配合和常用配合，如不能满足要求，可选用一般用途的孔、轴公差带组成配合。有特殊要求时，可以从标准公差和基本偏差中选取合适的孔、轴公差带组成配合。

1. 配合性质的判别及应用

基孔制：基孔制配合的孔是 H，a～h 与 H 形成间隙配合；j 和 js 与 H 形成过渡配合；k～n 与 H 形成过渡配合或过盈配合；p～zc 和 H 形成过盈配合或过渡配合。

例如，ϕ50H8/f7 是间隙配合，ϕ40H7/n6 是过渡配合，ϕ30H7/r6 是过盈配合。

基轴制：基准制配合的轴是 h，A～H 与 h 形成间隙配合；J 和 JS 与 h 形成过渡配合；K～N 与 h 形成过渡配合或过盈配合；P～ZC 和 h 形成过盈配合或过渡配合。

例如，E8/h8 是间隙配合，M7/h6 是过渡配合，P7h6 是过盈配合。

对于非基准制配合，主要根据相配合的孔和轴的基本偏差判别其配合性质。例如，ϕ40J7/f9，J 的基本偏差是上极限偏差，是正值，而 f 的基本偏差也是上极限偏差，是负值，据此基本可判定孔的公差带在轴的公差带上，所以该配合是间隙配合。

2. 配合特征及其应用

表 3-10 为常用轴的基本偏差选用说明，表 3-11 为优先配合选用说明，可供选用配合时参考。当选定配合之后，需要按工作条件，并参考机器或机构工作时结合件的相对位置状态、承载情况、润滑条件、温度变化、配合的重要性、装卸条件及材料的力学性能等，根据具体条件，对配合的间隙或过盈的大小进行修正，可参考表 3-12。

表 3-10　常用轴的基本偏差选用说明

配合	基本偏差	特征及应用
间隙配合	a、b	可得到特别大的间隙，应用很少
	c	可得到很大的间隙，一般用于缓慢、松弛的动配合，以及工作条件较差（如农业机械），受力变形，或为了便于装配，而必须保证有较大间隙的地方
	d	一般用于 IT7～IT11 级，适用于松的转动配合，如密封盖、滑轮等与轴的配合，也适用于大直径滑动轴承配合
	e	多用于 IT7～IT9 级，通常用于要求有明显间隙、易于转动的轴承配合，如大跨距轴承、多支点轴承等配合；高等级的 e 轴，适用于高速重载支承
	f	多用于 IT6～IT8 的一般转动配合，当温度影响不大时，广泛用于普通润滑油润滑的支承，如齿轮箱、小电动机、泵等的转轴与滑动轴承的配合
	g	间隙很小，制造成本高，除很轻负荷的精密装置外，不推荐用于转动配合。多用于 IT5、IT6、IT7 级，最适合不回转的精密滑动配合
	h	多用于 IT4～IT11 级，广泛用于无相对转动的零件，作为一般的定位配合。若无温度、变形影响，也用于精密滑动配合
过渡配合	js	偏差完全对称，平均间隙较小，多用于 IT4～IT7 级，要求间隙比 h 轴小，并允许略有过盈的配合，如联轴节、齿圈与钢制轮毂，可用木槌装配
	k	平均间隙接近零的配合，适用于 IT4～IT7 级，推荐用于稍有过盈的定位配合，一般用木槌装配
	m	平均过盈较小的配合，适用于 IT4～IT7 级，一般用木槌装配，但在最大过盈时，要求有相当的压入力
	n	平均过盈比 m 轴稍大，很少得到间隙，适用于 IT4～IT7 级，用木槌或压力机装配，一般推荐用于紧密的组件配合，H6/n5 的配合为过盈配合
过盈配合	p	与 H6 或 H7 配合时为过盈配合，与 H8 配合时则为过渡配合。对非铁类零件，为较轻的压入配合，当需要时易于拆卸，对钢、铸铁，或铜钢组件装配为标准压入配合
	r	对铁类零件为中等打入配合，对非铁类零件为轻打入配合。当需要时可以拆卸，与 H8 孔配合，直径在 100mm 以上时为过盈配合，直径小时为过渡配合
	s	用于钢和铁制零件的永久、半永久装配，可产生相当大的结合力。当用弹性材料时，如轻合金，配合性质与铁类零件的 p 轴相当，如套环压装在轴上。尺寸较大时，为了避免损伤配合表面，需用热胀或冷缩装配
	t	过盈较大的配合。对钢和铸铁零件适于做永久性结合，不用键可传递力矩，需用热胀或冷缩装配，如联轴节与轴的配合
	u	过盈大，一般应验算在最大过盈时，工件材料是否损坏，用热胀或冷缩装配，如火车轮毂与轴的配合
	v、x、y、z	过盈很大，须经试验后才能应用，一般不推荐

表 3-11　优先配合选用说明

优先配合		说明
基孔制	基轴制	
$\dfrac{H11}{c11}$	$\dfrac{C11}{h11}$	间隙非常大，用于很松、转动很慢的间隙配合，用于装配方便的、很松的配合
$\dfrac{H9}{d9}$	$\dfrac{D9}{h9}$	间隙很大的自由转动配合，用于精度要求不高，或有大的温度变化、高转速或大的轴径压力时

续表

优先配合		说明
基孔制	基轴制	
$\dfrac{H8}{f7}$	$\dfrac{F8}{h7}$	间隙不大的转动配合,用于中等转速与中等轴颈压力的精确转动,也用于装配较容易的中等定位配合
$\dfrac{H7}{g6}$	$\dfrac{G7}{h6}$	间隙很小的滑动配合,用于不希望自由转动,但可自由移动和滑动并精密定位时,也可用于要求明确的定位配合
$\dfrac{H7}{h6}$	$\dfrac{H7}{h6}$	均为间隙定位配合,零件可自由拆卸,而工作时,一般相对静止不动,在最大实体条件下的间隙为零,在最小实体条件下的间隙由标准公差决定
$\dfrac{H8}{h7}$	$\dfrac{H8}{h7}$	
$\dfrac{H9}{h9}$	$\dfrac{H9}{h9}$	
$\dfrac{H11}{h11}$	$\dfrac{H11}{h11}$	
$\dfrac{H7}{k6}$	$\dfrac{K7}{h6}$	过渡配合,用于精密定位
$\dfrac{H7}{n6}$	$\dfrac{N7}{h6}$	过渡配合,用于允许有较大过盈的更精密定位
$\dfrac{H7}{p6}$	$\dfrac{P7}{h6}$	过盈定位配合,即小过盈配合,用于定位精度特别重要时,能以最好的定位精度达到部件的刚性及对中要求
$\dfrac{H7}{s6}$	$\dfrac{S7}{h6}$	中等压入配合,适用于一般钢件,或用于薄壁件的冷缩配合,用于铸铁件可得到最紧的配合
$\dfrac{H7}{u6}$	$\dfrac{U7}{h6}$	压入配合,适用于可以承受高压入力的零件,或不宜承受压入力的冷缩配合

3．用类比法确定配合的松紧程度时应考虑的因素

用类比法确定配合的松紧程序时应考虑的因素如下。

1）孔和轴的定心精度要求。相互配合的孔、轴定心精度要求高时,过盈量应大些,甚至采用大过盈配合。

2）孔和轴的拆装要求。经常拆装零件的孔和轴的配合,要比不经常拆装零件的松些。有时,零件虽然不经常拆装,但如拆装困难,也要选用较松的配合。

3）过盈配合中的受载情况。例如,用过盈配合传递转矩,过盈量应随着负载增大而增大。

4）孔和轴工作时的温度。当装配温度与工作温度差别较大时,应考虑热变形对配合性质的影响。

5）配合件的结合长度和几何误差。当配合的结合长度较长时,由于形状误差的影响,实际形成的配合比结合面短的配合要紧些,因此应适当减小过盈或增大间隙。

6）装配变形。针对一些薄壁零件的装配,要考虑装配变形对配合性质的影响,甚至从工艺上解决装配变形对配合性质的影响。

7）生产类型。单件小批生产时加工尺寸呈偏态分布,容易使配合偏紧;大批大量生产的加工尺寸呈正态分布。所以,要区别生产类型对松紧程度进行适时调整。

8）尽量采用优先配合。

工作情况对过盈和间隙的影响如表 3-12 所示。

表 3-12　工作情况对过盈和间隙的影响

具体情况	过盈应增大或减小	间隙应增大或减小
材料强度低	减小	—
经常拆卸	减小	—
有冲击载荷	增大	减小
工作时孔温高于轴温	增大	减小
工作时轴温高于孔温	减小	增大
配合长度增大	减小	增大
配合面形状和位置误差增大	减小	增大
装配时可能歪斜	减小	增大
旋转速度增高	减小	增大
有轴向运动	—	增大
润滑油黏度增大	—	增大
表面趋向粗糙	增大	减小
装配精度高	增大	减小

3.6

尺　寸　链

3.6.1　尺寸链概述

在机械制造行业的产品设计，工艺规程设计，零、部件加工和装配，技术测量等过程中，通常需要进行尺寸链分析和计算。应用尺寸链理论，可以经济、合理地确定构成机器、仪器等的有关零部件的几何精度，从而获得产品的高质量、低成本和高生产率。分析计算尺寸链，应遵循国家标准 GB/T 5847—2004《尺寸链　计算方法》。

1．尺寸链的基本概念

在机器装配或零件加工过程中，由相互连接的尺寸形成封闭的尺寸组，该尺寸组称为尺寸链。

例如，如图 3-25（a）所示，零件经过加工依次得尺寸 A_1、A_2 和 A_3，则尺寸 A_0 也就随之确定，即 $A_0 = A_1 - A_2 - A_3$。这些尺寸组合 A_0、A_1、A_2 和 A_3 就是一个尺寸链，如图 3-25（b）所示。其中，A_0 尺寸在零件图上可根据加工顺序来确定，在零件图上不必标注。

又如，如图 3-26（a）所示，车床主轴轴线与尾座顶尖轴线之间的高度差 A_0，尾座顶尖轴线高度 A_1、尾架底板高度 A_2 和主轴轴线高度 A_3 等设计尺寸相互连接成封闭的尺寸组，形成尺寸链，如图 3-26（b）所示。

图 3-25   工艺尺寸链

图 3-26   装配尺寸链

尺寸链具有以下两个特性。

1）封闭性。组成尺寸链的各个尺寸按一定顺序构成一个封闭系统。

2）关联性。尺寸链中一个尺寸变动将影响其他尺寸变动。

2．尺寸链的组成

组成尺寸链的各个尺寸称为环。尺寸链的环分为封闭环和组成环。

（1）封闭环

加工或装配过程中最后自然形成的尺寸称为封闭环，其是确保机器装配精度要求或零件加工质量的重要一环。封闭环是尺寸链中唯一的特殊环，一般以字母加下标 0 表示，如 A_0、B_0。任何一个尺寸链中，只有一个封闭环。

（2）组成环

尺寸链中除封闭环以外的其他环称为组成环。同一尺寸链中的组成环一般以同一字母加下标 1、2、3 等表示，如 A_1、A_2 等。

组成环按其对封闭环影响的不同，又分为增环和减环。

1）增环。增环即与封闭环同向变动的组成环，即当该组成环尺寸增大（减小）而其他组成环不变时，封闭环的尺寸随之增大（减小）。例如，图 3-25 中，若 A_1 增大，A_0 将随之增大，所以 A_1 为增环。

2）减环。减环即与封闭环反向变动的组成环，即当该组成环尺寸增大（减小）而其他组成环不变时，封闭环的尺寸随之减小（增大）。例如，图 3-27 中，若 A_2 增大，A_0 将随之减小，所以 A_2 为减环。

图 3-27　尺寸链

增环、减环的判别方法为，在尺寸链图中用首尾相接的单向箭头顺序表示各尺寸环，其中与封闭环箭头方向相反的为增环，与封闭环箭头方向相同的为减环，如图 3-27 中，A_1 为增环，A_2 为减环。

3．尺寸链的分类

尺寸链按在不同生产过程中的应用情况，可分为如下几种。

1）装配尺寸链。在机器设计或装配过程中，由一些相关零件形成的相互联系且封闭的尺寸组，称为装配尺寸链。

2）零件尺寸链。同一零件上由各个设计尺寸构成的相互联系且封闭的尺寸组，称为零件尺寸链。设计尺寸是指图样上标注的尺寸。

3）工艺尺寸链。零件在机械加工过程中，同一零件上由各个工艺尺寸构成的相互联系且封闭的尺寸组，称为工艺尺寸链。工艺尺寸是指工序尺寸、定位尺寸、基准尺寸。

装配尺寸链与零件尺寸链统称为设计尺寸链。

尺寸链按空间位置的形态，可分为如下几种：

1）直线尺寸链。尺寸链的全部环都位于两条或几条平行的直线上，称为直线尺寸链，如图 3-25～图 3-27 所示。

2）平面尺寸链。尺寸链的全部环位于一个或几个平行的平面上，但其中某些组成环不平行于封闭环，这类尺寸链称为平面尺寸链，如图 3-28 所示。将平面尺寸链中各有关组成环按平行于封闭环方向投影，就可将平面尺寸链简化为直线尺寸链来计算。

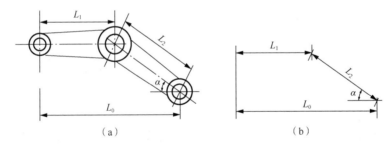

（a）　　　　　　　　　　　　（b）

图 3-28　平面尺寸链

3）空间尺寸链。尺寸链的全部环位于空间不平行的平面上，称为空间尺寸链。对于空间尺寸链，一般先按三维坐标分解，转化为平面尺寸链或直线尺寸链，然后根据需要在某特定平面上求解。

尺寸链按几何特征，可分为如下几种。

1）长度尺寸链。表示零件两要素之间距离的尺寸为长度尺寸。由长度尺寸构成的尺寸链，称为长度尺寸链，如图 3-24 和图 3-25 所示尺寸链。其各环位于平行线上。

2）角度尺寸链。表示两要素之间位置的尺寸为角度尺寸。由角度尺寸构成的尺寸链，称为角度尺寸链。其各环尺寸为角度量，或平行度、垂直度等。图 3-29 为由各角度所组成的封闭多边形，这时 α_1、α_2、α_3 及 α_0 构成一个角度尺寸链。

图 3-29　角度尺寸链

4. 尺寸链的建立

（1）建立尺寸链

正确建立和描述尺寸链是进行尺寸链综合精度分析计算的基础。建立装配尺寸链时，应了解零件的装配关系、装配方法及装配性能要求；建立工艺尺寸链时，应了解零部件的设计要求及其制造工艺过程。同一零件的不同工艺过程所形成的尺寸链是不同的。

1）封闭环的确定。正确确定封闭环是解算工艺尺寸链最关键的一步，封闭环确定错误，整个尺寸链的解算将是错误的。对于工艺尺寸链要认准封闭环是"间接获得的尺寸"还是"最后获得的尺寸"这个关键点，如同一个部件中各零件之间相互位置要求的尺寸，或保证配合零件的配合性能要求的间隙或过盈量。

2）组成环的确定。

确定封闭环之后，应确定对封闭环有影响的各个组成环，使之与封闭环形成一个封闭的尺寸回路。

（2）查找组成环

查找装配尺寸链的组成环时，先从封闭环的任意一端开始，查找相邻零件的尺寸，然后找与第一个零件相邻的第二个零件的尺寸，这样一环接一环，直到封闭环的另一端为止，从而形成封闭的尺寸组。如图 3-26 所示，车床主轴轴线与尾座顶尖轴线之间的高度差 A_0 是装配技术要求，为封闭环。组成环可从尾座顶尖开始查找，经过尾座顶尖轴线高度 A_1、尾座底板高度 A_2 和主轴轴线高度 A_3，最后回到封闭环。其中，A_1、A_2 和 A_3 均为组成环。

（3）画尺寸链线图

为了清楚地表达尺寸链的组成，绘制时通常不需要画出零件或部件的具体结构，也不必按照严格的比例，只需将尺寸链中各尺寸依次画出，形成封闭的图形即可，这样的图形称为尺寸链线图。

5. 尺寸链的计算方法

分析、计算尺寸链是为了正确、合理地确定尺寸链中各环的尺寸和精度，计算尺寸链的方法通常有以下 3 种。

1）正计算。正计算即已知各组成环的极限尺寸，求封闭环的极限尺寸，主要用来验算设计的正确性，又称校核计算。

2）反计算。反计算即已知封闭环的极限尺寸和各组成环的公称尺寸，求各组成环的极限偏差，主要用在设计上，即根据机器的使用要求来分配各零件的公差。

3）中间计算。中间计算即已知封闭环和部分组成环的极限尺寸，求某一组成环的极限尺寸，常用在加工工艺上。反计算和中间计算通常称为设计计算。

无论哪一种情况，其计算方法都有完全互换法和大数互换法两种。

3.6.2　用完全互换法解尺寸链

完全互换法又称极值法、极大极小法，是按各环的极限值进行尺寸链计算的方法。这种方法的特点是从保证完全互换着眼，由各组成环的极限尺寸计算封闭环的极限尺寸，从而求得封闭环公差；进行尺寸链计算时，不考虑各环实际尺寸的分布情况。按此法计算的尺寸加工各组成环，装配时各组成环不需要挑选或辅助加工，装配后即能满足封闭环的公差要求，实现完全互换。

1. 基本公式

设尺寸链的组成环环数为 m，其中有 n 个增环，A_i 为组成环的公称尺寸，对于直线尺寸链有如下计算公式。

1）封闭环的公称尺寸 A_0：等于所有增环的公称尺寸 A_i 之和减去所有减环的公称尺寸 A_j 之和。用公式表示为

$$A_0 = \sum_{i=1}^{n} A_i - \sum_{j=n+1}^{m} A_j \tag{3-8}$$

式中： A_0——封闭环的公称尺寸；

A_i——增环 A_1，A_2，$\cdots$，A_n 的公称尺寸，n 为增环的环数；

A_j——减环 A_{n+1}，A_{n+2}，$\cdots$，A_m 的公称尺寸，m 为总环数。

2）封闭环的上极限尺寸 $A_{0\max}$：等于所有增环的上极限尺寸之和减去所有减环的下极限尺寸之和。用公式表示为

$$A_{0\max} = \sum_{i=1}^{n} A_{i\max} - \sum_{j=n+1}^{m} A_{j\min} \tag{3-9}$$

3）封闭环的下极限尺寸 $A_{0\min}$：等于所有增环的下极限尺寸之和减去所有减环的上极限尺寸之和。用公式表示为

$$A_{0\min} = \sum_{i=1}^{n} A_{i\min} - \sum_{j=n+1}^{m} A_{j\max} \tag{3-10}$$

4）封闭环的上极限偏差 ES_0：等于所有增环上极限偏差之和减去所有减环下极限偏差之和。用公式表示为

$$\mathrm{ES}_0 = \sum_{i=1}^{n} \mathrm{ES}_i - \sum_{j=n+1}^{m} \mathrm{EI}_j \tag{3-11}$$

5）封闭环的下极限偏差 EI_0：等于所有增环的下极限偏差之和减去所有减环的上极限偏差之和。用公式表示为

$$\mathrm{EI}_0 = \sum_{i=1}^{n} \mathrm{EI}_i - \sum_{j=n+1}^{m} \mathrm{ES}_j \tag{3-12}$$

6）封闭环公差 T_0：等于所有组成环公差之和。用公式表示为

$$T_0 = \sum_{i=1}^{m} T_i \tag{3-13}$$

由式（3-13）可看出：

① $T_0 > T_i$，即封闭环公差最大，精度最低。因此，在零件尺寸链中应尽可能选取最不重要的尺寸作为封闭环。在装配尺寸链中，封闭环往往是装配后应达到的要求，不能随意选定。

② T_0 一定时，组成环数越多，各组成环公差必然越小，经济性越差。因此，设计中应遵守最短尺寸链原则，即使组成环数尽可能少。

2．校核计算

校核计算即已知各组成环的公称尺寸和极限偏差，求封闭环的公称尺寸和极限偏差，以校核几何精度设计的正确性。

【例 3-5】 如图 3-30（a）所示，齿轮部件中，轴是固定的，齿轮在轴上回转，设计要求齿轮左、右端面与挡环之间有间隙，现将此间隙集中在齿轮右端面与右挡环左端面之间，按工作条件，要求 $A_0 = 0.10 \sim 0.45\mathrm{mm}$，已知 $A_1 = 43^{+0.20}_{+0.10}\mathrm{mm}$，$A_2 = A_5 = 5^{\ 0}_{-0.05}\mathrm{mm}$，$A_3 = 30^{\ 0}_{-0.10}\mathrm{mm}$，$A_4 = 3^{\ 0}_{-0.05}\mathrm{mm}$。试问所规定的零件公差及极限偏差能否保证齿轮部件装配后的技术要求？

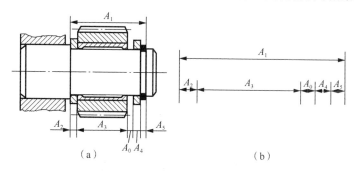

图 3-30 校核计算示例

解：1）画尺寸链图，区分增环、减环。

齿轮部件的间隙 A_0 是装配过程最后形成的，是尺寸链的封闭环，$A_1 \sim A_5$ 是 5 个组成环，如图 3-30（b）所示。其中，A_1 是增环，A_2、A_3、A_4、A_5 是减环。

2）封闭环的公称尺寸。将各组成环的公称尺寸代入式（3-8），得

$$A_0 = A_1 - (A_2 + A_3 + A_4 + A_5)$$
$$= 43 - (5 + 30 + 3 + 5)$$
$$= 0（\mathrm{mm}）$$

3）校核封闭环的极限尺寸。由式（3-9）和式（3-10），得

$$A_{0\max} = A_{1\max} - (A_{2\min} + A_{3\min} + A_{4\min} + A_{5\min})$$
$$= 43.20 - (4.95 + 29.90 + 2.95 + 4.95)$$
$$= 0.45（\mathrm{mm}）$$

$$A_{0\min} = A_{1\min} - (A_{2\max} + A_{3\max} + A_{4\max} + A_{5\max})$$
$$= 43.10 - (5 + 30 + 3 + 5)$$
$$= 0.10（\mathrm{mm}）$$

4）校核封闭环的公差。将各组成环的公差代入式（3-13），得

$$T_0 = T_1 + T_2 + T_3 + T_4 + T_5$$
$$= 0.10 + 0.05 + 0.10 + 0.05 + 0.05 = 0.35（\mathrm{mm}）$$

计算结果表明，所规定的零件公差及极限偏差恰好保证齿轮部件装配的技术要求。

3．设计计算

设计计算即已知封闭环的公称尺寸和极限偏差，求各组成环的公称尺寸和极限偏差，也

就是合理分配各组成环公差问题。确定各组成环公差的方法有等公差法和等公差等级法两种。

（1）等公差法

等公差法是假设各组成环的公差值是相等的，按照已知的封闭环公差 T_0 和组成环环数 m，计算各组成环的平均公差 T，即

$$T = \frac{T_0}{m} \tag{3-14}$$

在此基础上，根据各组成环的尺寸大小、加工难易程度对各组成环公差做适当调整，并满足组成环公差之和等于封闭环公差的关系。

（2）等公差等级法

等公差等级法是假设各组成环的公差等级是相等的。若尺寸≤500mm，公差等级在 IT5～IT18 范围内，则公差值的计算公式为 IT=ai，按照已知的封闭环公差 T_0 和各组成环的公差因子 i_i，计算各组成环的平均公差等级系数 a，即

$$a = \frac{T_0}{\sum i_i} \tag{3-15}$$

为方便计算，各尺寸分段的 i 值列于表 3-13。

表 3-13　尺寸≤500mm，各尺寸分段的公差因子值

分段尺寸/mm	≤3	>3～6	>6～10	>10～18	>18～30	>30～50	>50～80	>80～120	>120～180	>180～250	>250～315	>315～400	>400～500
i/μm	0.54	0.73	0.90	1.08	1.31	1.56	1.86	2.17	2.52	2.90	3.23	3.54	3.89

求出 a 值后，将其与标准公差计算公式表相比较，得出最接近的公差等级后，可按该等级查标准公差表，求出组成环的公差值，从而进一步确定各组成环的极限偏差。各组成环的公差应满足组成环公差之和等于封闭环公差的关系。公差等级系数 a 的值如表 3-14 所示。

表 3-14　公差等级系数 a 的值

公差等级	IT8	IT9	IT10	IT11	IT12	IT13	IT14	IT15	IT16	IT17	IT18
系数 a	25	40	64	100	160	250	400	640	1000	1600	2500

【例 3-6】　图 3-31（a）所示为某齿轮箱的一部分，根据使用要求，间隙 $A_0=1～1.75$mm，若已知 $A_1=140$mm，$A_2=5$mm，$A_3=101$mm，$A_4=50$mm，$A_5=5$mm，试按极值法计算 $A_1～A_5$ 各尺寸的极限偏差与公差。

（a）　　　　　　　　　　（b）

图 3-31　设计计算示例

解：1）画尺寸链图，区分增环、减环。

间隙 A_0 是装配过程最后形成的，是尺寸链的封闭环，$A_1 \sim A_5$ 是 5 个组成环，如图 3-31（b）所示。其中，A_3、A_4 是增环，A_1、A_2、A_5 是减环。

2）计算封闭环的公称尺寸，由式（3-8），得

$$A_0 = A_3 + A_4 - (A_1 + A_2 + A_5)$$
$$= 101 + 50 - (140 + 5 + 5) = 1（\text{mm}）$$

所以，$A_0 = 1^{+0.750}_{0} \text{mm}$。

3）用等公差等级法确定各组成环的公差。

计算各组成环的平均公差等级系数 a，由式（3-14）并查表 3-13，得

$$a = \frac{T_0}{\sum i_i} = \frac{750}{2.52 + 0.73 + 2.17 + 1.56 + 0.73} \approx 97.3$$

由表 3-14 查得，接近 IT11 级。根据各组成环的公称尺寸，从标准公差查得各组成环的公差为 $T_2 = T_5 = 75\mu\text{m}$，$T_3 = 220\mu\text{m}$，$T_4 = 160\mu\text{m}$。

根据各组成环的公差之和不得大于封闭环公差，式（3-13）计算 T_1：

$$T_1 = T_0 - (T_2 + T_3 + T_4 + T_5)$$
$$= 750 - (75 + 220 + 160 + 75)$$
$$= 220（\mu\text{m}）$$

4）确定各组成环的极限偏差。

组成环 A_1 作为调整尺寸，其余按入体原则确定各组成环的极限偏差：

$$A_2 = A_5 = 5^{0}_{-0.075} \text{mm}, \quad A_3 = 101^{+0.220}_{0} \text{mm}, \quad A_4 = 50^{+0.160}_{0} \text{mm}$$

5）计算组成环 A_1 的极限偏差，由式（3-11）和式（3-12），得

$$\text{ES}_0 = \text{ES}_3 + \text{ES}_4 - \text{EI}_1 - \text{EI}_2 - \text{EI}_5$$

即

$$+0.750 = +0.220 + 0.160 - \text{EI}_1 - (-0.075) - (-0.075)$$

则

$$\text{EI}_1 = -0.220\text{mm}$$
$$\text{EI}_0 = \text{EI}_3 + \text{EI}_4 - \text{ES}_1 - \text{ES}_2 - \text{ES}_5$$

即

$$0 = 0 + 0 - \text{ES}_1 - 0 - 0$$

则

$$\text{ES}_1 = 0$$

所以，A_1 的极限偏差为 $A_1 = 140^{0}_{-0.220} \text{mm}$。

3.6.3 用大数互换法解尺寸链

大数互换法又称概率法。由生产实践可知，在成批生产和大量生产中，零件实际尺寸的分布是随机的，多数情况下可考虑为正态分布或偏态分布。换句话说，如果加工或工艺调整中心接近公差带中心，则大多数零件的尺寸分布于公差带中心附近，靠近极限尺寸的零件数目极少。因此，可利用这一规律将组成环公差放大，这样不仅使零件易于加工，还

能满足封闭环的技术要求，从而获得更大的经济效益。当然，此时封闭环超出技术要求的情况是存在的，但其概率很小，所以这种方法称为大数互换法。

采用大数互换法解尺寸链时，封闭环的公称尺寸计算公式与完全互换法相同，所不同的是公差和极限偏差的计算。

设尺寸链的基本组成环数为 m，其中 n 个增环，$m-n$ 个减环，A_0 为封闭环的公称尺寸，A_i 为组成环的公称尺寸，大数互换法解尺寸链的基本公式如下。

1．封闭环公差

在大批量生产中，封闭环 A_0 的变化和组成环 A_i 的变化都可视为随机变量，且 A_0 是 A_i 的函数，则由随机函数的标准偏差的求法，得

$$\sigma_0 = \sqrt{\sum_{i=1}^{m} \xi_i^2 \sigma_i^2} \tag{3-16}$$

式中：σ_0，σ_1，…，σ_m——封闭环和各组成环的标准偏差；

ξ_1，ξ_2，…，ξ_m——传递系数。

若组成环和封闭环尺寸偏差均服从正态分布，且分布范围与公差带宽度一致，$T_i = 6\sigma_i$，此时封闭环的公差与组成环公差有如下关系：

$$T_0 = \sqrt{\sum_{i=1}^{n} \xi_i^2 T_i^2} \tag{3-17}$$

如果考虑各组成环的分布不为正态分布，式（3-17）中应引入相对分布系数 K_i，对不同的分布，K_i 值的大小可查表得出，则

$$T_0 = \sqrt{\sum_{i=1}^{m} \xi_i^2 K_i^2 T_i^2} \tag{3-18}$$

2．封闭环中间偏差

上极限偏差与下极限偏差的平均值为中间偏差，用 Δ 表示，即

$$\Delta = \frac{\text{ES} + \text{EI}}{2} \tag{3-19}$$

当各组成环为对称分布时，封闭环中间偏差为各组成环中间偏差的代数和，即

$$\Delta_0 = \sum_{i=1}^{m} \xi_i \Delta_i \tag{3-20}$$

当组成环为偏态分布或其他不对称分布时，平均偏差相对中间偏差之间偏移量为 $eT/2$，e 称为相对不对称系数（对称分布 $e=0$），这时式（3-20）应改为

$$\Delta_0 = \sum_{i=1}^{m} \xi_i \left(\Delta_i + e_i \frac{T_i}{2} \right) \tag{3-21}$$

3．封闭环极限偏差

封闭环上极限偏差等于中间偏差加 1/2 封闭环公差，下极限偏差等于中间偏差减 1/2 封闭环公差，即

$$\text{ES}_0 = \Delta_0 + \frac{1}{2} T_0，\quad \text{EI}_0 = \Delta_0 - \frac{1}{2} T_0 \tag{3-22}$$

【例 3-7】 用大数互换法解例 3-6。

解：步骤 1）和 2）同例 3-6 中。

3）确定各组成环公差。

设各组成环尺寸偏差均接近正态分布，则 $K_i = 1$，又因该尺寸链为线性尺寸链，故 $|\xi_i| = 1$。按等公差等级法，由式（3-18），得

$$T_0 = \sqrt{T_1^2 + T_2^2 + T_3^2 + T_4^2 + T_5^2} = a\sqrt{i_1^2 + i_2^2 + i_3^2 + i_4^2 + i_5^2}$$

所以

$$a = \frac{T_0}{\sqrt{i_1^2 + i_2^2 + i_3^2 + i_4^2 + i_5^2}} = \frac{750}{\sqrt{2.52^2 + 0.73^2 + 2.17^2 + 1.56^2 + 0.73^2}} \approx 196.56$$

由表 3-14 查得，接近 IT12。根据各组成环的公称尺寸，从标准公差表查得各组成环的公差为 $T_1 = 400\mu m$，$T_2 = T_5 = 120\mu m$，$T_3 = 350\mu m$，$T_4 = 250\mu m$，则

$$T_0' = \sqrt{0.4^2 + 0.12^2 + 0.35^2 + 0.25^2 + 0.12^2} \approx 0.611\,(\text{mm}) < 0.750\text{mm} = T_0$$

可见，确定的各组成环公差是正确的。

4）确定各组成环的极限偏差。

按入体原则确定各组成环的极限偏差如下：

$$A_1 = 140^{+0.200}_{-0.200}\text{mm}，\quad A_2 = A_5 = 6^{0}_{-0.120}\text{mm}，\quad A_3 = 101^{+0.350}_{0}\text{mm}，\quad A_4 = 50^{+0.250}_{0}\text{mm}$$

5）校核确定的各组成环的极限偏差能否满足使用要求。

设各组成环尺寸偏差均接近正态分布，则 $e_i = 0$。

① 计算封闭环的中间偏差，由式（3-20），得

$$\Delta_0' = \sum_{i=1}^{5} \xi_i \Delta_i = \Delta_3 + \Delta_4 - \Delta_1 - \Delta_2 - \Delta_5$$

$$= 0.175 + 0.125 - 0 - (-0.060) - (-0.060)$$

$$= 0.420\,(\text{mm})$$

② 计算封闭环的极限偏差，由式（3-22），得

$$\text{ES}_0' = \Delta_0' + \frac{1}{2}T_0'$$

$$= 0.420 + \frac{1}{2} \times 0.611$$

$$\approx 0.726\,(\text{mm}) < 0.750\text{mm} = \text{ES}_0$$

$$\text{EI}_0' = \Delta_0' - \frac{1}{2}T_0'$$

$$= 0.420 - \frac{1}{2} \times 0.611$$

$$\approx 0.115\,(\text{mm}) > 0 = \text{EI}_0$$

以上计算说明确定的组成环极限偏差是满足使用要求的。

对例 3-6 和例 3-7 进行比较可得，用大数互换法计算尺寸链，可以在不改变技术要求所规定的封闭环公差的情况下，将组成环公差放大约 60%，而实际上出现不合格件的可能性很小（仅有 0.27%），这会给生产带来显著的经济效益。

3.6.4 用其他方法解装配尺寸链

完全互换法和大数互换法是计算尺寸链的基本方法，除此之外还有分组装配法、调整法和修配法。

1. 分组装配法

用分组装配法解尺寸链时先用完全互换法求出各组成环的公差和极限偏差，并将相配合的各组成环公差扩大若干倍，使其达到经济加工精度的要求；然后按完工后零件的实测尺寸将零件分为若干组，并按对应组分别进行组内零件的装配，即同组零件可以组内互换。这样既放大了组成环公差，又保证了封闭环要求的装配精度。

分组装配法的主要优点是既能扩大零件制造公差，又能保证装配精度；其主要缺点是增加了检测零件的工作量。此外，该方法仅能在组内互换，每一组均可能出现零件多余或不足的情况。此法适用于成批生产高精度、便于测量、形状简单而环数较少的尺寸链零件。另外，由于分组后零件的形状误差不会减少，这就限制了分组数，一般分为2～4组。

2. 调整法

调整法即将尺寸链各组成环按经济加工精度的公差制造，此时组成环尺寸公差放大，使封闭环的公差比技术要求给出的值有所扩大。为了保证装配精度，装配时要选定一个可以调整补偿环的尺寸或位置的方法来实现补偿作用，该组成环称为补偿环。常用的补偿环可分为以下两种。

（1）固定补偿环

在尺寸链中选择一个合适的组成环为补偿环，一般可选垫片或轴套类零件。根据需要将补偿环按尺寸分成若干组，装配时，从合适的尺寸组中取一补偿环，装入尺寸链中预定的位置，使封闭环达到规定的技术要求。

（2）可动补偿环

设置一种位置可调的补偿环，装配时，调整其位置达到封闭环的精度要求。这种补偿方式在机械设计中广泛应用，它有多种结构形式，如镶条、锥套、调节螺旋副等常用形式。

调整法的主要优点是加大了组成环的制造公差，使制造容易，同时可得到很高的装配精度，装配时不需要修配，使用过程中可以调整补偿环的位置或更换补偿环，从而恢复机器原有的精度。它的主要缺点是有时需要额外增加尺寸链零件数（补偿环），使结构复杂，制造费用增高，结构的刚性降低。

调整法主要应用在封闭环精度要求高、组成环数目较多的尺寸链，尤其是使用过程中，组成环的尺寸可能由于磨损、温度变化或受力变形等原因而产生较大变化的尺寸链。

3. 修配法

修配法是在装配时按经济精度放宽各组成环公差，组成环尺寸公差放大会使封闭环上产生累积误差，这时直接装配不能满足封闭环所要求的装配精度。因此，在尺寸链中选定某一组成环作为修配环，通过机械加工方法改变其尺寸，或就地配制这个环，使封闭环达到规定精度。装配时，通过对修配环的辅助加工，如铲、刮、研等，切除少量材料以补偿封闭环上产生的累积误差，直到满足要求为止。

修配法的主要优点是既能扩大组成环制造公差，又能保证装配精度；其主要缺点是增加了修配工作量和费用，修配后各组成环失去互换性，使用有局限性。修配法多用于批量不大、环数较多、精度要求高的尺寸链。

习 题

1．简述尺寸要素、实际（组成）要素、提取组成要素、拟合组成要素的含义。

2．简述孔与轴、实际尺寸与公称尺寸、偏差与公差、间隙与过盈的定义及区别。

3．什么是基准制？规定基准制的目的是什么？在什么情况下采用基轴制？

4．配合有哪几种类型？配合性质由什么决定？

5．极限与配合标准的应用主要解决哪 3 个问题？其基本原则是什么？

6．试画出下列各孔、轴配合的公差带图，并计算它们的极限尺寸、尺寸公差、配合公差及极限间隙或极限过盈。

（1）孔 $\phi 30^{+0.039}_{0}$ mm，轴 $\phi 40^{+0}_{0}$ mm。

（2）孔 $\phi 70^{+0.054}_{0}$ mm，轴 $\phi 70^{-0.030}_{-0.140}$ mm。

7．试查表确定下列孔、轴公差带代号。

（1）轴 $\phi 40^{+0.033}_{+0.017}$ mm。

（2）轴 $\phi 18^{+0.046}_{+0.028}$ mm。

（3）孔 $\phi 60^{+0.074}_{-0.06}$ mm。

（4）孔 $\phi 330^{+0.285}_{+0.170}$ mm。

8．什么是尺寸链？它有哪几种形式？

9．尺寸链的两个基本特征是什么？

10．如图 3-32 所示曲轴、连杆和衬套等零件装配图，装配后要求间隙为 $N=0.1\sim0.2$mm，而图样设计时尺寸 $A_1 = 150^{+0.016}_{0}$ mm，$A_2 = A_3 = 75^{-0.02}_{-0.06}$，试验算设计图样给定零件的极限尺寸是否合理。

图 3-32 曲轴、连杆和衬套等零件装配图

4 单元

几何公差

>>>>

◎ **单元导读**

    机械零件生产加工过程中，无论何种加工精度，总会出现加工尺寸与标准理想尺寸存在偏差的问题。几何公差就是对零件的加工规定合理的误差允许范围，既要保证零件的使用要求，又要考虑经济成本。本单元介绍几何公差的基本概念，以及不同几何公差带的形状、大小、方向、特点及公差相关原则。几何公差是机械精度设计的重要内容，本单元也是本书的重点内容。

◎ **思政目标**

    ◆树立正确的学习观、价值观，自觉践行行业道德规范。

    ◆牢固树立质量第一、信誉第一的强烈意识。

    ◆发扬一丝不苟、精益求精的"工匠精神"。

    ◆遵规守纪，安全生产，爱护设备，钻研技术。

几何公差概述

零件在加工过程中由于受各种因素的影响，不可避免地会产生几何误差，几何误差对机器的使用功能和寿命具有重要影响。

例如，配合件圆柱表面的形状误差会使间隙配合中的间隙分布不均匀，造成局部磨损加快，从而降低零件的使用寿命；相互结合零件的表面形状误差会减少零件的实际支撑面积，使接触面之间的压强增大，从而产生过大的应力和严重的变形等。

零件的几何误差对机器的工作精度和使用寿命都会造成不良影响，特别是在高速、重载等工作条件下，这种不良影响更为严重。然而在实际生产中，制造绝对理想、没有任何几何误差的零件，是既不可能又无必要的。

为了保证零件的使用要求和零件的互换性，实现零件的经济性制造，必须对几何误差加以控制，规定合理的几何公差。

近年来，根据科学技术和经济发展的需要，按照与国际标准接轨的原则，我国对几何公差国家标准进行了几次修订，主要内容包括 GB/T 1182—2018《产品几何技术规范（GPS）几何公差 形状、方向、位置和跳动公差标注》、GB/T 16671—2018《产品几何技术规范（GPS）几何公差 最大实体要求（MMR）、最小实体要求（LMR）和可逆要求（RPR）》、GB/T 1958—2017《产品几何技术规范（GPS） 几何公差 检测与验证》等。

4.1.1 几何要素

几何公差的研究对象是零件的几何要素，主要解决零件几何要素本身的形状精度和有关要素之间相互的位置精度问题。零件几何要素由点、线、面构成，具体包括点（圆心、球心、中心点、交点），线（素线、曲线、轴线、中心线、引线），面（平面、曲面、圆柱面、圆锥面、球面、端面、中心平面）等，如图 4-1 所示。

零件的几何要素可按不同方式分类。

1. 按存在状态分类

实际要素：指零件实际存在的要素，通常用测量得到的要素代替。

理想要素：指具有几何意义的要素，它们不存在任何误差。机械零件图样标示的要素均为理想要素。

2. 按功能关系分类

单一要素：指仅对要素自身提出功能要求而给出形状公差的要素。

图 4-1 零件的几何要素

关联要素：指相对基准要素由功能要求而给出位置公差的要素。

3．按结构特征分类

轮廓要素：指构成零件外形的点、线、面各要素，即零件外轮廓。

中心要素：指轮廓要素对称中心所表示的点、线、面各要素，实际存在，却无法直接看到。

4．按作用分类

被测要素：指有几何公差要求的要素。被测要素是零件需要研究和测量的对象。

基准要素：指用来确定被测要素的方向和位置的要素。

4.1.2 几何公差的种类

GB/T 1182—2018 规定，几何公差分为形状公差和位置公差两大类，如表 4-1 所示。

表 4-1 几何公差特征项目及符号

公差		特征项目	符号	有或无基准要求	公差		特征项目	符号	有或无基准要求
形状	形状	直线度	—	无	位置	定向	平行度	//	有
		平面度	▱	无			垂直度	⊥	有
		圆度	○	无			倾斜度	∠	有
		圆柱度	⌀	无		定位	位置度	⊕	有或无
形状或位置	轮廓	线轮廓度	⌒	有或无			同轴（同心）度	◎	有
							对称度	=	有
		面轮廓度	⌓	有或无		跳动	圆跳动	↗	有
							全跳动	↗↗	有

4.1.3 基准

1．基准概念

基准有基准要素和基准之分。零件上用来建立基准并起基准作用的实际要素称为基准要素。用以确定被测要素方向或位置关系的公称理想要素称为基准。基准可以是组成要素（轮廓要素）或导出要素（中心要素），基准要素只能是组成要素。

基准可由零件上的一个或多个要素构成。基准在图样的标注用英文大写字母（如 *A*、*B*、*C*）表示，水平写在基准方格内，与一个涂黑的或空白的三角形相连，涂黑和空白基准三角形含义相同。本书统一采用涂黑的基准三角形，如图 4-2 所示。

2．基准类型

基准有 3 种类型：单一基准、公共基准和基准体系。

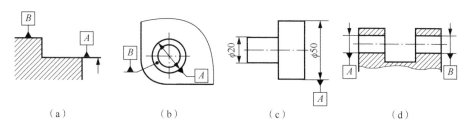

图 4-2 基准标注

1）单一基准：仅以一个要素（如一个平面或一条直线）作为确定被测要素方向或位置依据的基准，称为单一基准。

2）公共基准：将两个或两个以上要素组合作为一个独立的基准，称为公共基准或组合基准，如两个平面或两条直线（或两条轴线）组合成一个公共平面或一条公共直线（或公共轴线）作为基准。

3）基准体系：由 3 个互相垂直的基准平面组成的体系，称为基准体系。它的 3 个平面是确定和测量零件上各要素几何关系的起点。

4.1.4 几何公差标注方法

在技术图样中，几何公差采用代号标注形式，如图 4-3 所示。几何公差的基本内容在公差框格内给出。公差框格分为两格或多格，可水平绘制或垂直绘制。

指引线一端从框格一侧引出，另一端带有箭头，箭头指向被测要素公差带的宽度方向或直径。

公差框格的第二格之间填写的公差带为圆形或圆柱形时，公差值前加注"ϕ"，若是球形则加注"$S\phi$"。

图 4-3 几何公差代号

1. 被测要素的标注

设计要求给出的几何公差的要素用带指示箭头的指引线与公差框格相连。指引线一般与框格一端的中部相连，也可以与框格任意位置水平或垂直相连。

当被测要素为轮廓线或轮廓面时，指示箭头应直接指向被测要素或其延长线，并与尺寸线明显错开，如图 4-4 所示。

当被测要素为中心点、中心线、中心面时，指示箭头应与被测要素相应的轮廓尺寸线对齐，如图 4-5 所示，且指示箭头可代替一个尺寸线的箭头。

图 4-4 被测要素为轮廓要素时的标注

图 4-5 被测要素是中心要素时的标注

当被测要素为视图的整个轮廓线（面）时，应在指示箭头指引线的转折处加注全周符号，如图 4-6（a）所示，线轮廓度公差 0.1mm 是对该视图上全部轮廓线的要求，其他视图上的轮廓不受该公差要求的限制。以螺纹、齿轮、花键的轴线为被测要素时，应在几何公差框格下方标明节径 PD、大径 MD 或小径 LD，如图 4-6（b）所示。

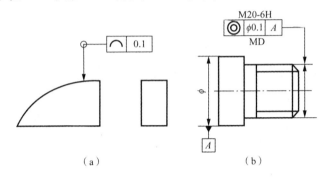

（a）　　　　　　　　　　　　（b）

图 4-6　被测要素其他标注

2．基准要素的标注

对于关联被测要素的方向、位置和跳动公差，要求必须注明基准。方框内的字母应与公差框格中的基准字母对应，且无论基准代号在图样中的方向如何，方框内的字母均应水平书写。单一基准由一个字母表示，如图 4-7（a）所示；公共基准采用由横线隔开的两个字母表示，如图 4-7（b）所示；基准体系由两个或 3 个字母表示。

（a）　　　　　　　　　　　　　（b）

图 4-7　基准要素的标注

当以轮廓线或轮廓面作为基准时，基准符号在要素的轮廓线或其延长线上，且与轮廓的尺寸线明显错开，如图 4-7（a）所示；当以轴线、中心平面或中心点为基准时，基准连线应与相应的轮廓尺寸线对齐，如图 4-7（b）所示。

国家标准中还规定了一些其他特殊符号，几何公差的相关符号如表 4-2 所示，需要时可查看相关标准。

表 4-2　几何公差的相关符号

符号	意义	符号	意义
Ⓜ	最大实体要求	50	理论正确尺寸
Ⓟ	延伸公差带	⌀20/A₁	基准目标
Ⓔ	包容要求（单一要素）		

4.1.5 公差与几何公差带

1. 形状公差

形状公差是指单一实际要素的形状所允许的变动全量。

2. 位置公差

位置公差是指关联实际要素的位置对基准所允许的变动全量。

标准中，将位置公差又分为定向、定位、跳动 3 种，分别是关联实际要素对基准在方向上、位置上和回转时所允许的变动范围。

几何公差的特征项目较多，且每个项目的具体要求不同，故几何公差带的形状也就有各种不同的形状。

几何公差带用来限制被测实际要素变动的区域，只要被测实际要素完全落在给定的公差带内，就表示其形状和位置符合设计要求。

几何公差带包括公差带的形状、方向、位置、大小 4 个要素。几何公差的公差带形状如图 4-8 所示，是由被测实际要素的形状和位置公差各项目的特征决定的。公差带的大小是由公差值 t 确定的，指的是公差带的宽度或直径。

（a）两平行直线　（b）两等距曲线　（c）两平行平面　　（d）两等距曲面

（e）圆柱面　（f）两同心圆　（g）一个圆　　（h）一个球

（i）两同心圆柱面　　（j）一个圆柱面　　（k）一段圆锥面

图 4-8　几何公差带的主要形状

几何公差带的方向和位置有两种情况：公差带的方向或位置可以随实际被测要素的变动而变动，没有对其他要素保持一定几何关系的要求，这时公差带的方向或位置是浮动的；若几何公差带的方向或位置必须和基准要素保持一定的几何关系，则公差带的方向或位置是固定的。

所以，位置公差（标有基准）的公差带的方向和位置一般是固定的，形状公差（未标基准）的公差带的方向和位置一般是浮动的。

几何公差及公差带的特点分析

4.2.1　形状公差及公差带

形状公差有 4 个项目：直线度、平面度、圆度和圆柱度。被测要素有直线、平面和圆柱面。形状公差不涉及基准，形状公差带的方位可以浮动，只能控制被测要素的形状误差。

1. 直线度

直线度表示零件上的直线要素实际形状保持理想直线的状况，即平直程度。

直线度公差是实际直线对理想直线所允许的最大变动量，也就是用以限制实际直线加工误差所允许的变动范围。直线度如表 4-3 所示。

表 4-3　直线度

公差特征及符号	公差带的定义	标注和解释
直线度　一	在给定平面内，公差带是距离为公差值 t 的两平行直线之间的区域	被测表面的素线必须位于平行于图样所示投影面且距离为公差值 0.1mm 的两平行直线内　一|0.1
	在给定方向上公差带是距离为公差值 t 的两平行平面之间的区域	被测圆柱面的任一素线必须位于距离为公差值 0.1mm 的两平行平面之内　一|0.1
	如在公差值前加注 ϕ，则公差带是值为 t 的圆柱面内的区域	被测圆柱面的轴线必须位于直径为公差值 ϕ 0.08mm 的圆柱面内　一|ϕ0.08

2. 平面度

平面度表示零件的平面要素实际形状保持理想平面的状况，即平整程度。

平面度公差是实际表面所允许的最大变动量，用以限制实际表面加工误差所允许的变动范围。平面度如表 4-4 所示。

表 4-4 平面度

公差特征及符号	公差带的定义	标注和解释
平面度 ▱	公差带是距离为公差值 t 的两平行平面之间的区域	被测表面必须位于距离为公差值 0.08mm 的两平行平面内 ▱ 0.08

3. 圆度

圆度表示零件上圆要素的实际形状与其中心保持等距的状况，即圆整程度。

圆度公差是同一截面上，实际圆对理想圆所允许的最大变动量，用以限制实际圆的加工误差所允许的变动范围。圆度如表 4-5 所示。

表 4-5 圆度

公差特征及符号	公差带的定义	标注和解释
圆度 ○	公差带是在同一正截面上，半径差为公差值 t 的两同心圆之间的区域	被测圆柱面任一截面的圆周必须位于半径差为公差值 0.03mm 的同心圆之间 ○ 0.03 被测圆锥面任一正截面上的圆周必须位于半径差为公差值 0.1mm 的两同心圆之间 ○ 0.1

4. 圆柱度

圆柱度表示零件上圆柱面外形轮廓上的各点对其轴线保持等距的状况。

圆柱度公差是实际圆柱面对理想圆柱面所允许的最大变动量，用以限制实际圆柱面加工误差所允许的变动范围。圆柱度如表 4-6 所示。

表 4-6　圆柱度

公差特征及符号	公差带的定义	标注和解释
圆柱度 ⌕	公差带是半径差为公差值 *t* 的两同轴圆柱面之间的区域	被测圆柱面必须位于半径差为公差值 0.1mm 的两同轴圆柱面之间　⌕ 0.1

4.2.2　轮廓度公差及公差带

1. 线轮廓度

线轮廓度表示在零件的给定平面上任意形状的曲线保持其理想形状的状况。

线轮廓度公差是非圆曲线的实际轮廓线的允许变动量，用以限制实际曲线加工误差所允许的变动范围。线轮廓度如表 4-7 所示。

表 4-7　线轮廓度

公差特征及符号	公差带的定义	标注和解释
线轮廓度 ⌒	公差带是包络一系列直径为公差值 *t* 的圆的两包络线之间的区域。各圆的圆心位于具有理论正确几何形状的线上 ϕt　无基准要求的线轮廓度公差见图（a）；有基准要求的线轮廓度公差见图（b）	在平行于图样所示投影面的任一截面上，被测轮廓线必须位于包络一系列直径为公差值 0.04mm 且圆心位于具有理论正确几何形状的线上的两包络线之间　⌒ 0.04　2×R10　R35　30±0.1　30　80　（a）无基准要求　⌒ 0.04 A　2×R10　R35　30　30　80　A　（b）有基准要求

2. 面轮廓度

面轮廓度表示零件上任意形状的曲面保持其理想形状的状况。

面轮廓度公差是非圆曲面的轮廓线对理想轮廓面的允许变动量，用以限制实际曲面加工误差的变动范围。面轮廓度如表 4-8 所示。

表 4-8　面轮廓度

公差特征及符号	公差带的定义	标注和解释
面轮廓度 ⌓	公差带是包络一系列直径为公差值 t 的球的两包络面之间的区域，各球的球心应位于具有理论正确几何形状的面上 	被测轮廓面必须位于包络一系列球的两包络面之间，各球的直径为公差值 0.02mm，且球心位于具有理论正确几何形状的面上的两包络面之间

4.2.3　定向公差及公差带

定向公差有 3 个项目：平行度、垂直度和倾斜度。被测要素有直线和平面，基准要素有直线和平面。按被测要素相对于基准要素，有线对线、线对面、面对线和面对面 4 种情况。定向公差带在控制被测要素相对于基准平行、垂直和倾斜所夹角度方向误差的同时，能够自然地控制被测要素的形状误差。

1．平行度

平行度表示零件上被测实际要素相对于基准保持等距离的状况。

平行度公差是被测要素的实际方向与基准相平行的理想方向之间所允许的最大变动量，用以限制被测实际要素偏离平行方向所允许的变动范围。平行度如表 4-9 所示。

表 4-9　平行度

公差特征及符号	公差带的定义	标注和解释
平行度 ∥	公差带是两对互相垂直的距离分别为 t_1 和 t_2 且平行于基准线的两平行平面之间的区域 	被测轴线必须位于距离分别为公差值 0.2mm 和 0.1mm，在给定的互相垂直方向上且平行于基准轴线的两组平行平面之间

公差特征及符号	公差带的定义	标注和解释
平行度 ∥	如在公差值前加注 ϕ，公差带是直径为公差值 t 且平行于基准线的圆柱面内的区域 ϕt 基准轴线	被测轴线必须位于直径为 0.1mm 且平行于基准轴线 B 的圆柱面内 ϕD　∥ ϕ0.1 B B
	公差带是距离为公差值 t 且平行于基准平面的两平行平面之间的区域 t 基准平面	被测轴线必须位于距离为公差值 0.03mm 且平行于基准表面 A（基准平面）的两平行平面之间 ∥ 0.03 A ϕ A
	公差带是距离为公差值 t 且平行于基准线的两平行平面之间的区域 t 基准轴线	被测表面必须位于距离为公差值 0.05mm 且平行于基准线 A（基准轴线）的两平行平面之间 ∥ 0.05 A ϕD A
	公差带是距离为公差值 t 且平行于基准面的两平行平面之间的区域 平行度公差 t 基准平面	被测表面必须位于距离为公差值 0.05mm 且平行于基准平面 A（基准平面）的两平行平面之间 ∥ 0.05 A A

2. 垂直度

垂直度表示零件上被测要素相对于基准要素保持正确的 90° 角的状况。

垂直度公差是被测要素的实际方向对于基准相垂直的理想方向之间所允许的最大变动量，用以限制被测实际要素偏离垂直方向所允许的最大变动范围。垂直度如表 4-10 所示。

表 4-10　垂直度

公差特征及符号	公差带的定义	标注和解释
垂直度 ⊥	公差带是距离为公差值 t 且垂直于基准轴线的两平行平面之间的区域 基准直线	被测轴线必须位于距离为公差值 0.08mm 且垂直于基准线 A（基准轴线）的两平行平面之间 ⊥ 0.08 A
	如在公差值前加注 φ，公差带是直径为公差值 t 且垂直于基准面的圆柱面内的区域 基准平面	被测轴线必须位于直径为公差值 φ 0.05mm 且垂直于基准线 A（基准平面）的圆柱面内 φd ⊥ φ0.05 A

3．倾斜度

倾斜度表示零件上两要素相对方向保持任意给定角度的正确状况。

倾斜度公差是被测要素的实际方向，对于与基准成任意给定角度的理想方向之间所允许的最大变动量。倾斜度如表 4-11 所示。

表 4-11　倾斜度

公差特征及符号	公差带的定义	标注和解释
倾斜度 ∠	被测线和基准线在同一平面内，公差带是距离为公差值 t 且与基准线成一给定角度的两平行平面之间的区域	被测轴线必须位于距离为公差值 0.08mm 且与 A—B 公共基准线成一理论正确角度 60° 的两平行平面之间 0.5　∠ 0.08 A—B φ30　60°　φ30 B　A

公差特征及符号	公差带的定义	标注和解释
倾斜度 ∠	公差带是距离为公差值 t 且与基准面成一给定角度的两平行平面之间的区域	被测表面必须位于距离为公差值 0.08mm 且与基准面 A（基准平面）成理论正确角度 45° 的两平行平面之间
	公差带为直径等于公差值 φt 的圆柱面所限定的区域，且与基准平面成理论角度	被测轴线必须位于距离为公差值 0.05mm 且与基准面 A（基准平面）成理论正确角度 60° 的两平行平面之间且平行于基准平面 B

4.2.4 定位公差及公差带

定位公差有 3 个项目：位置度、同轴度和对称度。定位公差涉及基准，公差带的方向（主要是位置）是固定的。定位公差带在控制被测要素相对于基准位置误差的同时，能够自然地控制被测要素相对于基准的方向误差和被测要素的形状误差。

1. 位置度

位置度表示零件上的点、线、面等要素相对其理想位置的准确状况。

位置度公差是被测要素的实际位置相对于理想位置所允许的最大变动量，用以限制被测要素偏离理想位置所允许的最大变动范围。位置度如表 4-12 所示。

表 4-12　位置度

公差特征及符号	公差带的定义	标注和解释
位置度 ⊕	如公差值前加注 φ，公差带是直径为公差值 t 的圆内的区域。圆公差带的中心点的位置由相对于基准 A 和 B 的理论正确尺寸确定	两个中心线的交点必须位于直径为公差值 0.3mm 的圆内，该圆的圆心位于由相对基准 A 和 B（基准直线）的理论正确尺寸所确定的点和理想位置上

公差特征及符号	公差带的定义	标注和解释
位置度 ⌖	如公差值前加注 Sϕ，公差带是直径为公差值 t 的球内的区域。球公差带的中心点的位置由相对于基准 A、B 和 C 的理论正确尺寸确定 	被测球的球心必须位于直径为公差值 0.03mm 的球内。该球的球心位于由相对基准 A、B、C 的理论正确尺寸所确定的理想位置上
	公差带是距离为公差值 t 且以线的理想位置为中心线对称配置的两平行直线之间的区域。中心线的位置由相对于基准 A 的理论正确尺寸确定，此位置度公差仅给定一个方向 	每根刻线的中心线必须位于距离为公差值 0.05mm 且相对于基准 A 的理论正确尺寸所确定的理想位置对称的各平行直线之间
	如公差值前加注 ϕ，公差带是直径为公差值 t 的圆柱面内的区域。圆柱公差带的中心轴线位置由相对于基准 B 和 C 的理论正确尺寸确定 	被测要素 ϕD 孔的轴线必须位于直径为公差值 ϕ 0.1mm 的圆柱面内，该圆柱面的中心轴线位置由相对基准 B、C 的理论正确尺寸 30mm 和 40mm 确定
	公差带是距离为公差值 t 且以被测斜平面的理想位置为中心面对称配置的两平行平面间的区域。中心面的位置由基准轴线 A 和相对于基准面 B 的理论正确尺寸确定 	被测要素斜平面必须位于距离为公差值 0.05mm 的两平行平面之间，两平行平面的对称中心平面位置由基准轴线 A 及理论正确角度 60° 和相对于基准面 B 的理论正确尺寸 50mm 确定

2．同轴度（同心度）

同轴度（同心度）表示零件上被测轴线相对于基准轴线保持在同一直线上的状况。

同轴度公差是被测轴线相对于基准轴线所允许的变动全量，用以限制被测实际轴线偏离由基准轴线确定的理想位置所允许的变动范围。同轴度如表 4-13 所示。

表 4-13　同轴度

公差特征及符号	公差带的定义	标注和解释
同轴度（同心度） ◎	公差带是直径为公差值 ϕt 且与基准圆心同心的圆内的区域 基准点	外圆的圆心必须位于直径为公差值 ϕ 0.1mm 且与基准圆心同心的圆内
	公差带是直径为公差值 ϕt 的圆柱面内的区域，该圆柱面的轴线与基准轴线同轴 基准轴线	大圆柱面的轴线必须位于直径为公差值 ϕ 0.1mm 且与公共基准线 $A—B$（公共基准轴线）同轴的圆柱面内

3．对称度

对称度表示零件上两对称中心要素保持在同一中心平面内的状态。

对称度公差是实际要素的对称中心面（或中心线、轴线）对理想对称平面所允许的变动量。对称度如表 4-14 所示。

表 4-14　对称度

公差特征及符号	公差带的定义	标注和解释
对称度 ＝	公差带是距离为公差值 t 且相对基准的中心平面对称配置的两平行平面之间的区域 基准平面	被测中心平面必须位于距离为公差值 0.08mm 且相对于公共基准中心平面 $A—B$ 对称配置的两平行平面之间

4.2.5　跳动公差及公差带

跳动公差有两个项目：圆跳动和全跳动。跳动公差带在控制被测要素相对于基准位置误差的同时，能够自然地控制被测要素相对于基准的方向误差和被测要素的形状误差。

1．圆跳动

圆跳动表示零件上的回转表面在限定的测量面内相对于基准轴线保持固定位置的状况。

圆跳动公差是被测实际要素绕基准轴线无轴向移动地旋转一周时，在限定的测量范围内所允许的最大变动量。圆跳动如表 4-15 所示。

表 4-15　圆跳动

公差特征及符号	公差带的定义	标注和解释
圆跳动 ↗	公差带为在任一垂直于基准轴线的横截面内，半径差为公差值 t，圆心在基准轴线上的两同心圆所限定的区域	当被测要素围绕基准线 A（基准轴线）的约束旋转一周时，在任一测量平面内的径向圆跳动量均不得大于 0.05mm
	公差带是在与基准同轴的任一半径位置的测量圆柱面上距离为 t 的两圆之间的区域	被测面围绕基准线 D（基准轴线）旋转一周时，在任一测量圆柱面内轴向的跳动量均不得大于 0.1mm
	公差带是在与基准同轴的任一测量圆锥面上距离为 t 的两圆之间的区域（除另有规定，其测量方向应与被测面垂直）	被测面围绕基准线 A（基准轴线）旋转一周时，在任一测量圆锥面上的跳动量均不得大于 0.05mm

2．全跳动

全跳动是指零件绕基准轴线连续旋转时沿整个被测表面上的跳动量。

全跳动的公差是被测实际要素绕基准轴线连续旋转，同时指示器沿其理想轮廓相对移动时，所允许的最大跳动量。全跳动如表 4-16 所示。

表 4-16 全跳动

公差特征及符号	公差带的定义	标注和解释
全跳动	公差带是半径差为公差值 t 且基准同轴的两圆柱面之间的区域	被测要素围绕公共基准线 $A—B$ 做若干次旋转，并在测量仪器与工件间同时做轴向的相对移动时，被测要素上各点间的示值均不得大于 0.2mm。测量仪器或工件必须沿着基准轴线方向并相对于公共基准轴线 $A—B$ 移动
	公差带是距离为公差值 t 且与基准垂直的两平行平面之间的区域	被测要素围绕基准线 D 做若干次旋转，并在测量仪器与工件间做径向相对移动时，在被测要素上各点间的示值差均不得大于 0.1mm。测量仪器或工件必须沿着轮廓具有理想正确形状的线和相对于基准轴线 D 的正确方向移动

4.3

公 差 原 则

公差原则是处理尺寸公差与形状、位置公差之间相互关系的基本原则，它规定了确定尺寸（线性尺寸和角度尺寸）公差和几何公差之间相互关系的原则。公差原则有独立原则和相关原则，相关国家标准包括 GB/T 4249—2018《产品几何技术规范（GPS） 基础 概念、原则和规则》和 GB/T 16671—2018《产品几何技术规范（GPS） 几何公差 最大实体要求（MMR）、最小实体要求（LMR）和可逆要求（RPR）》。

4.3.1 有关公差原则的术语及定义

1. 作用尺寸

作用尺寸是零件装配时起作用的尺寸，它是由要素的实际尺寸与其几何误差综合形成的。根据装配时两表面包容关系的不同，作用尺寸分为体外作用尺寸和体内作用尺寸。

（1）体外作用尺寸

体外作用尺寸（d_{fe}、D_{fe}）是在被测要素的给定长度上，与实际内表面（孔）体外相接的最大理想面或与实际外表面（轴）体外相接的最小理想面的直径或宽度，如图 4-9 所示。对于关联实际要素，要求体外相接理想面的中心要素必须与基准保持图样给定的方向或位置关系，如图 4-10 所示，与实际轴外接的最小理想孔的轴线应垂直于基准面 A。

图 4-9　单一体外作用尺寸

图 4-10　关联体外作用尺寸

（2）体内作用尺寸

体内作用尺寸（d_{fi}、D_{fi}）是在被测要素的给定长度上，与实际内表面（孔）体内相接的最小理想面或与实际外表面（轴）体内相接的最大理想面的直径或宽度，如图 4-11 所示。对于关联实际要素，要求该体内相接的理想面的中心要素必须与基准保持图样给定的方向或位置关系，如图 4-12 所示。

图 4-11　单一体内作用尺寸

图 4-12　关联体内作用尺寸

2．实体状态和实体尺寸

当实际要素在尺寸公差范围内时，尺寸不同，零件所含有的材料量不同，装配时（或配合中）的松紧程度也不同，零件材料含量处于极限状态时即为实体状态，有最大实体和最小实体。

（1）最大实体状态、最大实体尺寸和最大实体边界

最大实体状态是指实际要素在给定长度上处处位于尺寸公差带内并且有实体最大时的状态，用 MMC（maximum material condition）表示。

最大实体尺寸（maximum material size，MMS）是指实体要素在最大实体状态下的极限尺寸，用 D_M（d_M）表示。外表面（轴）的最大实体尺寸等于其上极限尺寸 d_{max}，即 $d_M=d_{max}$；内表面（孔）的下实体尺寸等于其下极限尺寸 D_{min}，即 $D_M=D_{min}$。

最大实体边界是最大实体状态的理想形状的极限包容面，用 MMB（maximum material boundary）表示。

（2）最小实体状态、最小实体尺寸和最小实体边界

最小实体状态是指实际要素在给定长度上处处位于尺寸公差内并且有实体最小时的状态，用 LMC（least material condition）表示。

最小实体尺寸（least material size，LMS）是指实体要素在最小实体状态下的极限尺寸，用 D_L（d_L）表示。外表面（轴）的最小实体尺寸等于其下极限尺寸 d_{min}，即 $d_L=d_{min}$，内表面（孔）的最小实体尺寸等于其上极限尺寸 D_{max}，即 $D_L=D_{max}$。

最小实体边界是指最小实体状态的理想形状的极限包容面，用 LMB（least material boundary）表示。

3．实体实效状态、实体实效尺寸和实体实效边界

实效状态是指被测要素实体尺寸和该要素的几何公差综合作用下的极限状态，有最大实体实效和最小实体实效两种状态。边界是由设计给定的具有理想形状的极限包容面。

（1）最大实体实效状态、最大实体实效尺寸和最大实体实效边界

在给定长度上，实际尺寸要素处于最大实体状态，且其中心要素的形状或位置误差等于给出公差值时的综合极限状态，称为最大实体实效状态（maximum material condition，MMVC）。

最大实体实效状态下的体外作用尺寸，称为最大实体实效尺寸（maximum material virtual size，MMVS）。

最大实体尺寸减去几何公差值为内表面最大实体实效尺寸 D_{MV}，即

$$D_{MV} = D_M - t = D_{min} - t$$

最小实体尺寸加上几何公差值为外表面最大实体实效尺寸 d_{MV}，即

$$d_{MV} = d_M + t = d_{max} + t$$

最大实体实效状态对应的极限理想包容面，称为最大实体实效边界（maximum material virtual boundary，MMVB）。

（2）最小实体实效状态、最小实体实效尺寸和最小实体实效边界

在给定长度上，实际尺寸要素处于最小实体状态，且其中心要素的形状或位置误差等

于给出公差值时的综合极限状态，称为最小实体实效状态（least material virtual condition，LMVC）。

最小实体实效状态下的体内作用尺寸，称为最小实体实效尺寸（least material virtual size，LMVS）。

最小实体尺寸加几何公差值为内表面最小实体实效尺寸 D_{LV}，即

$$D_{LV} = D_L + t = D_{max} + t$$

最小实体尺寸减去几何公差值为外表面最小实体实效尺寸 d_{LV}，即

$$d_{LV} = d_L - t = d_{min} - t$$

最小实体实效状态对应的极限包容面，称为最小实体实效边界（least material virtual boundary，LMVB）。

4.3.2 独立原则

独立原则是指图样上给定的每个尺寸、形状、位置等要求，均是互相独立的，应当分别满足图样要求，即尺寸公差控制尺寸误差，几何公差控制几何误差。

独立原则的适用范围较广。一般非配合尺寸采用独立原则，如印刷机的滚筒，尺寸精度不高，但对其圆柱度要求高，以保证印刷时与纸面接触均匀，使印刷的图文清晰，因此按独立原则给出圆柱度公差，而直径尺寸所用的未注公差与圆柱度公差不相关。

采用独立原则时，可用普通计量器具检测尺寸误差和几何误差。

4.3.3 相关原则

相关原则又可分为包容要求、最大实体要求（及其可逆要求）和最小实体要求（及其可逆要求）。

1．包容要求

包容要求是指要求单一尺寸要素的实际轮廓不得超出最大实体边界，且其实际尺寸不超出最小实体尺寸的一种公差原则。根据包容要求，被测实际要素的合格条件如下。

对于内表面：

$$D_{fe} \geqslant D_M = D_{min}, \quad D_a \leqslant D_L = D_{max}$$

对于外表面：

$$d_{fe} \leqslant d_M = d_{max}, \quad d_a \geqslant d_L = d_{min}$$

采用包容要求的尺寸要素应在其尺寸极限偏差或公差带代号之后加注符号Ⓔ。

包容要求主要用于配合性质要求较严格的配合表面，用最大实体边界保证所需的最小间隙或最大过盈，如回转轴的轴颈和滑动轴承、滑动套筒和孔、滑块和滑动槽等。

2．最大实体要求

最大实体要求（maximum material requirement，MMR）是指被测要素的实际轮廓应遵守其最大实体实效边界要求，当其实际尺寸偏离最大实体尺寸时，允许其几何公差值超出给定的公差值，即允许几何公差增大，在保证零件可装配的场合下降低加工难度。

最大实体要求应用于被测要素时，应在几何公差框格中的公差值后面标注符号Ⓜ；最

大实体要求应用于基准要素时，应在几何公差框格基准符号后面标注符号Ⓜ。

（1）最大实体要求用于被测要素

最大实体要求用于被测要素时，被测要素的实际轮廓应遵守其最大实体实效边界要求，即其体外作用尺寸不得超出最大实体实效尺寸；而且要素的局部尺寸在最大与最小实体尺寸之间。合格零件的判定条件如下。

对于内表面：

$$D_{fe} \geqslant D_{MV} = D_{min} - t, \quad D_M = D_{min} \leqslant D_a \leqslant D_L = D_{max}$$

对于外表面：

$$d_{fe} \leqslant d_{MV} = d_{min} + t, \quad d_M = d_{max} \geqslant d_a \geqslant d_L = d_{min}$$

（2）最大实体要求用于基准要素

最大实体要求用于基准要素时，基准要素应遵守相应的边界要求。若基准要素的实际轮廓偏离相应的边界，即体外作用尺寸偏离相应的边界尺寸，则允许基准要素在一定范围内浮动，浮动范围应等于基准要素的体外作用尺寸与其相应的边界尺寸之差。

最大实体要求应用于基准要素时，基准要素应遵守的边界要求有以下两种情况。

1）基准要素本身采用最大实体要求时，应遵守最大实体实效边界要求，此时，基准代号应直接标注在形成该最大实体实效边界的几何公差框格下面。

2）基准要素本身不采用最大实体要求时，应遵守最大实体边界要求，此时，基准代号应标注在基准的尺寸线处，连线与尺寸线对齐。

3．最小实体要求

最小实体要求（least material requirement，LMR）是指控制被测要素的实际轮廓处于其最小实体实效边界之内的一种公差要求，既可用于被测要素，又可应用于基准要素。当其实际尺寸偏离最小实体尺寸时，允许其几何误差值超出给出的公差值。

最小实体要求用于被测要素时，应在被测要素的几何公差框格中的公差值后标注符号Ⓛ；应用于基准要素时，应在被测要素的几何公差框格内相应的基准字母代号后标注符号Ⓛ。

（1）最小实体要求用于被测要素

最小实体要求用于被测要素时，被测要素的实际轮廓在给定长度上处处不得超出最小实体实效边界，即其体内作用尺寸不能超出最小实体实效尺寸，且其局部实际尺寸在最大实体尺寸和最小实体尺寸之间。合格零件的判定条件如下。

对于内表面：

$$D_{fi} \leqslant D_{LV} = D_{max} + t, \quad D_M = D_{min} \leqslant D_a \leqslant D_{max} = D_L$$

对于外表面：

$$d_{fi} \geqslant d_{LV} = d_{min} - t, \quad d_L = d_{min} \leqslant d_a \leqslant d_{max} = d_M$$

（2）最小实体要求用于基准要素

最小实体要求用于基准要素时，基准要素应遵守相应的边界。若基准要素的实际轮廓偏离相应的边界，即体内作用尺寸偏离相应的边界尺寸，则允许基准要素在一定范围内浮动，浮动范围应等于基准要素的体内作用尺寸与其相应的边界尺寸之差。

最小实体要求应用于基准要素时，基准要素应遵守的边界要求有以下两种情况。

1）基准要素本身采用最小实体要求时，应遵守最小实体实效边界要求，此时，基准代号应直接标注在形成该最小实体实效边界的几何公差框格下面。

2）基准要素本身不采用最小实体要求时，应遵守最小实体边界要求，此时，基准代号应标注在基准的尺寸线处，连线与尺寸线对齐。

4．可逆要求

可逆要求是在不影响零件功能的前提下，几何公差可以补偿尺寸公差，即被测实际要素的几何公差小于给出的几何公差值时，允许相应的尺寸公差增大，从而一定程度上降低了工件的废品率。可逆要求是最大实体要求或最小实体要求的附加要求。

可逆要求用于最大实体要求时，应在被测要素的几何公差框格中的公差值后标注Ⓜ Ⓡ。

可逆要求用于最小实体要求时，应在被测要素的几何公差框格中的公差值后标注Ⓛ Ⓡ。

4.4 ....几何公差的选择

正确、合理地选用几何公差，对保证产品质量和提高经济效益具有十分重要的意义。几何公差的选用主要包括几何公差项目的选择、基准的选择、公差原则的选择、几何公差值的选择。

4.4.1　几何公差项目的选择

几何公差项目的选择取决于零件的几何特征、功能要求及检测的方便性。

（1）零件的几何特征

在进行几何特征的选择前，首先分析零件的结构特点及使用要求，确定是否需要标注几何公差。

形状公差项目主要是按要素的几何形状特征制定的，因此要素的几何特征是选择公差项目的基本依据。

方向或位置公差项目是按要素间几何方位关系制定的，因此关联要素的公差项目以几何方位关系为基本依据。

（2）功能要求

零件的功能要求不同，对几何公差应提出不同的要求，此时，应分析几何误差对零件使用性能的影响。例如，平面的形状误差会影响支承面安置的平稳和定位可靠性，影响贴合面的密封性和滑动面的磨损。

（3）检测方便性

为了检测方便，有时可将所需的公差项目用控制效果相同或相近的公差项目代替。例如，要素为圆柱面时，圆柱度是理想的项目，但圆柱度检测不便，可选用圆度、直线度或跳动公差等进行控制。

在选择要素的几何特征时可以参照以下几点。

1）根据零件上要素本身的几何特征及要素间的互相方位关系进行选择。

2）如果在同一要素上标注若干几何公差项目，则应考虑选择综合项目以控制误差。

3）应选择测量简便的项目。

4）参照国家标准的规定进行选择。

4.4.2 基准的选择

基准是确定关联要素间方向、位置的依据。在选择公差项目时，必须同时考虑要采用的基准。在选择基准时一般考虑以下几点。

1）根据零件各要素的功能要求，一般选择主要配合表面作为基准，如轴颈、轴承孔、安装定位面等。

2）根据装配关系，应选择零件上相互配合、相互接触的定位要素作为各自的基准，如对于盘、套类零件，一般以其内孔轴线作为径向定位装配，或以其端面进行轴向定位。

3）根据加工定位的需要和零件结构，应选择宽大的平面，较长的轴线作为基准以使定位稳定。对于复杂结构零件，应选择 3 个基准面。

4）根据检测的方便程度，应选择在检测中装夹定位的要素作为基准，并尽可能将装配基准、工艺基准与检测基准统一起来。

4.4.3 公差原则的选择

公差原则的选择主要根据被测要素的功能要求，综合考虑各种公差原则的应用场合和可行性、经济性。表 4-17 为公差原则选择示例，其中列出了几种公差原则的应用场合和示例，可供参考。

表 4-17 公差原则选择示例

公差原则	应用场合	示例
独立原则	尺寸精度与几何精度需要分别满足要求	齿轮箱体孔的尺寸精度与两孔轴线的平行度，连杆活塞销孔的尺寸精度与圆柱度，滚动轴承内、外圈滚道的尺寸精度与形状精度
	尺寸精度与几何精度要求相差较大	滚筒类零件尺寸精度要求很低，形状精度要求较高；平板的尺寸要求不高，形状精度要求很高；通油孔的尺寸有一定精度要求，形状精度无要求
	尺寸精度与几何精度无联系	滚子链条的套筒或滚子内、外圆柱面的轴线同轴度与尺寸精度，发动机连杆上的尺寸精度与孔轴线间的位置精度
	保证运动精度	导轨的形状精度要求严格，尺寸精度一般
	保证密封性	气缸的形状精度要求严格，尺寸精度一般
	未注尺寸公差或未注几何公差	如退刀槽、倒角、圆角等非功能要素
包容要求	保证国家标准规定的配合性质	保证最小间隙为零，如$\phi30H7Ⓔ$孔与$\phi30h6Ⓔ$轴的配合
	尺寸公差与几何公差间无严格比例关系要求	一般的孔与轴配合，只要求作用尺寸不超越最大实体尺寸，局部实际尺寸不超越最小实体尺寸
最大实体要求	保证关联作用尺寸不超过最大实体尺寸	关联要素的孔与轴的配合性质要求，在公差框格的第二标注 0Ⓜ
	保证可装配性	如轴承盖上用于穿过螺钉的通孔，法兰盘上用于穿过螺栓的通孔
最小实体要求	保证零件强度和最小壁厚	如孔组轴线的任意方向位置度公差，采用最小实体要求可保证孔组间的最小壁厚
可逆要求	与最大（最小）实体要求连用	能充分利用公差带，扩大被测要素实际尺寸的变动范围，在不影响使用性能要求的前提下可以选用

公差原则的可行性与经济性是相对的，在实际选择时应具体情况具体分析。同时，还需从零件尺寸大小和检测的方便程度进行考虑。

4.4.4 几何公差值的选择

国家标准 GB/T 1184—1996《形状和位置公差 未注公差值》对几何公差项目进行了精度等级的划分，其中，直线度、平面度、平行度、垂直度、倾斜度、同轴度、对称度、圆跳动、全跳动 9 个项目各分 12 级，1 级精度最高，12 级精度最低；而圆度、圆柱度两个项目分 13 级，0 级最高，12 级最低。线、面轮廓度及位置度未规定公差等级。

各项目的各级公差如表 4-18～表 4-21 所示（摘自 GB/T 1184—1996）。

表 4-18 直线度、平面度公差值

主参数 L/mm	公差等级											
	1	2	3	4	5	6	7	8	9	10	11	12
	公差值/μm											
≤10	0.2	0.4	0.8	1.2	2	3	5	8	12	20	30	60
>10～16	0.25	0.5	1	1.5	2.5	4	6	10	15	25	40	80
>16～25	0.3	0.6	1.2	2	3	5	8	12	20	30	50	100
>25～40	0.4	0.8	1.5	2.5	4	6	10	15	25	40	60	120
>40～63	0.5	1	2	3	5	8	12	20	30	50	80	150
>63～100	0.6	1.2	2.5	4	6	10	15	25	40	60	100	200

注：主参数 L 系轴、直线、平面的长度。

表 4-19 圆度、圆柱度公差值

主参数 d（D）/mm	公差等级												
	0	1	2	3	4	5	6	7	8	9	10	11	12
	公差值/μm												
≤3	0.1	0.2	0.3	0.5	0.8	1.2	2	3	4	6	10	14	25
>3～6	0.1	0.2	0.4	0.6	1	1.5	2.5	4	5	8	12	18	30
>6～10	0.12	0.25	0.4	0.6	1	1.5	2.5	4	6	9	15	22	36
>10～18	0.15	0.25	0.5	0.8	1.2	2	3	5	8	11	18	27	43
>18～30	0.2	0.3	0.6	1	1.5	2.5	4	6	9	13	21	33	52
>30～50	0.25	0.4	0.6	1	1.5	2.5	4	7	11	16	25	39	62
>50～80	0.3	0.5	0.8	1.2	2	3	5	8	13	19	30	46	74

注：主参数 d（D）系轴（孔）的直径。

表 4-20 平行度、垂直度、倾斜度公差值

主参数 L、d（D）/mm	公差等级											
	1	2	3	4	5	6	7	8	9	10	11	12
	公差值/μm											
≤10	0.4	0.8	1.5	3	5	8	12	20	30	50	80	120
>10～16	0.5	1	2	4	6	10	15	25	40	60	100	150
>16～25	0.6	1.2	2.5	5	8	12	20	30	50	80	120	200
>25～40	0.8	1.5	3	6	10	15	25	40	60	100	150	250
>40～63	1	2	4	8	12	20	30	50	80	120	200	300
>63～100	1.2	2.5	5	10	15	25	40	60	100	150	250	400

注：1. 主参数 L 为给定平行度时轴线或平面的长度，或给定垂直度、倾斜度时被测要素的长度。

2. 主参数 d（D）为给定面对线垂直度时，被测要素的轴（孔）直径。

表 4-21　同轴度、对称度、圆跳动和全跳动公差值

主参数 d（D）、B、L/mm	公差等级											
	1	2	3	4	5	6	7	8	9	10	11	12
	公差值/μm											
≤1	0.4	0.6	1.0	1.5	2.5	4	6	10	15	25	40	60
>1～3	0.4	0.6	1.0	1.5	2.5	4	6	10	20	40	60	120
>3～6	0.5	0.8	1.2	2	3	5	8	12	25	50	80	150
>6～10	0.6	1	1.5	2.5	4	6	10	15	30	60	100	200
>10～18	0.8	1.2	2	3	5	8	12	20	40	80	120	250
>18～30	1	1.5	2.5	4	6	10	15	25	50	100	150	300
>30～50	1.2	2	3	5	8	12	20	30	60	120	200	400
>50～120	1.5	2.5	4	6	10	15	25	40	80	150	250	500

注：1. 主参数 d（D）为给定同轴度时轴直径，或给定圆跳动、全跳动时轴（孔）直径。

2. 圆锥体斜向圆跳动公差的主参数为平均直径。

3. 主参数 B 为给定对称度时槽的宽度。

4. 主参数 L 为给定两孔对称度时的孔中心距。

对于位置度，由于被测要素类型繁多，国家标准只规定了公差值数系，而未规定公差等级，如表 4-22 所示。

表 4-22　位置度公差指数系表

1	1.2	1.5	2	2.5	3	4	5	6	8
1×10^n	1.2×10^n	1.5×10^n	2×10^n	2.5×10^n	3×10^n	4×10^n	5×10^n	6×10^n	8×10^n

注：n 为正整数。

几何公差值的选择原则是在满足零件功能要求的前提下，兼顾工艺的经济性和检测条件，尽量选取较大的公差值。

几何公差值常用类比法确定，不仅要考虑零件的使用性能、加工的可能性和经济性等因素，还需要考虑形状公差与方向、位置公差的关系，几何公差与尺寸公差的关系，几何公差与表面粗糙度的关系，零件的结构特点。

表 4-23～表 4-26 列出了各种几何公差等级的应用举例，可供类比时参考。

表 4-23　直线度、平面度等级应用

公差等级	应用举例
1，2	用于精密量具、测量仪器及精度要求高的精密机械零件，如量块、零级样板、平尺、零级宽平尺、工具显微镜等精密量仪的导轨面等
3	1 级宽平尺工作面，1 级样板平尺的工作面，测量仪器圆弧导轨的直线度，量仪的测杆等
4	零级平板，测量仪器的 V 形导轨，高精度平面磨床的 V 形导轨和滚动导轨等
5	1 级平板，2 级宽平尺，平面磨床的导轨、工作台，液压龙门刨床导轨面，柴油机进气、排气阀门导杆等
6	普通机床导轨面，柴油机机体结合面
7	2 级平板，机床主轴箱结合面，液压泵盖，减速器壳体结合面等
8	机床传动箱体、挂轮箱体、溜板箱体、柴油机气缸体，连杆分离面，缸盖结合面，汽车发动机缸盖，曲轴箱结合面，液压管件和法兰连接面等
9	自动车床床身底面，摩托车曲轴箱体、汽车变速器壳体、手动机械的支承面等

表 4-24　圆度、圆柱度公差等级应用

公差等级	应用举例
0，1	高精度量仪主轴，高精度机床主轴，滚动轴承的滚珠和滚柱等
2	精密量仪主轴、外套、阀套高压油泵柱塞及柱塞套，纺锭轴承，高速柴油机进、排气门，精密机床主轴轴颈，针阀圆柱表面，喷油泵柱塞及柱塞套等
3	高精度外圆磨床轴承，磨床砂轮主轴套筒，喷油嘴针，阀体，高精度轴承内、外圈等
4	较精密机床主轴、主轴箱孔，高压阀门，活塞，活塞销，阀体孔，高压油泵柱塞，较高精度滚动轴承配合轴，铣削动力头箱体孔等
5	一般计量仪器主轴、测杆外圆柱面，陀螺仪轴颈，一般机床主轴轴颈及轴承孔，柴油机、汽油机的活塞、活塞销，与 P6 级滚动轴承配合的轴颈等
6	一般机床主轴及前轴承孔，泵、压缩机的活塞、气缸，汽油机凸轮轴，纺锭，减速传动轴轴颈，高速船用发动机曲轴，拖拉机曲柄主轴轴颈，与 P6 级滚动轴承配合的外壳孔，与 P0 级滚动轴承配合的轴颈等
7	大功率低速柴油机曲轴轴颈、活塞、活塞销、连杆、气缸，高速柴油机箱体轴承孔，千斤顶或压力油缸活塞，机车传动轴，水泵及通用减速器转轴轴颈，与 P0 级滚动轴承配合的外壳孔等
8	低速发动机、大功率曲柄轴轴颈，压气机连杆盖、体，拖拉机气缸、活塞，炼胶机冷铸轴辊，印刷机传墨辊，内燃机曲轴轴颈，柴油机凸轮轴承孔，凸轮轴，拖拉机、小型船用柴油机气缸套等
9	空气压缩机缸体，液压传动筒，通用机械杠杆与拉杆用套筒销子，拖拉机活塞环、套筒孔

表 4-25　平行度、垂直度、倾斜度公差等级应用

公差等级	应用举例
1	高精机床、测量仪器、量具等主要工作面和基准面等
2，3	精密机床、测量仪器、量具、模具的工作面和基准面，精密机床的导轨，重要箱体主轴孔对基准面的要求，精密机床主轴肩端面，滚动轴承座圈端面，普通机床的主要导轨，精密刀具的工作面和基准面等
4，5	普通机床导轨，重要支承面，机床主轴孔对基准的平行度，精密机床重要零件，计量仪器、量具、模具的工作面和基准面，床头箱体重要孔，通用减速器壳体孔，齿轮泵的油孔端面，发动机轴和离合器的凸缘，气缸支承端面，安装精密滚动轴承壳体孔的凸肩等
6，7，8	一般机床的工作面和基准面，压力机和锻锤的工作面，中等精度钻模的工作面，机床一般轴承孔对基准的平行度，变速器箱体孔，主轴花键对定心直径部位轴线的平行度，重型机械轴盖端面，卷扬机、手动传动装置中的传动轴，一般导轨、主轴箱体孔，刀架，砂轮架，气缸配合面对基准轴线，活塞销孔对活塞中心线的垂直度，滚动轴承内、外圈端面对轴线的垂直度等
9，10	低精度零件，重型机械滚动轴承端盖，柴油机、煤气发动机箱体曲轴孔、曲轴颈、花键轴和周肩端面，带运输机法兰盘等端面对轴线的垂直度，手动卷扬机及传动装置中的轴承端面，减速器壳体平面等

表 4-26　同轴度、对称度、跳动公差等级应用

公差等级	应用举例
1，2	精密测量仪器的主轴和顶尖，柴油机喷油嘴针阀等
3，4	机床主轴轴颈、砂轮轴轴颈、汽轮机主轴、测量仪器的小齿轮轴、安装高精度齿轮的轴颈等
5	机床轴颈、机床主轴箱孔、套筒、测量仪器的测量杆、轴承座孔、汽轮机主轴、柱塞油泵转子、高精度轴承外圈、一般精度轴承内圈等
6，7	内燃机曲轴、凸轮轴轴颈、柴油机机体主轴承孔、水泵轴、油泵柱塞、汽车后桥输出轴、安装一般精度齿轮的轴颈、涡轮盘、测量仪器杆杆轴、电动转子普通滚动轴承内圈、印刷机传墨辊的轴颈、键槽等
8，9	内燃机凸轮轴孔、连杆小端铜套、齿轮轴、水泵叶轮、离心泵体、气缸套外径配合面对内径工作面、运输机械滚筒表面、压缩机十字头、安装低精度齿轮用轴颈、棉花精梳机前后滚子、自行车中轴等

在确定几何公差值（公差等级）时，还应注意下列情况。

1）在同一要素上给出的形状公差值应小于位置公差值。

2）圆柱形零件的形状公差（轴线直线度除外）一般应小于其尺寸公差值。

3）平行度公差值应小于其相应的距离公差值。

对于下列情况，考虑到加工的难易程度和除主参数外其他因素的影响，在满足功能要求的情况下，可适当降低 1～2 级选用：①孔相对于轴；②细长的孔或轴；③距离较大的孔或轴；④宽度较大（一般大于 1/2 长度）的零件表面；⑤线对线、线对面相对于面对面的平行度、垂直度。

凡有关标准已对几何公差做出规定的，如与滚动轴承相配合的轴和壳体孔的圆柱度公差、机床导轨的直线度公差等，都应按相应的标准确定。

几何误差的评定及检测原则

4.5.1 几何误差的评定

1．形状误差的评定

形状公差是指实际单一要素的实际形状相对于理想要素形状的允许变动量，即被测实际要素的形状对其理想要素的变动量。在数值上，形状误差应不大于形状公差，因此直线度、平面度、圆度误差的合格性，应按图样形状误差的最小包容区域来评定，如图 4-13 所示。

（a）直线度误差的最小包容区域 （b）圆度误差的最小包容区域

（c）平面度误差的最小包容区域（三角形准则）

图 4-13　形状误差按最小包容区域评定

2．定向误差的评定

定向公差是指实际关联要素相对于基准的实际方向对理想方向的允许变动量。在数值上，定向误差应不大于定向公差，因此平行度、垂直度和倾斜度误差的合格性，应按定向误差的最小包容区域来评定，如图 4-14 所示。

（a）点的位置度最小包容区域　　　（b）线的位置度最小包容区域

图 4-14　定向误差的评定

3．定位误差的评定

定位公差是指实际关联要素相对于基准的实际位置对理想位置的允许变动量。定向误差的合格性应按定位误差的最小包容区域来评定。

评定形状、定向和定位误差的最小包容区域大小是有区别的，这与形状、定向和定位公差带大小的特点相类似。不涉及基准的形状最小包容区域的尺度应最小，涉及基准的定位最小包容的尺度应最大，涉及基准的定向最小包容区域的尺度应在最大和最小之间，如图 4-15 所示。

（a）形状、定向和定位公差标注：$t_1 < t_2 < t_3$　　　（b）形状、定位和定位误差评定的最小包容区域：$f_1 < f_2 < f_3$

图 4-15　评定形状、定向和定位误差的区别

4.5.2　几何误差的检测原则

被测零件的结构特点不同，其尺寸大小和精度要求不同，检测时使用的设备及条件不同。从检查原理上说，可以将几何误差的检测方法概括为以下几种检测原理。

1．与理想要素比较原则

与理想要素比较原则是指测量时将被测实际要素与相应的理想要素做比较，从中获得测量数据，再按所得数据评定几何误差。

2．测量坐标值原则

无论是平面的，还是空间的被测要素，它们的几何特征都可以在适当的坐标系中反映出来。测量坐标值原则就是利用计量器具固有的坐标系，测出被测实体要素上的各测点的

相对坐标值，再经过精确计算从而确定几何误差。

该原则在对轮廓度、位置度的测量中应用更为广泛。

3. 测量特征参数原则

测量特征参数原则是指测量实际被测要素上具有代表性的参数，用以表示几何误差。

该原则所得到的几何误差值与按定义确定的几何误差值相比，只是一个近似值。但应用该原则往往可以简化测量过程和设备，且不需要复杂的数据处理，适用于生产现场。

4. 测量跳动原则

跳动是按回转体零件特有的测量方法来定义的位置误差项目。测量跳动原则是针对圆跳动和全跳动的定义与实现方法，概括出的检测原则。

5. 边界控制原则

按最大实体要求给出几何公差时，意味着给出了一个理想边界——最大实体实效边界，要求被测实体不得超越该边界。判断被测实体是否超越最大实体实效边界的有效方法是用功能量规检验。

功能量规检验即用光滑极限量规的通规或位置量规的工作表面来模拟体现图样上给定的边界，以便检测实际被测要素的体外作用尺寸的合格性。

习　　题

1．简述几何要素及其分类。
2．基准的作用是什么？
3．几何公差带有哪几种形式？
4．简述独立原则、包容要求、最大实体要求及最小实体要求的应用场合。
5．当被测要素满足包容要求时，其合格的判断条件是什么？
6．几何公差的选择有哪些注意事项？
7．几何误差的检测原则有哪几种？

5 单元

表面粗糙度及其检测

>>>>

◎ **单元导读**

　　表面粗糙度是产品质量的重要指标之一，其对产品的外观质量、零件间的配合及产品的使用寿命都有影响。通过本单元的学习，应了解现行国家标准规定的表面粗糙度知识，掌握表面粗糙度的技术要求、标注方法等。

◎ **思政目标**

　　◆树立正确的学习观、价值观，自觉践行行业道德规范。

　　◆牢固树立质量第一、信誉第一的强烈意识。

　　◆发扬一丝不苟、精益求精的"工匠精神"。

　　◆遵规守纪，安全生产，爱护设备，钻研技术。

概　　述

无论通过何种加工方法得到的零件表面，都会存在由较小间距和峰谷组成的微量高低不平的痕迹。在设计零件时，对表面粗糙度提出的要求是几何精度中必不可少的一个方面，对该零件的工作性能有重大影响。为了正确评定表面粗糙度和保证互换性，我国制定了相关的国家标准，主要包括如下内容。

1）GB/T 3505—2009《产品几何技术规范（GPS）　表面结构　轮廓法术语、定义及表面结构参数》。

2）GB/T 1031—2009《产品几何技术规范（GPS）　表面结构　轮廓法　表面粗糙度参数及其数值》。

3）GB/T 131—2006《产品几何技术规范（GPS）　技术产品文件中表面结构的表示法》。

4）GB/T 7220—2004《产品几何量技术规范（GPS）　表面结构　轮廓法　表面粗糙度　术语　参数测量》。

5.1.1　表面粗糙度的概念

表面粗糙度是指加工表面具有的较小间距和微小峰谷不平度。当两波峰或波谷之间的距离（波距）在 1mm 以下时，用肉眼是难以区别的，因此它属于微观几何形状误差。表面粗糙度越小，则表面越光滑。

表面粗糙度是反映被测零件表面微观几何形状误差的一个重要指标，它不同于表面宏观形状（宏观形状误差）和表面波纹度（中间形状误差），这三者通常在一个表面轮廓上叠加出现，如图 5-1 所示。

实际表面轮廓

表面粗糙度轮廓

表面波纹度轮廓

表面宏观形状轮廓

图 5-1　表面宏观形状、波纹度和表面粗糙度轮廓

表面宏观形状误差主要是由机床几何精度方面的误差引起的。

中间形状误差具有较明显的周期性的间距 λ 和幅度 h，只在高速切削的条件下才会出现，它是由机床—工件—刀具加工系统的振动、发热和运动不平衡造成的。

微观形状误差是在机械加工中因切削刀痕、表面撕裂挤压、振动和摩擦等因素，在被

加工表面留下的间距很小的微观起伏。

目前，对表面粗糙度、表面波纹度和形状误差还没有统一的划分标准，通常按相邻的峰间距离或谷间距离来区分：间距小于 1mm 的属于表面粗糙度，间距在 1～10mm 的属于表面波纹度，而间距大于 10mm 的属于形状误差。

5.1.2　表面粗糙度对零件使用性能和寿命的影响

表面粗糙度对机械零件的使用性能和寿命有很大的影响，主要体现在以下几个方面。

1）表面粗糙度影响零件的耐磨性。表面越粗糙，配合表面间的有效接触面积越小，压强越大，零件的磨损就越快。

2）表面粗糙度影响配合性质的稳定性。对于间隙配合来说，表面越粗糙，越容易磨损，使工作过程中的间隙逐渐增大；对于过盈配合来说，由于装配时将微观凸峰挤平，减小了实际有效过盈量，降低了联结强度。

3）表面粗糙度影响零件的疲劳强度。粗糙的零件表面存在着较大的波谷，就像尖角缺口和裂纹一样，对应力集中很敏感，增大了零件疲劳损坏的可能性，从而降低了零件的疲劳强度。

4）表面粗糙度影响零件的抗腐蚀性。粗糙的表面会使腐蚀性气体或液体更容易积聚在上面，同时通过表面的微观凹谷向零件表层渗透，使腐蚀加剧。

5）表面粗糙度影响零件的密封性。粗糙的表面之间无法严密的贴合，气体或液体会通过接触面间的缝隙渗漏。降低零件表面粗糙度，可提高其密封性。

6）表面粗糙度影响零件的接触刚度。零件表面越粗糙，表面间的接触面积越小，单位面积受力就越大，峰顶处的局部塑性变形也就越大，接触刚度降低，进而影响零件的工作精度和抗振性。

此外，表面粗糙度对零件的测量精度、外观、镀涂层、导热性和接触电阻、反射能力和辐射性能、液体和气体流动的阻力、导体表面电流的流通等都有不同程度的影响。

5.2

表面粗糙度的评定

5.2.1　主要术语及定义

为了客观地评定表面粗糙度，首先要确定测量的长度范围和方向，即评定基准。评定基准是在实际轮廓线上量取得到的一段长度，它包括取样长度、评定长度和基准线，如图 5-2 所示。

图 5-2　取样长度和评定长度

实际轮廓是平面与实际表面相交所得的轮廓线。按照相截方向的不同，实际轮廓可分为横向实际轮廓和纵向实际轮廓两种。

横向实际轮廓是指垂直于表面加工纹理的平面与表面相交所得的轮廓线。对车、刨等加工来说，这条轮廓线反映出切削刀痕及进给量引起的表面粗糙度，通常测得的表面粗糙度参数值最大。

纵向实际轮廓是指平行于表面加工纹理的平面与表面相交所得的轮廓线。其表面粗糙度是由切削时刀具撕裂工件材料的塑性变形引起的，通常测得的表面粗糙度参数值最小。

在评定或测量表面粗糙度时，通常指横向实际轮廓，即与加工纹理方向垂直的截面上的轮廓。

1．取样长度

取样长度（sampling length）是用于判别具有表面粗糙度特征的一段基准线长度，用 lr 表示。

从图 5-1 中可以看出，实际表面轮廓同时存在着宏观形状误差、表面波纹度和表面粗糙度，当选取的取样长度不同时得到的高度值是不同的。规定和选择这段长度是为了限制和减弱其他几何形状误差，特别是表面波纹度对表面粗糙度测量结果的影响。

如果取样长度过长，则有可能将表面波纹度的成分引入表面粗糙度的结果中；如果取样长度过短，则不能反映被测表面粗糙度的实际情况。

如图 5-2 所示，在一个取样长度 lr 范围内，一般应至少包含 5 个轮廓峰和 5 个轮廓谷。

2．评定长度

评定长度（evaluation length）是评定轮廓所必需的一段长度，用 ln 表示。它可以包括一个或几个取样长度。

加工表面的粗糙度并不均匀，只取一个取样长度中的粗糙度值来评定该表面粗糙度的质量是不够客观的，所以通常取几个连续的取样长度。至于取多少个取样长度，则与加工方法有关，即与加工所得到的表面粗糙度的均匀程度有关。被测表面越均匀，所需的个数就越少，一般情况为 5 个，即 $ln=5lr$。

3．轮廓中线（基准线）

轮廓中线又称基准线，是用以评定表面粗糙度参数而给定的线。轮廓中线从一段轮廓线上获得，但它不一定在基准面上。轮廓中线有以下两种。

（1）轮廓的最小二乘中线

轮廓的最小二乘中线是指具有几何轮廓形状并划分轮廓的基准线，在一个取样长度 lr 内使轮廓线上各点的轮廓偏距（在测量方向上轮廓线上的点与基准线之间的距离）的平方和为最小，如图 5-3 所示。

$$\int_0^{lr} [Z(x)]^2 \, \mathrm{d}x = 最小$$

图 5-3　轮廓的最小二乘中线

（2）轮廓的算术平均中线

轮廓的算术平均中线是指具有几何轮廓形状，在一个取样长度 lr 内与轮廓走向一致，在取样长度 lr 内由该线划分，使上、下两边的面积相等的基准线，如图 5-4 所示。

$$F_1 + F_2 + \cdots + F_n = G_1 + G_2 + \cdots + G_n$$

$$\sum_{i=1}^n F_i = \sum_{i=1}^n F_i'$$

图 5-4　轮廓的算术平均中线

最小二乘中线符合最小二乘原则，从理论上讲是理想的、唯一的基准线。在国家标准 GB/T 3505—2009 中规定，轮廓中线采用最小二乘中线。

4．传输带

传输带是指长波轮廓滤波器和短波轮廓滤波器的截止波长值之间的波长范围。

长波轮廓滤波器是指确定粗糙度与波纹度成分之间相交界限的滤波器，以 λc（或 Lc）表示长波轮廓滤波器的截止波长，在数值上 $\lambda c = lr$。长波轮廓滤波器会抑制波长大于 λc 的长波。

短波轮廓滤波器是指确定存在于表面上的粗糙度与比它更短的波的成分之间相交界限的滤波器，以 λs（或 Ls）表示短波轮廓滤波器的截止波长。短波轮廓滤波器会抑制波长小于 λs 的短波。

粗糙度和波纹度轮廓的传输特性如图 5-5 所示。

图 5-5　粗糙度和波纹度轮廓的传输特性

截止波长 λs 和 λc 的标准化值可由表 5-1 查取。其中，轮廓算术平均偏差 Ra、轮廓最大高度 Rz、轮廓单元的平均宽度 Rsm、标准取样长度和标准评定长度取自 GB/T 1031－2009、GB/T 10610—2009《产品几何技术规范（GPS） 表面结构 轮廓法 评定表面结构的规则和方法》，表示滤波器传输带 λs、λc 这两个极限值的标准化值取自 GB/T 6062—2009《产品几何技术规范（GPS） 表面结构 轮廓法 接触（触针）式仪器的标称特性》。

表 5-1　截止波长 λs 和 λc 标准值对照表

Ra / μm	Rz / μm	Rsm / μm	标准取样长度 lr		标准评定长度
			λs / mm	$lr = \lambda c$ /mm	$ln = 5lr$ / mm
≥ 0.008～0.02	≥ 0.025～1	≥ 0.013～0.04	0.0025	0.08	0.4
>0.02～0.1	>0.1～0.5	>0.04～0.13	0.0025	0.25	1.25
>0.1～2	>0.5～10	>0.13～0.4	0.0025	0.8	4
>2～10	>10～50	>0.4～1.3	0.008	2.5	12.5
>10～80	>50～320	>1.3～4	0.025	8	40

5.2.2　表面粗糙度的评定参数

为了满足机械产品对零件表面的各种功能要求，GB/T 3505－2009 从表面微观几何形状的幅度、间距等方面的特征，规定了一系列相应的评定参数。下面介绍其中几个主要的参数。

1．幅度参数

（1）轮廓算术平均偏差 Ra

轮廓算术平均偏差是指在一个取样长度 lr 内，轮廓偏距绝对值的算术平均值（图 5-6），即

$$Ra = \frac{1}{n}\sum_{i=1}^{n}|Z_i|$$

图 5-6　轮廓算术平均偏差

（2）轮廓最大高度 Rz

轮廓最大高度是指在一个取样长度 lr 内，最大轮廓峰高和最大轮廓谷深之和（图 5-7），即

$$Rz = Zp + Zv$$

其中，Zp 为最大轮廓峰高，如图 5-7 中的 Zp_6。Zv 为最大轮廓谷深，如图 5-7 中的 Zv_2。此时，$Rz = Zp_6 + Zv_2$。

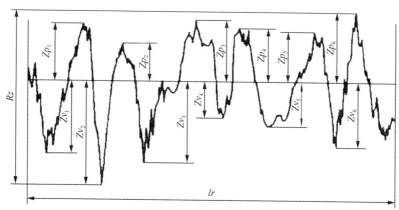

图 5-7　轮廓最大高度

注意： 在旧标准 GB/T 3505—1983 中，符号 Rz 表示微观不平度十点高度（该参数在现行国家标准 GB/T 3505—2009 中已取消），而由符号 Ry 表示轮廓最大高度。符号 Rz 的意义不同，所得到的结果也会不同，对技术文件和图样上出现的 Rz 必须注意其采用的标准，防止不必要的错误。

微观不平度十点高度 Rz（GB/T 3505—1983）的定义是，在取样长度 lr 内，5 个最大的轮廓峰高的平均值与 5 个最大的轮廓谷深的平均值之和，即

$$Rz = \frac{1}{5}\sum_{i=1}^{5} Zp_i + \frac{1}{5}\sum_{i=1}^{5} Zv_i$$

2．间距参数

一个轮廓峰与相邻的轮廓谷的组合，称为轮廓单元。在一个取样长度 lr 范围内，中线与各个轮廓单元相交线段的长度，称为轮廓单元的宽度，用符号 Xs_i 表示。

在一个取样长度 lr 内，轮廓单元宽度 Xs 的平均值，称为轮廓单元的平均宽度 Rsm（图 5-8），即

$$Rsm = \frac{1}{n}\sum_{i=1}^{n} Xs_i$$

3．混合参数

轮廓支承长度率 $Rmr(c)$ 是指在给定水平截面高度 c 上，轮廓的实体材料长度 $Ml(c)$ 与评定长度 ln 的比。轮廓的实体材料长度 $Ml(c)$ 是一条平行于中线的线与轮廓相截所得各段截线长度 bi 之和（图 5-9）。

$$Rmr(c) = \frac{Ml(c)}{ln}, \quad Ml(c) = \sum_{i=1}^{n} bi$$

图 5-8 轮廓单元的平均宽度

图 5-9 轮廓支承长度率

轮廓支承长度率 $Rmr(c)$ 能直观地反映零件表面的耐磨性，对提高承载能力具有重要的意义。在动配合中，$Rmr(c)$ 值大的表面，使配合面之间的接触面积增大，减少了摩擦损耗，延长零件的使用寿命。所以，$Rmr(c)$ 也作为耐磨性的度量指标。如图 5-10 所示，图（a）中接触面积较大，轮廓支承长度较大，耐磨性更好。

（a）轮廓支承长度较大

（b）轮廓支承长度较小

图 5-10 接触面积大小对耐磨性的影响

注意：在旧国家标准 GB/T 3505—1983 中，轮廓支承长度率的符号是 tp，轮廓的实体材料长度的符号是 ηp，分别等同于现行标准中的 $Rmr(c)$ 和 $Ml(c)$。

Rsm、$Rmr(c)$ 作为幅度参数的附加参数，不能单独在图样上注出，只能作为幅度参数的辅助参数注出。

现行国家标准 GB/T 3505—2009 与旧国家标准 GB/T 3505—1983 相比，在术语、评定参数及符号方面有所不同，主要区别如表 5-2 所示。

表 5-2　GB/T 3505－2009 与 GB/T 3505－1983 在术语、评定参数及符号上的变化

基本术语	1983	2009	主要评定参数		1983	2009
取样长度	l	lr	幅度参数	轮廓算术平均偏差	Ra	Ra
评定长度	ln	ln		轮廓最大高度	Ry	Rz
纵坐标值	y	$Z(x)$		微观不平度十点高度	Rz	—
轮廓峰高	yp	Zp	间距参数	微观不平度的平均间距	Sm	—
轮廓谷深	yv	Zv		轮廓的单峰间距	S	—
				轮廓单元的平均宽度	—	Rsm
在水平位置 c 上轮廓的实体材料长度	ηp	$Ml(c)$	混合参数	轮廓支承长度率	tp	$Rmr(c)$

注:现行标准 GB/T 3505—2009 中的轮廓单元的平均宽度 Rsm 等同于旧标准 GB/T 3505—1983 中的微观不平度的平均间距 Sm。

5.3　表面粗糙度的选择及标注

5.3.1　评定参数的选择

1．幅度参数的选择

1）如无特殊要求，一般仅选用幅度参数，如 Ra、Rz 等。

2）当 $0.025\mu m \leqslant Ra \leqslant 6.3\mu m$ 时，优先选用 Ra；而当表面过于粗糙或太光滑时，多选用 Rz。

3）当表面不允许出现较深加工痕迹时，为防止应力过于集中，要求保证零件的疲劳强度和密封性时，需选用 Rz。

2．附加参数的选择

1）附加参数一般不单独使用。

2）对有特殊要求的少数零件的重要表面（如要求喷涂均匀、涂层有较好的附着性和光泽表面）需要控制 Rsm 数值。

3）对于有较高支承刚度和耐磨性的表面，应规定 $Rmr(c)$ 参数。

5.3.2　评定参数值的选择

表面粗糙度评定参数值的选择不仅与零件的使用性能有关，还与零件的制造及经济性有关。在满足零件表面功能的前提下，评定参数的允许值应尽可能大（除 $Rmr(c)$ 外），以减小加工困难，降低生产成本。

在国家标准 GB/T 1031—2009 中规定了常用评定参数可用的数值系列。幅度参数 Ra、

Rz 可用的数值系列如表 5-3 所示。

表 5-3　幅度参数 Ra、Rz 可用的数值系列　　　　（单位：μm）

参考	数值系列				参考	数值系列			
Ra	0.012	0.2	3.2	50	Rz	0.025	0.4	100	1600
	0.025	0.4	6.3	100		0.05	0.8	200	
	0.05	0.8	12.5			0.1	1.6	400	
	0.1	1.6	25			0.2	3.2	800	
Ra 的补充系列	0.008	0.080	1.00	10.0	Rz 的补充系列	0.032	0.50	8.0	125
	0.010	0.125	1.25	16.0		0.040	0.63	10.0	160
	0.016	0.160	2.0	20		0.063	1.00	16.0	250
	0.020	0.25	2.5	32		0.080	1.23	20	320
	0.032	0.32	4.0	40		0.125	2.0	32	500
	0.040	0.50	5.0	63		0.160	2.5	40	630
	0.063	0.63	8.0	80		0.25	4.0	63	1000
						0.32	5.0	80	1250

轮廓单元的平均宽度 Rsm 和轮廓支承长度率 $Rmr(c)$ 可用的数值系列分别如表 5-4 和表 5-5 所示。

表 5-4　轮廓单元的平均宽度 Rsm 可用的数值系列　　　　（单位：mm）

参数	数值系列		
Rsm	0.06	0.1	1.6
	0.0125	0.2	3.2
	0.025	0.4	6.3
	0.05	0.8	12.5

表 5-5　轮廓支承长度率 $Rmr(c)$ 可用的数值系列　　　　（单位：mm）

参数	数值系列									
$Rmr(c)$	10	15	20	25	30	40	50	60	70	80	90

选用轮廓支承长度率参数时，应同时给出轮廓截面高度 c 值，它可用 Rz（单位：μm）的百分数表示。Rz 的百分数系列为 5%、10%、15%、20%、25%、30%、40%、50%、60%、70%、80%、90%。

取样长度 lr 的数值从表 5-6 给出的系列中选取。

表 5-6　取样长度 lr 可用的数值系列　　　　（单位：mm）

参数	数值系列					
lr	0.08	0.25	0.8	2.5	8	25

评定参数值的选择，一般应遵循以下原则。

1）在同一零件上工作表面比非工作表面粗糙度小。

2）摩擦表面比非摩擦表面、滚动摩擦表面比滑动摩擦表面的表面粗糙度小。

3）运动速度快、单位面积压力大、受交变载荷的零件表面，以及最易产生应力集中的部位（如沟槽、圆角、台肩等），表面粗糙度均应小些。

4）配合要求高的表面，表面粗糙度应小些。

5）对防腐性能、密封性能要求高的表面，表面粗糙度应小些。

6）配合零件表面的粗糙度与尺寸公差、几何公差应协调。一般应符合尺寸公差>几何公差>表面粗糙度。

一般尺寸公差、表面形状公差小时，表面粗糙度参数值也小，但不存在确定的函数关系。在正常的工艺条件下，三者之间有一定的对应关系，设形状公差为 T，尺寸公差为 IT，它们之间的关系如表 5-7 所示。

表 5-7　形状公差与尺寸公差的关系

T 和 IT 的关系	Ra	Rz
$T \approx 0.6$ IT	≤0.05 IT	≤0.2 IT
$T \approx 0.5$ IT	≤0.04 IT	≤0.15 IT
$T \approx 0.4$ IT	≤0.025 IT	≤0.1 IT
$T \approx 0.25$ IT	≤0.012 IT	≤0.05 IT
$T < 0.25$ IT	≤0.15 T	≤0.6 T

评定参数值的选择方法通常采用类比法。表 5-8 中列出了常见表面粗糙度的表面特征、经济加工方法和相关的应用实例，可以作为参考。

表 5-8　表面特征、加工方法和应用实例的参考对照

表面微观特性		$Ra/\mu m$	加工方法	应用举例
粗糙表面	微见刀痕	≤20	粗车、粗刨、粗铣、钻、毛锉、锯断	半成品粗加工过的表面，非配合的加工表面，如轴断面、倒角、钻孔、齿轮和带轮侧面、键槽底面、垫圈接触面
半光表面	微见加工痕迹方向	≤10	车、刨、铣、镗、钻、粗铰	轴上不安装轴承、齿轮处的非配合表面，紧固件的自由装配表面，轴和孔的退刀槽
	微见加工痕迹方向	≤5	车、刨、铣、镗、磨、粗刮、滚压	半精加工表面，箱体、支架、盖面、套筒等和其他零件结合而无配合要求的表面，需要发蓝的表面等
	看不清加工痕迹方向	≤1.25	车、刨、铣、镗、磨、拉、刮、压、铣齿	接近于精加工表面，箱体上安装轴承的镗孔表面，齿轮的工作面
光表面	可辨加工痕迹方向	≤0.63	车、镗、磨、拉、刮、精铰、磨齿、滚压	圆柱销、圆锥销，与滚动轴承配合的表面，普通车床导轨面，内、外花键定心表面
	微可辨加工痕迹方向	≤0.32	精铰、精镗、磨、刮、滚压	要求配合性质稳定的配合表面，工作时受交变应力的重要零件，较高精度车床的导轨面
	不可辨加工痕迹方向	≤0.16	精磨、珩磨、研磨、超精加工	精密机床主轴锥孔、顶尖圆锥面、发动机曲轴、凸轮轴工作表面、高精度齿轮表面
极光表面	暗光泽面	≤0.08	精磨、研磨、普通抛光	精密机床主轴轴颈表面，一般量规工作表面，气缸套内表面，活塞销表面
	亮光泽面	≤0.04	超精磨、精抛光、镜面磨削	精密机床主轴轴颈表面，滚动轴承的滚珠，高压油泵中柱塞和柱塞套配合表面
	镜状光泽面			
	镜面	≤0.01	镜面磨削、超精研磨	高精度量仪、量块的工作表面，光学仪器中的金属表面

5.3.3　表面粗糙度的符号

1. 表面粗糙度符号及画法

图样上所标注的表面粗糙度符号、代号是指该表面完工后的要求。图样上表示零件表面粗糙度的符号及说明如表 5-9 所示。

表 5-9　图样上表示零件表面粗糙度的图样符号及说明

符号	意义及说明
√	基本符号，表示表面可用任何方法获得，当不加注粗糙度参数值或有关说明（如表面处理、局部热处理状况等）时，仅适用于简化代号标注
∀	基本符号加以短划，表示表面是用去除材料的方法获得，如车、铣、磨、剪切、抛光、腐蚀、电火花加工、气割等
√○	基本符号加以小圆，表示表面用不去除材料的方法获得，如铸、锻、冲压变形、热轧、冷轧、粉末冶金等。 或是用于保持原供应状况的表面（包括保持上道工序的状况）
√—　∀—　√○—	在上述 3 个符号的长边上均可加一横线，用于标注有关参数和说明
√○　∀○　√○○	在上述 3 个符号的长边上均可加一小圈，用于表示在图样某个视图上构成封闭轮廓的各表面有相同的表面粗糙度要求

有关表面粗糙度的各项规定应按功能要求给定。若仅需要加工（采用去除材料的方法或不去除材料的方法）但对表面粗糙度的其他规定没有要求，则允许只标注表面粗糙度符号。

2. 表面粗糙度符号、代号的标注

表面粗糙度数值及其有关的规定在符号中注写的位置，如图 5-11 所示。

图 5-11　表面粗糙度符号、代号的注写位置

其中：a——表面粗糙度的单一要求（参数代号及其数值，单位为 μm）。

　　　b——当有两个或更多表面粗糙度要求时，在 b 位置进行注写。如果要注写第三个或更多表面粗糙度要求，则图形符号应在垂直方向扩大，以空出足够的空间，扩大图形符号时，a 和 b 的位置随之上移。

　　　c——加工方法、表面处理、涂层或其他加工工艺要求等。

　　　d——表面纹理及其方向。

　　　e——加工余量，mm。

3. 表面粗糙度符号的尺寸

表面粗糙度数值及其有关规定在符号中的注写的位置和比例如图 5-12～图 5-14 所示。

图 5-12　表面粗糙度图形符号的尺寸

图 5-13　表面粗糙度附加部分的尺寸

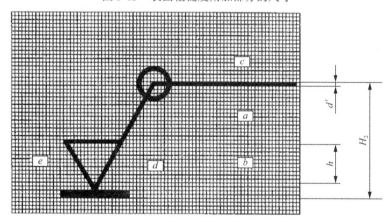

图 5-14　表面粗糙度基本图形符号的尺寸

图形符号和附加标注的尺寸如表 5-10 所示。图 5-12（b）中符号的水平线长度取决于其上下所标注内容的长度。

表 5-10　图形符号和附加标注的尺寸　　　　（单位：mm）

数字与字母高度 h	2.5	3.5	5	7	10	14	20
符号线宽 d'	0.25	0.35	0.5	0.7	1	1.4	2
字母线宽 d							
高度 H₁	3.5	5	7	10	14	20	28
高度 H₂（最小值）	7.5	10.5	15	21	30	42	60

注：H_2 取决于标注内容。

4．表面粗糙度参数标注

（1）极限值的标注

标注单向或双向极限以表示对表面粗糙度的明确要求时，偏差与参数代号应一起标注。当只标注参数代号、参数值时，默认为参数的上限值［图 5-15（a）］；当参数代号、参数值作为参数的单向下限值标注时，参数代号前应该加注 L［图 5-15（b）］。

当在完整符号中表示双向极限时，应标注极限代号，上限值在上方用 U 表示，下限值在下方用 L 表示。上、下极限可以用不同的参数代号表达，如图 5-16 所示。如果同一参数具有双向极限要求，在不引起歧义的情况下，可以不加注 U、L。

（2）极限值判断规则的标注

国家标准 GB/T 10610—2009 中规定，表面粗糙度极限值的判断规则有两种，分别是16% 规则和最大规则。

1）16% 规则。运用本规则时，当被检表面测得的全部参数值中，超过极限值的个数不多于总个数的 16% 时，该表面是合格的。

2）最大规则。运用本规则时，被检的整个表面上测得的参数值一个也不应超过给定的极限值。

16% 规则是所有表面粗糙度要求标注的默认规则。如果标注的表面粗糙度参数代号后加注 max，这表明应采用最大规则解释其给定极限。

如图 5-17 所示，（a）采用 16% 规则（默认），而（b）因为加注了 max，故采用最大规则。

图 5-15　单向极限值的注法　　图 5-16　双向极限值的注法　　图 5-17　极限值判断规则的注法

（3）传输带和取样长度、评定长度的标注

需要指定传输带时，传输带应标注在参数代号的前面，并用斜线"/"隔开。传输带标注包括滤波器截止波长（单位为 mm），短波滤波器在前，长波滤波器在后，并用连字符"-"隔开。如图 5-18 所示，其传输带为 0.0025-0.8mm。

在某些情况下，在传输带中只标注了两个滤波器中的一个。如果存在第二个滤波器，使用默认的截止波长值。如果只标注了一个滤波器，应保留"-"来区分是短波滤波器还是长波滤波器。图 5-19 表示长波滤波器截止波长为 0.8mm，短波滤波器截止波长默认为0.0025mm。

当需要指定评定长度时，应在参数符号的后面注写取样长度的个数。图 5-20 表示评定长度包含 3 个取样长度。

图 5-18　传输带的完整注法　　图 5-19　传输带的省略注法　　图 5-20　指定取样长度个数的注法

（4）加工方法或相关信息的注法

轮廓曲线的特征对实际表面的表面粗糙度参数值影响很大。标注的参数代号、参数值和传输带只作为表面粗糙度要求，有时不一定能够完全准确地表示表面功能。加工工艺在很大程度上决定了轮廓曲线的特征，因此，一般应注明加工工艺。加工工艺所用文字按图 5-21 所示的方法在完整符号中注明，其中图 5-21（b）表示的是镀覆的示例，使用了 GB/T 13911—2008《金属镀覆和化学处理标识方法》中规定的符号。

（5）加工纹理方向的注法

需要控制表面加工纹理方向时，可在符号的右边加注加工纹理方向符号，如图 5-22 所示。纹理方向是指表面纹理的主要方向，通常由加工工艺决定。表 5-11 列出了表面粗糙度所要求的与图样平面相应的纹理及其方向。

图 5-21　车削加工和镀覆的注法　　　　图 5-22　垂直于视图所在投影面的表面纹理方向的注法

表 5-11　表面纹理的标注

符号	说明	示意图
=	纹理平行于标注代号的视图所在的投影面	
⊥	纹理垂直于标注代号的视图所在的投影面	
×	纹理呈两斜向交叉且与视图所在的投影面相交	
M	纹理呈多方向	
C	纹理呈近似同心圆，且圆心与表面中心相关	
R	纹理呈近似放射状，且圆心与表面中心相关	
P	纹理呈微粒、凸起、无方向	

注：若表中所列符号不能清楚地表明所要求的纹理方向，应在图样上用文字说明。

（6）加工余量的标注

在同一图样中，有多个加工工序的表面可标注加工余量。加工余量可以是加注在完整符号上的唯一要求，也可以同表面粗糙度的其他要求一起标注。如图 5-23 所示，（a）表示该表面有 2mm 的加工余量，（b）表示该表面在有 3mm 的加工余量的同时，还有其他要求，如轮廓最大高度 3.2mm、车削加工等。

图 5-23　加工余量的注法

5.3.4　表面粗糙度的标注

表面粗糙度要求对每一表面一般只标注一次，并尽可能注在相应的尺寸及其公差的同一视图上。除非另有说明，否则所标注的表面粗糙度要求是对完工零件表面的要求。

1．表面粗糙度符号、代号的标注位置与方法

表面粗糙度的注写和读取方向应与尺寸的注写和读取方向一致（图 5-24）。

图 5-24　表面粗糙度的注写和读取方向

1）表面粗糙度要求可标注在轮廓线上，其符号应从材料外指向并接触表面。必要时，表面结构符号也可用带箭头或黑点的指引线引出标注（图 5-25 和图 5-26）。

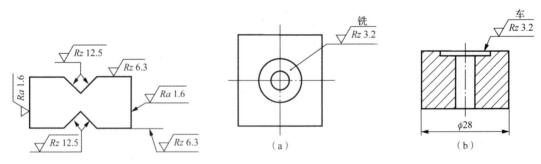

图 5-25　表面粗糙度的标注位置 1　　　　　图 5-26　表面粗糙度的标注位置 2

2）在不引起误解时，表面粗糙度要求可以标注在给定的尺寸线上（图 5-27）。

3）表面粗糙度要求可标注在几何公差框格的上方（图 5-28）。

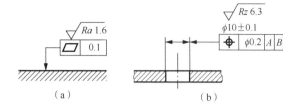

图 5-27 表面粗糙度的标注位置 3   图 5-28 表面粗糙度的标注位置 4

4）表面粗糙度要求可以直接标注在延长线上，或用带箭头的指引线引出标注（图 5-25 和图 5-29）。

5）圆柱和棱柱表面的表面粗糙度要求只标注一次（图 5-29）。如果每个棱柱表面有不同的表面粗糙度要求，则应分别单独标注（图 5-30）。

图 5-29 表面粗糙度的标注位置 5

图 5-30 表面粗糙度的标注位置 6

2. 表面粗糙度要求的简化标注

1）如果在工件的多数（包括全部）表面有相同的表面结构要求，则其表面粗糙度要求可统一标注在图样的标题栏附近。此时（除全部表面有相同要求的情况外），表面粗糙度要求的符号后面有如下内容。

① 在圆括号内给出无任何其他标注的基本符号［图 5-31（a）］；

② 在圆括号内给出不同的表面粗糙度要求［图 5-31（b）］。

不同的表面粗糙度要求应直接标注在图形中［图 5-31］。

（a）   （b）

图 5-31 表面粗糙度的简化标注 1

2）当多个表面具有相同的表面粗糙度要求或图样空间有限时，可以采用简化注法。

① 可用带字母的完整符号，以等式的形式在图形或标题栏附近对有相同表面粗糙度的表面进行简化标注（图 5-32）。

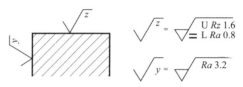

图 5-32　表面粗糙度的简化标注 2

② 可用表 5-9 中的前 3 种表面粗糙度符号，以等式的形式给出对多个表面共同的表面粗糙度要求（图 5-33）。

（a）　　　　　　　　　（b）　　　　　　　　　（c）

图 5-33　表面粗糙度的简化标注 3

3．不同工艺获得同一表面的注法

由几种不同的工艺方法得到的同一表面，当需要明确每种工艺方法的表面粗糙度要求时，可按图 5-34 进行标注。

图 5-34　不同工艺获得同一表面的注法

5.4 表面粗糙度的检测

5.4.1　比较法

将被测表面与表面粗糙度比较样块（又称表面粗糙度比较样板）相比较，通过视觉、感触或其他方法进行比较后，对被测表面的粗糙度做出评定的方法，称为比较法。

比较法多用于车间，一般只用来评定表面粗糙度较大的工件。

不同加工方法得到的比较样块对应的表面粗糙度参数（以表面轮廓算术平均偏差 *Ra*

表示）公称值如表 5-12 所示。

表 5-12　不同加工方法得到的比较样块对应的表面粗糙度参数公称值　（单位：mm）

样块加工方法	磨	车、镗	铣	插、刨
表面粗糙度参数 Ra 公称值	0.025			
	0.05			
	0.1			
	0.2			
	0.4	0.4	0.4	
	0.8	0.8	0.8	0.8
	1.6	1.6	1.6	1.6
	3.2	3.2	3.2	3.2
		6.3	6.3	6.3
		12.5	12.5	12.5
				25.0

在国家标准 GB/T 6060.2—2006《表面粗糙度比较样块　磨、车、镗、铣、插及刨加工表面》中规定了磨、车、镗、铣、插及刨加工表面粗糙度比较样块的术语与定义、制造方法、表面特征、分类，表面粗糙度值及评定、结构与尺寸、加工纹理及标志包装等。

5.4.2　光切法

利用光切原理测量表面粗糙度的方法，称为光切法。

光切显微镜又称双管显微镜，其利用光切原理测量表面粗糙度（图 5-35）。其工作原理是，将一束平行光带以一定角度投射于被测表面，光带与表面轮廓相交的曲线影像即反映了被测表面的微观几何形状。它解决了工件表面微小峰谷深度的测量问题，同时避免了与被测表面的接触。

但是，可被检测的表面轮廓的峰高和谷深受到物镜景深和分辨率的限制，当峰高或谷深超出一定的范围时，不能在目镜视场中成清晰的真实图像，从而导致无法测量或测量误差很大。光切显微镜具有不破坏表面状况、方法成本低、易于操作的特点，故仍在被广泛应用。

光切显微镜常用于测量 Ra 或 Rz。由于受到分辨率的限制，一般测量范围为 Rz=1～80μm。光切显微镜适用于测量车、铣、刨及其他类似加工方法得到的金属表面，也可用于测量木板、纸张、塑料、电镀层等表面的微观不平度，但不便于检验用磨削或抛光的方法加工的零件表面。

图 5-35　光切显微镜

图 5-36 干涉显微镜

5.4.3 干涉法

利用光波干涉原理来测量表面粗糙度的方法，称为干涉法。

在目镜焦平面上，由于两束光之间有光程差，相遇叠加便产生光程干涉，形成明暗交错的干涉条纹。如果被测表面为理想表面，则干涉条纹是一组等距平行的直条纹线；如果被测表面高低不平，则干涉条纹为弯曲状。

干涉法常用的测量仪器是干涉显微镜（图 5-36），其利用通过样品内和样品外的相干光束产生干涉的方法，将相位差（或光程差）转换为振幅（光强度）变化，根据干涉图形可分辨出样品中的结构，并可测定样品中一定区域内的相位差（或光程差）。

干涉显微镜主要用于测量表面粗糙度的 Rz 值，可以测到较小的参数值，通常测量范围是 0.03～1μm。它不仅适用于测量高反射率的金属加工表面，还能测量低反射率的玻璃表面，但主要用于测量表面粗糙度参数值较小的表面。

5.4.4 感触法

感触法又称针描法，是一种接触式测量表面粗糙度的方法。测量仪器有轮廓检测记录仪、表面粗糙度仪，能够对加工表面粗糙度进行精确测量。其原理是，利用金刚石触针与被测表面相接触（接触力很小），并使触针沿着被测表面移动，由于被测表面的微观不平度，迫使触针在垂直于表面轮廓的方向产生上下移动，把被测表面的微观不平度转换为垂直信号，再经传感器转换为电信号后，经放大器将此变化量进行放大后在记录仪上记录，即得到被测截面的轮廓放大图。或者，将放大后的信号送入计算机，经积分运算后可以得到各种表面粗糙度参数值。前者称为轮廓检测记录仪，出现较早；后者称为表面粗糙度仪，是在现代计算机技术的基础上发展起来的，因其测量准确性高、便于操作、评定参数丰富的特点，现已被普遍采用。

表面粗糙度仪（图 5-37）又可分为便携式和台式两种，均可配备多种形状的触针，以适应对平面、内外圆柱面、锥面、球面、沟槽等各类形状表面的测量。

图 5-37 表面粗糙度仪

5.5 表面粗糙度理论与标准

5.5.1　表面粗糙度标准的产生和发展

表面粗糙度标准的提出和发展与工业生产技术的发展密切相关，它经历了从定性评定到定量评定两个阶段。表面粗糙度对机器零件表面性能的影响从 1918 年开始受到关注，在飞机和飞机发动机设计中，由于要求用最少材料达到最大的强度，人们开始对加工表面的刀痕和刮痕对疲劳强度的影响加以研究。但由于测量困难，当时没有定量数值上的评定要求，只是根据目测感觉来确定，即采用定性评定的方法。在 20 世纪 20～30 年代，世界上很多工业国家广泛采用三角符号▽的组合来表示不同精度的加工表面。

为了研究零件表面和其性能之间的关系，实现对表面形貌准确的量化描述，人们提出了表面粗糙度参数这一概念。随着加工精度要求的提高，以及对具有特殊功能零件表面的加工需求，人们又提出了表面粗糙度评定参数的定量计算方法和数值规定，即定量评定。在 20 世纪 40 年代，各国先后发布了相应的国家标准。

美国在 1940 年发布了 ASA B46.1 国家标准，之后又经过几次修订，成为标准 ANSI/ASME B46.1：1988《表面结构表面粗糙度、表面波纹度和加工纹理》。该标准采用中线制，并将 Ra 作为主参数。苏联在 1945 年发布了 GOCT 2789：1945《表面光洁度、表面微观几何形状、分级和表示法》国家标准，而后经过了 3 次修订成为 GOCT 2789：1973《表面粗糙度参数和特征》，该标准也采用中线制，并规定了包括轮廓均方根偏差（即现在的 Rq）在内的 6 个评定参数及相应的参数值。另外，其他工业发达国家的相关标准大多是在 20 世纪 50 年代制定的，如德国在 1952 年 2 月发布了有关表面粗糙度的评定参数和术语等方面的标准 DIN 4760 和 DIN 4762。

我国最早的表面粗糙度标准是 1951 年颁布的标准 620.040—13《工程制图表面记号及处理说明》，规定了表面光洁度的相关符号。该标准经过数次修改后，在 1981～1982 年期间修订为 3 个新的标准，并将表面光洁度更名为表面粗糙度，积极与国际标准接轨。随着我国加入世界贸易组织与国际标准接轨，我国于 1993 年发布了 GB/T 131—1993《机械制图表面粗糙度符号、代号及其注法》，主要对表面粗糙度参数 Ra、Rz、Ry 的上（下）限值和最大（小）值加以区分，指出了在什么情况下用最大值，什么情况下用最小值。现行标准是 GB/T 3505—2009《产品几何技术规范（GPS）　表面结构　轮廓法　术语、定义及表面结构参数》、GB/T 1031—2009《产品几何技术规范（GPS）　表面结构　轮廓法　表面粗糙度参数及其数值》、GB/T 131—2006《产品几何技术规范（GPS）　技术产品文件中表面结构的表示法》和 GB/T 7220—2004《产品几何量技术规范（GPS）　表面结构　轮廓法　表面粗糙度　术语　参数测量》。

5.5.2　表面粗糙度标准发展的迫切性

在现代工业生产中，许多制件的表面被加工而具有特定的技术性能特征，如制件表面的耐磨性、密封性、配合性质、传热性、导电性及对光线和声波的反射性，液体和气体在壁面的流动性、腐蚀性，薄膜、集成电路元件及人造器官的表面性能，测量仪器和机床的精度、可靠性、振动和噪声等功能，而这些技术性能的评价常常依赖于制件表面特征的状况，也就是与表面的几何结构特征有密切联系。因此，控制加工表面质量的核心问题在于它的使用功能，应该根据各类制件自身的特点规定能满足其使用要求的表面特征参量。不难看出，对于特定的加工表面，人们总希望用最或比较恰当的表面特征参数去评价它，以期达到预期的功能要求；同时，人们希望参数本身应该稳定，能够反映表面本质的特征，不受评定基准及仪器分辨率的影响，减少因对随机过程进行测量而带来的参数示值误差。

但是，从标准制定的特点和内容上容易发现，随着现代工业的发展，特别是新型表面加工方法不断出现和新的计量器具及测量方法的应用，标准中的许多参数已无法适应现代生产的需求，尤其是在一些特殊加工场合，如精加工时，用不同方法加工得到的 Ra 相同或很相近的表面不一定会具有相同的使用功能；可见，此时无法使用 Ra 对这类表面进行评定，而且传统评定方法过于注重对高度信息做平均化处理，几乎忽视了水平方向的属性，未能反映表面形貌的全面信息。近年来，在表面特性研究的领域内，关于零件表面功能特性方面的研究本身就较为薄弱，因为它涉及很多学科和技术领域。机器的各类零件在使用中各有不同的要求，研究表面特征的功能适应性将十分复杂，这也限制了对表面形貌与其功能特性关系的研究。

工业生产的飞速发展迫切需要更加行之有效且适应性更强的表面特征评价参数的出现，为解决这一矛盾，一方面，各国的许多学者在这方面加大研究力度，以期在不远的将来制定出一套功能特性显著的参数；另一方面，为了防止"参数爆炸"，同时也防止大量相关参数的出现，要做到用一个参数来评价多个性能特性，用数量很少的一组参数实现对表面的本质特征的准确描述。

习　　题

1. 取样长度 lr 的定义是什么？为什么要规定取样长度？

2. 轮廓中线有几种？分别是如何定义的？我国现行标准中使用的是哪一种？

3. 表面粗糙度的评定参数可以分为几类？列举出至少 3 种参数的名称和代号。

4. 表面粗糙度的评定参数值的选择需要遵循什么原则？

5. 表面粗糙度的检测有哪几种方法？

6. 简要描述表面粗糙度对零件使用性能和寿命的影响。

7. 表示用去除材料方法获得，单向最大值，默认传输带，轮廓最大高度 0.5mm，评定长度为 5 个取样长度（默认），使用"最大规则"的是（　　　）。

$$\sqrt{Rz\,0.5} \qquad \sqrt{Rz\,max\,0.5} \qquad \sqrt{Rz3\,0.5} \qquad \sqrt{Ra\,0.5}$$

　A　　　　　　　B　　　　　　　C　　　　　　　D

8. 下列 4 个图形符号中，（　　）表示纹理呈近似同心圆，且圆心与表面中心相关。

A　　　　　　B　　　　　C　　　D

9. 下列表面粗糙度的标注，错误的是（　　）。

10. 现要求零件某表面不允许去除材料，双向极限值，两极限值均使用默认传输带。上限值：轮廓算术平均偏差 3.2mm，评定长度为 5 个取样长度，最大规则。下限值：轮廓算术平均偏差 0.8mm，评定长度为 3 个取样长度，16%规则。请写出该表面粗糙度参数的标注方法。

6 单元

通用计量器具及其使用方法

>>>>>

◎ **单元导读**

　　生产中，需要通过不同计量器具的检测才能保证零件所需的几何公差量。本单元内容主要介绍计量器具分类及通用计量器具的使用方法、注意事项及日常维护，重点需要掌握通用计量器具的使用方法，能够独立完成简单测量。

◎ **思政目标**

　　◆树立正确的学习观、价值观，自觉践行行业道德规范。

　　◆牢固树立质量第一、信誉第一的强烈意识。

　　◆发扬一丝不苟、精益求精的"工匠精神"。

　　◆遵规守纪，安全生产，爱护设备，钻研技术。

计量器具简介

计量器具是用于测量的量具、测量仪器和测量装置的总称。计量器具按测量原理、结构特点及用途等分为基准量具与量仪、极限量规类、通用量具与量仪、测量装置。

基准类量具与量仪是指测量中体现标准量的量具，以固定形式复现的计量器具。

极限量规类是用以检验零件尺寸、形状或相互位置的无刻度专业检验工具，专门为检测工件某一技术参数而设计制造。

通用量具与量仪是指测量范围和测量对象较广的器具，一般可直接得出精确的实际测量值，其制造技术和要求较复杂，是由量具厂统一制造的通用性量具。

测量装置是指测量时起辅助测量作用的器具，如方箱、平板等。

下面重点介绍前 3 种计量器具。

1. 基准量具与量仪

基准量具与量仪又称标准量具，是用作测量或检定标准的器具，如量块（图 6-1）、多面棱体（图 6-2）、表面粗糙度比较样块（图 6-3）、角尺（图 6-4）等。其中，量块体现了检测中的长度、角度标准量，有不同规格，通过拼接可得到所需长度或角度，常用于机械加工中的检测。多面棱体作为计量基准、角度传递基准被广泛应用。表面粗糙度比较样块用于工件表面比较，通过视觉、触觉对工件表面粗糙度进行评定，也可作为选用粗糙度的参考依据。

（a）长度量块

（b）角度量块

图 6-1　量块

图 6-2　多面棱体

图 6-3　表面粗糙度比较样块

图 6-4　角尺

2．极限量规

极限量规是测量特定技术参数的专业检验工具，测量时，工具不能得到被检验工件的具体数值，但能确定被检验工件是否合格，如光滑极限量规、螺纹量规等。

图 6-5 为检验轴（孔）的光滑极限圆柱量规。

（a）塞规　　　　　　　　　（b）环规　　　　　　　　　（c）卡规

图 6-5　检验轴（孔）的光滑极限圆柱量规

图 6-6 为检验内螺纹和外螺纹的螺纹量规，适于检测符合国家标准的螺纹工件，用于孔径、孔距、内螺纹小径的测量。

（a）螺纹塞规

（b）螺纹环规

图 6-6　检验内螺纹和外螺纹的螺纹量规

图 6-7 为检验外圆锥和内圆锥的圆锥量规，用于锥体工件的检测。

（a）圆锥塞规

（b）圆锥环规

图 6-7　检验外圆锥和内圆锥的圆锥量规

3．通用量具与量仪

通用量具与量仪一般有刻度，能对不同工件、多种尺寸进行测量。在测量范围内可测量出工件或产品的形状、尺寸的具体数据值，如游标卡尺、千分尺、百分表、游标万能角度尺等。

（1）游标类量具

1）游标卡尺。游标卡尺是利用游标读数原理制成的量具，游标的 1 个刻度间距比尺身的 1 个或 2 个刻度间距小，其微小差别即游标卡尺的读数值，利用此微小差别及其累计值可精确估读尺身刻度小数部分数值。

图 6-8 为测量内、外尺寸的游标卡尺，有普通游标卡尺、数显游标卡尺及带表游标卡尺。图 6-9 为游标深度尺，包括普通游标深度尺、数显游标深度尺及带表游标深度尺。图 6-10 为游标高度尺，包括普通游标高度尺、数显游标高度尺及带表游标高度尺。

（a）普通游标卡尺

（b）数显游标卡尺

（c）带表游标卡尺

图 6-8　测量内、外尺寸的游标卡尺

（a）普通游标深度尺

图 6-9　游标深度尺

（b）数显游标深度尺

（c）带表游标深度尺

图 6-9　（续）

（a）普通游标高度尺　　　　　（b）数显游标高度尺　　　　　（c）带表游标高度尺

图 6-10　游标高度尺

2）游标万能角度尺。游标万能角度尺又称游标量角器，也是利用游标原理对两测量面相对移动所分隔的角度进行读数的角度测量工具，如图 6-11 所示。其是测量精密工件的内、外角度或进行角度划线的量具。

图 6-11　游标万能角度尺

（2）螺旋类量具

螺旋类量具是利用螺旋变换（将直线位移转换为角位移，或将角位移转换为直线位移）制成的各种千分尺，如外径千分尺、内径千分尺、螺纹千分尺等。

外径千分尺用于工件外尺寸的精密测量，如图 6-12 所示；内径千分尺用于工件内径尺寸的精密测量，如图 6-13 所示，不同级别尺寸可按需要增加加长杆。

图 6-12　外径千分尺　　　　　　　　　图 6-13　内径千分尺

螺纹千分尺用于测量螺纹中径，测头采用尖端，其他结构与外径千分尺相同，如图 6-14 所示。

图 6-14　螺纹千分尺

线材千分尺用于线材加工行业，测量线材的直径，使用简便、读数直观，如图 6-15 所示。

图 6-15　线材千分尺

盘形千分尺利用两个盘形测量面的分隔距离进行长度测量，用于测量齿轮公法线长度，是通用的齿轮测量工具，如图 6-16 所示。

板材千分尺采用弧形尺架，适用于板类零件的测量，如图 6-17 所示。

图 6-16　盘形千分尺　　　　　　　　　　　图 6-17　板材千分尺

（3）机械类量仪

机械类量仪通过机械方法实现原始信号转换，常用的有指示表类量仪。

百分表是长度测量工具，广泛应用于测量工件形状误差及位置误差。百分表具有防振性能好，精度可靠等优点，可以精确到 0.01mm，如图 6-18 所示。

千分表是高精度的长度测量工具，用于测量工件形状误差及位置误差，比百分表更精确，可以精确到 0.001mm，如图 6-19 所示。

图 6-18　百分表　　　　　　　　　　　图 6-19　千分表

杠杆千分表体积小，方便携带，精度高，适用于一般百分表、千分表难以测量的场所，如图 6-20 所示。

深度百分表适用于工件深度、台阶等尺寸的测量，如图 6-21 所示。

图 6-20　杠杆千分表　　　　　　　　　　　　　　图 6-21　深度百分表

（4）光学类量仪

光学类量仪利用光学原理进行检查，如光学计、光学测角仪、光栅测长仪（图 6-22）、激光干涉仪、投影仪（图 6-23）、放大镜（图 6-24）等。

图 6-22　光栅测长仪　　　　　　图 6-23　投影仪　　　　　　图 6-24　放大镜

（5）电学类量仪

电学类量仪利用电感等原理进行检查，其示值范围小，灵敏度高，如表面粗糙度测量仪（图 6-25）、电感比较仪、轮廓测量仪（图 6-26）、容栅测位仪等。

图 6-25　表面粗糙度测量仪

图 6-26　轮廓测量仪

（6）气动类量仪

气动类量仪利用气压驱动，其精度与灵敏度比较高，抗干扰性强，可用于动态在线测量，主要应用于大批量生产线中，如水柱式气动量仪、浮标式气动量仪（图 6-27）等。

（7）综合类量仪

综合类量仪结构复杂，精度高，用于对形状复杂的工件进行二维、三维高精度测量。综合类量仪包括数显式工具显微镜、微型计算机控制的数显万能测长仪、三坐标测量机（图 6-28）等。

图 6-27　浮标式气动量仪

图 6-28　三坐标测量机

以上介绍仪器为通用公差测量仪器，另外还有许多专项参数检查仪器，如直线度测量仪器、圆柱度检查仪、球头铣刀测量装置等。

通用计量器具的使用及维护

各种计量器具种类繁多，限于篇幅，本书主要介绍生产中常用测量量具的使用方法及维护。

6.2.1 基准量具

1. 量块

量块又称块规，是用优质耐磨材料（如铬、锰、钢等）精细制作的高精度标准量具，用途非常广泛，如图 6-29 和图 6-30 所示。

（a）长度量块　　　　　　　　　　　（b）角度量块

图 6-29　量块

图 6-30　陶瓷量块

量块是技术测量中长度计量的基准量具，常用于精密工件、量规等正确尺寸的测定，精密机床夹具在加工中定位尺寸的调整及校正，对测量仪器、工具的调整及校正等。

普通量块一般为正六面体，标称尺寸不大于 10mm 的量块，其截面尺寸为 30mm×9mm；标称尺寸大于 10mm、小于 1000mm 的量块，其截面尺寸为 35mm×9mm。量块组合使用时，一般以尺寸较小量块的下测量面与尺寸较大量块的上测量面相研合。

量块通常是成套生产的。一套量块包括许多不同尺寸的量块，以供按需要组合成不同的尺寸。具体量块的尺寸系列可参见相关国家标准（GB/T 6093—2001《几何量技术规范（GPS）长度标准 量块》）。

（1）量块的组合

1）要求：块数尽量少，最多 4 块。

2）方法：每一块量块消除一位数字，从最末位数字开始。

例如，组合尺寸 33.625mm（用 83 块一套）。

$$
\begin{array}{ll}
33.625 & \text{-----------量块组合尺寸} \\
-\ 1.005 & \text{-----------第 1 块量块的尺寸} \\
\hline
32.620 & \\
-\ 1.02 & \text{-----------第 2 块量块的尺寸} \\
\hline
31.600 & \\
-\ 1.6 & \text{-----------第 3 块量块的尺寸} \\
\hline
30 & \text{--------------第 4 块量块的尺寸}
\end{array}
$$

（2）操作要点

1）使用前，应先看有无检定合格证及时间是否在检定周期之内，其等级是否符合使用要求。

2）使用前，先将表面的防锈油用脱脂棉或软净纸擦去，再用清洗剂清洗一至两遍，擦干后放在专用的盘内或其他规定位置。不要对着量块呼吸或用口吹工作面上的杂物。

3）检查使用的环境和条件是否符合温度规范要求，包括等温要求。

4）使用时，应避免跌落和碰伤，量块离桌面的距离应尽量小。

5）尽量避免用手直接接触量块的工作面，接触后应仔细清洗以免生锈。

6）手持量块的时间不应过长，以减小手温的影响。

7）用完后及时清洗涂油，放入盒中。涂油时用竹夹子夹住量块，用毛刷或毛笔涂抹，涂抹要稀薄、均匀、全面。若需要经常使用，可在洗净后不涂防锈油，放在干燥缸内保存。绝对不允许将量块长时间黏合在一起，以免由于金属黏结而引起不必要损伤。

2．钢直尺

钢直尺是最简单的长度量具，它的长度有 150mm、300mm、500mm 和 1000mm 这 4 种规格。图 6-31 是 150mm 钢直尺。

图 6-31 150mm 钢直尺

钢直尺用于测量零件的长度尺寸（图 6-32），它的测量结果不太准确。这是因为钢直尺的刻线间距为 1mm，而刻线本身的宽度就有 0.1～0.2mm，所以测量时读数误差比较大，只能读出毫米数，即它的最小读数值为 1mm，比 1mm 小的数值，只能进行估计。

（a）量长度 　　　　　　　　　（b）量螺距

（c）量宽度

（d）量内孔

（e）量深度 　　　　　　　　　（f）划线

图 6-32　钢直尺的使用方法

如果用钢直尺直接测量零件的直径尺寸（轴径或孔径），则测量精度更差。其原因在于：①钢直尺本身的读数误差比较大；②钢直尺无法放在零件直径的正确位置。所以，零件直径尺寸的测量可以利用钢直尺和内外卡钳配合进行。

6.2.2　游标类量具

应用游标读数原理制成的量具有游标卡尺、游标高度尺、游标深度尺、游标角度尺（如游标万能角度尺）和齿厚游标卡尺等，用以测量零件的外径、内径、长度、宽度、厚度、高度、深度、角度及齿轮的齿厚等，应用范围非常广泛。

1. 游标卡尺的结构及读数原理

游标卡尺是比较精密的量具，主要用于测量工件的外径尺寸、内径尺寸，利用游标和尺身相互配合进行测量和读数。游标卡尺结构、使用方法简单，保养方便，测量范围大，应用广泛，且带深度尺的游标卡尺还可用于测量工件的深度尺寸，如图 6-33 所示。

图 6-33　Ⅰ型游标卡尺

常用游标卡尺按功能、结构主要分为如下几种。

1）三面量爪游标卡尺（Ⅰ型、Ⅱ型），结构包括外测量爪、刀口内测量爪、深度尺等，按是否带台阶测量面分为Ⅰ型、Ⅱ型。

2）双面量爪游标卡尺（Ⅲ型），结构包括刀口外测量爪、圆弧内测量爪、外测量爪，不带深度测量尺。

3）单面量爪游标卡尺（Ⅳ型、Ⅴ型），结构包括外测量爪、圆弧内测量爪，根据是否带台阶测量面分为Ⅳ型、Ⅴ型。

不同游标卡尺的测量范围如表 6-1 所示。

表 6-1　不同游标卡尺的测量范围

形式	游标卡尺			大量程游标卡尺
	Ⅰ型、Ⅱ型	Ⅲ型	Ⅳ型、Ⅴ型	
测量范围/mm	0~70, 0~150	0~200, 0~300	0~500, 0~1000	0~1500, 0~2000, 0~2500, 0~3000, 0~3500, 0~4000
游标分度值/mm	0.01, 0.02, 0.05, 0.10			

（1）刻线原理

精度为 0.05mm 的游标卡尺的刻线原理［图 6-34（a）］：尺身上每一格的长度为 1mm，游标总长度为 39mm，并等分为 20 格，每格长度为 39/20=1.95（mm），则尺身 2 格和游标 1 格长度之差为 0.05mm，所以其精度为 0.05mm。

（a）

（b）

图 6-34　游标卡尺刻线

精度为 0.02mm 游标卡尺的刻线原理［图 6-34（b）］：尺身上每一格的长度为 1mm，游标总长度为 49mm，并等分为 50 格，每格长度为 49/50=0.98（mm），则尺身 1 格和游标 1 格长度之差为 0.02mm，所以其精度为 0.02mm。

（2）读数方法

对于普通游标卡尺，首先读出游标零刻线以左尺身上的整毫米数，再看游标上从零刻线开始第几条刻线与尺身上某一刻线对齐，其游标刻线数与精度的乘积就是不足 1mm 的小数部分，最后将整毫米数与小数相加就是测得的实际尺寸。游标卡尺读数方法如图 6-35 所示。

（a）50+12×0.05 = 50.60(mm)　　　　　（b）50+20×0.02 = 50.40(mm)

图 6-35　游标卡尺读数方法

带表游标卡尺用表式机构代替游标读数，测量准确。使用带表游标卡尺的方法与使用普通游标卡尺的方法相同，从指示表上读取尺寸的小数值，与尺身整数相加即为测量结果。

数显游标卡尺使用液晶显示屏显示数值，可直接读取测量结果，使用方便，测量准确、迅速。

（3）操作要点

1）测量前应将游标卡尺擦拭干净，检查量爪贴合后尺身与游标的零刻线是否对齐。

2）测量时，应先拧松紧固螺钉，移动游标不能用力过猛。两量爪与待测物的接触不宜过紧。不能使被夹紧的物体在量爪内挪动。

3）测量时，应拿正游标卡尺，避免歪斜，保证尺身与所测尺寸线平行。

4）测量深度时，游标卡尺尺身的端部应与工件的表面接触平齐。

5）读数时，视线应与尺面垂直，避免视线误差的产生。如需固定读数，可用紧固螺钉将游标固定在尺身上，防止滑动。

6）实际测量时，对同一长度应多测几次，取其平均值来消除偶然误差。

7）用完后，应平放入盒内。如较长时间不使用，应用汽油擦洗干净，并涂一层薄的防锈油。游标卡尺不能放在磁场附近，以免磁化，影响正常使用。

2．游标万能角度尺的结构及读数原理

游标万能角度尺是适用于机械加工中内、外角度测量或进行角度划线的量具，可测 0°～320° 的外角和 40°～130° 的内角。

游标万能角度尺分 I 型和 II 型（图 6-36），其中精度为 2' 的 I 型游标万能角度尺应用较广。

（a）I 型　　　　　　　　　　　　　　（b）II 型

图 6-36　游标万能角度尺

游标万能角度尺不同型号测量范围及精度如表 6-2 所示。Ⅰ型游标万能角度尺的结构如图 6-37 所示。

表 6-2　游标万能角度尺不同型号测量范围及精度（GB/T 6315—2008）

型号	测量范围/（°）	游标分度值/（′）
Ⅰ型	0～320	2
Ⅱ型	0～360	5

1—尺身；2—基尺；3—制动器；4—扇形块；5—90°直角；6—直尺；7—卡块；8—游标。

图 6-37　Ⅰ型游标万能角度尺的结构

（1）刻线原理

2′游标万能角度尺的刻线原理：角度尺尺身刻线每格为 1°，游标共有 30 格，每格 29°/30=58′，尺身 1 格和游标 1 格之差为 2′，因此其测量精度为 2′。

（2）读数方法

游标万能角度尺的读数方法与游标卡尺的读数方法相似，先从尺身读出游标零刻线前的整度数，再从游标上读出角度数，两者相加就是被测工件的度数值，如图 6-38 所示。

（a）15°30′　　　　　　　　（b）34°36′

图 6-38　游标万能角度尺读数

数显万能角度尺在显示屏上可直接读取测量数值，操作简单，测量准确、快速。

（3）操作要点

1）使用前检查游标万能角度尺的零位是否对齐。

2）测量时，应使游标万能角度尺的两个测量面与被测件表面在全长上保持良好接触，然后拧紧制动器上的螺母进行读数。

3）测量角度在 0°～50° 范围内，应装上角尺和直尺。

4）测量角度在 50°～140° 范围内，应装上直尺。

5）测量角度在 140°～230° 范围内，应装上角尺。

6）测量角度在 230°～320° 范围内，不装角尺和直尺。

3. 游标卡尺的测量精度

测量或检验零件尺寸时，要按照零件尺寸的精度要求，选用相适应的量具。游标卡尺是一种中等精度的量具，它只适用于中等精度尺寸的测量和检验。用游标卡尺测量锻铸件毛坯或精度要求很高的尺寸，都是不合理的。前者容易损坏量具，后者测量精度达不到要求。游标卡尺的示值误差如表 6-3 所示。

表 6-3　游标卡尺的示值误差　　　　　　　（单位：mm）

游标读数值	示值总误差
0.02	±0.02
0.05	±0.05
0.10	±0.10

游标卡尺的示值误差是其本身制造精度造成的，无论使用时方法如何正确，都可能产生这些误差。例如，用精度为 0.02mm 的 0～125mm 游标卡尺（示值误差为 ±0.02mm）测量 $\phi50$mm 的轴时，若游标卡尺上的读数为 50.00mm，实际直径可能是 $\phi50.02$mm，也可能是 $\phi49.98$mm。因此，若该轴的直径尺寸是 IT5 级精度的基准轴 $\phi50^{\ 0}_{-0.025}$mm，轴的制造公差为 0.025mm，而游标卡尺本身就有 ±0.02mm 的示值误差，选用这样的量具进行测量，显然无法保证轴径的精度要求。

如果受条件限制（如受测量位置限制），无法使用其他精密量具，必须用游标卡尺测量较精密的零件尺寸，又该怎么办呢？此时，可以用游标卡尺先测量与被测尺寸相当的块规，消除游标卡尺的示值误差（称为用块规校对游标卡尺）。例如，要测量上述 $\phi50$mm 的轴，先测量 50mm 的块规，看游标卡尺上的读数是否为 50mm。如果不是，则此数值与 50mm 差值的绝对值就是游标卡尺的实际示值误差，测量零件时，应把此误差作为修正值考虑。例如，测量 50mm 块规时，游标卡尺上的读数为 49.98mm，即游标卡尺的读数比实际尺寸小 0.02mm，则测量轴时，应在游标卡尺的读数上加 0.02mm，得到轴的实际直径尺寸；若测量 50mm 块规时的读数是 50.01mm，则在测量轴时，应在读数上减去 0.01mm，得到轴的实际直径尺寸。另外，游标卡尺测量时的松紧程度（即测量压力的大小）和读数误差（即看准哪一根刻线对准），对测量精度影响也很大。所以，当必须用游标卡尺测量精度要求较高的尺寸时，最好采用和测量相等尺寸的块规相比较的方法。

4．游标卡尺的使用方法

量具使用得是否合理，不但影响量具本身的精度，而且直接影响零件尺寸的测量精度。量具使用不合理可能产生质量事故，造成不必要的损失。所以，必须重视量具的正确使用，对测量技术精益求精，务必获得正确的测量结果，确保产品质量。

使用游标卡尺测量零件尺寸时，必须注意以下几点。

1）测量前应把游标卡尺擦干净，检查卡尺的两个测量面和测量刃口是否平直无损，把两个量爪紧密贴合时，应无明显间隙，同时游标和尺身的零位刻线要相互对准。这个过程称为校对游标卡尺的零位。

2）移动尺框时，活动要自如，不应过松或过紧，更不能有晃动现象。用紧固螺钉固定尺框时，游标卡尺的读数不应有所改变。在移动尺框时，不要忘记调松紧固螺钉，但不宜过松。

3）当测量零件的外尺寸时，游标卡尺两测量面的连线应垂直于被测量表面，不能歪斜。测量时，可以轻轻摇动游标卡尺，放正垂直位置，如图 6-39（a）所示。否则，量爪若在如图 6-39（b）所示的错误位置上，将使测量结果 a 比实际尺寸 b 要大；先把游标卡尺的活动量爪张开，使量爪能自由地卡进工件，把零件贴靠在固定量爪上，然后移动尺框，用轻微的压力使活动量爪接触零件。若游标卡尺带有微动装置，此时可拧紧微动装置上的紧固螺钉，再转动调节螺母，使量爪接触零件并读取尺寸。绝不可把游标卡尺的两个量爪调节到接近甚至小于所测尺寸，把游标卡尺强制卡到零件上。这样做会使量爪变形，或使测量面过早磨损，使游标卡尺失去应有的精度。

（a）正确

（b）错误

图 6-39　测量外尺寸时正确与错误的位置

测量沟槽时，应当用量爪的平面测量刃进行测量，尽量避免用端部测量刃和刀口形量爪测量外尺寸。而对于圆弧形沟槽尺寸，应当用刀口形量爪进行测量，不应用平面形测量刃进行测量，如图 6-40 所示。

图 6-40　测量沟槽时正确与错误的位置

测量沟槽宽度时，也要放正游标卡尺的位置，应使卡尺两测量刃的连线垂直于沟槽，不能歪斜。若量爪在图 6-41 所示的错误的位置上，将使测量结果不准确（可能大也可能小）。

（a）正确　　　　　　　　　　　　　（b）错误

图 6-41　测量沟槽宽度时正确与错误的位置

4）当测量零件的内尺寸（图 6-42）时，要使量爪分开的距离小于所测内尺寸，进入零件内孔后，再慢慢张开并轻轻接触零件内表面，用紧固螺钉固定尺框后，轻轻取出游标卡尺来读数。取出量爪时，用力要均匀，并使游标卡尺沿着孔的中心线方向滑出，不可歪斜，以免使量爪扭伤，变形和受到不必要的磨损，同时会使尺框走动，影响测量精度。

图 6-42　内孔的测量方法

游标卡尺两测量刃应在孔的直径上，不能偏歪。图 6-43 为带有刀口形量爪和带有圆柱面形量爪的游标卡尺在测量内孔时正确与错误的位置。当量爪在错误位置时，其测量结果将比实际孔径 D 小。

5）用下量爪的外测量面测量内尺寸，在读取测量结果时，一定要把量爪的厚度加上，即游标卡尺上的读数，加量爪的厚度，才是被测零件的内尺寸。测量范围在 500mm 以下的游标卡尺，量爪厚度一般为 10mm。但当量爪磨损和修理后，量爪厚度会小于 10mm，读数时这个修正值也要考虑进去。

（a）正确　　　　　　　　　　　（b）错误

图 6-43　测量内孔时正确与错误的位置

6）用游标卡尺测量零件时，不允许过分施加压力，所用压力应使两个量爪刚好接触零件表面。如果测量压力过大，不但会使量爪弯曲或磨损，而且量爪在压力作用下产生弹性变形会使测量的尺寸不准确（外尺寸小于实际尺寸，内尺寸大于实际尺寸）。

在游标卡尺上读数时，应使卡尺水平，朝着亮光的方向，使人的视线尽可能和刻线表面垂直，以免由于视线的歪斜造成读数误差。

7）为了获得正确的测量结果，可以多测量几次，即在零件同一截面的不同方向进行测量。对于较长零件，应在全长的各个部位进行测量，获得一个比较正确的测量结果。

5．常用游标类量具的维护保养

1）不准把游标卡尺的两个量爪当扳手或刻线工具使用，不准用卡尺代替卡钳、卡板等在被测工件上推拉，以免磨损卡尺，影响测量精度。

2）带深度尺的游标卡尺用完后应将量爪合拢，否则较细的深度尺露在外边，容易变形、折断。

3）数显游标卡尺使用和存放应避开高温、油脂和水，也应避开强磁场，这些物质不仅影响其使用和测量精度，还会影响卡尺的使用寿命。

4）测量完成后，要把游标卡尺平放，特别是大尺寸游标卡尺，否则容易引起尺身弯曲变形。

5）对于数显游标卡尺，留意数值显示情况，是否有跳数，或在使用过程中自动归零等现象，及时更换电池，以免影响测量结果，严禁强光照射显示器，以防液晶显示器老化。

6）不要用电刻笔在数显卡尺上刻字，以防将电子线路击穿。

7）游标卡尺使用完毕，要擦净并上油，放置在专用盒内，以防止弄脏或生锈，并将专用盒存放在干燥的包装盒内，保持清洁。

8）不可用砂布或普通磨料来擦除刻度尺表面及量爪测量面上的锈迹和污物。

9）游标卡尺受损后，不允许用锤子、锉刀等工具自行修理，应交专门修理部门修理，并经检定合格后方能使用。

6.2.3 螺旋类器具

螺旋类器具包括各种千分尺。千分尺是应用广泛的精密长度量具，测量精度比游标卡尺高。千分尺的形式和规格繁多，有外径千分尺、内径千分尺、深度千分尺等。

1. 千分尺的结构及读数原理

以外径千分尺为例，外径千分尺利用螺旋传动原理，将角位移变成直线位移来进行长度测量，精度可达 0.001mm，主要用于测量工件的外径、长度、厚度等外尺寸。外径千分尺的结构如图 6-44 所示。

1—尺架；2—砧座；3—测微螺杆；4—锁紧手柄；5—螺纹套；6—固定套筒；
7—微分筒；8—螺母；9—接头；10—测力装置；11—弹簧；12—棘轮爪；13—棘轮。

图 6-44 外径千分尺的结构

外径千分尺的量程为 25mm，测微螺杆螺距为 0.5mm 和 1mm，不同外径千分尺的测量范围及精度如表 6-4 所示。

表 6-4 不同外径千分尺的测量范围及精度（GB/T 1216—2018）

品种	测量范围/mm	分度值/mm
外径千分尺	0～25，20～25，50～75，75～100，100～125，125～150，150～175，175～200，200～225，225～250，250～275，275～300，300～400，400～500，500～600，600～700，700～800，800～900，900～1000	0.01，0.001，0.002，0.005
大外径千分尺	1000～1500，1500～2000，2000～2500，2500～3000	

（1）刻线原理

千分尺测微螺杆上的螺距为 0.5mm，当微分管转一圈时，测微螺杆就沿轴向移动 0.05mm，固定套管上刻有间隔为 0.5mm 的刻线，微分筒圆锥面上共刻有 50 格，因此微分筒每转一周，螺杆就移动 0.5/50=0.01（mm），因此千分尺的精度值为 0.01mm。

（2）读数方法

首先读出微分筒边缘在固定套管尺身的毫米数和半毫米数，然后看微分筒上哪一格与固定套管上基准线对齐，并读出相应的不足半毫米数，最后把两个读数相加就是测得的实际尺寸。外径千分尺读数方法如图 6-45 所示。

（a）14＋0.29＝14.29（mm）　　　（b）38.5＋0.29＝38.79（mm）

图 6-45　外径千分尺读数方法

（3）操作要点

1）测量前，应清除千分尺两测面及被测表面上的油污和尘埃，并转动千分尺的测力装置，使两侧砧面贴和，检查是否密合；同时，检查微分筒与固定套管的零刻线是否对齐。若零位不对，应进行校准。若急需测量，也可记下零位不准的偏差值，从测得值中修正。

2）测量时，一定要用手握持隔热板，否则将使千分尺和被测件温度不一致而产生测量误差，应尽可能使千分尺和被测件的温度相同或相近。

3）测量时，当千分尺两测面接近被测件而将要接触时，只能转动测力装置的滚花外轮。当测力装置发出"咯咯"的响声时，表示两测面已与被测件接触好，此时即可读数。千万不要在两测面与被测件接触后再转动微分筒，这样将使测力过大，并使精密螺纹受到磨损。

4）测量时，千分尺测杆的轴线应与被测尺寸的长度方向一致，不能歪斜。与两测面接触的两被测表面，如定位精度不同，应使易保证定位精度的表面与固定测面接触，以保证测量时的正确定位。

5）读数时，千分尺最好不要离开被测件，读数后要先松开两测面，以免拉离时磨损测面，更不能测量运动中的工件。如确需取下，应首先锁紧测微螺杆，防止尺寸变动。

6）不得握住微分筒挥动或摇转尺架，这样会使精密测量螺杆受损。

7）使用后擦净上油，放入专用盒内，并将置于干燥处。

2．千分尺的精度及其调整

千分尺是一种应用很广的精密量具，按制造精度，可将其分 0 级和 1 级两种，0 级精度较高，1 级次之。千分尺的制造精度，主要由它的示值误差和测面的平面平行度公差的大小决定，小尺寸千分尺的精度要求，如表 6-5 所示。从千分尺的精度要求可知，用千分尺测量 IT6～IT10 级精度的零件尺寸较为合适。

表 6-5　千分尺的精度要求　　　　　　　　　　　　（单位：mm）

测量上限	示值误差		两测面平等度	
	0 级	1 级	0 级	1 级
15，25	±0.002	±0.004	0.001	0.002
50	±0.002	±0.004	0.0012	0.0025
75，100	±0.002	±0.004	0.0015	0.003

千分尺在使用过程中由于磨损或使用不妥当会使示值误差超差，所以应定期进行检查，

进行必要的拆卸或调整，以便保持千分尺的测量精度。

（1）校正千分尺的零位

千分尺如果使用不妥，零位就会走动，使测量结果不正确，容易造成产品质量事故。所以，在使用千分尺的过程中，应校对千分尺的零位。校对千分尺的零位就是把千分尺的两个测面擦干净，转动测微螺杆使它们贴合在一起（这是对 0～25mm 的千分尺而言的，若测量范围大于 0～25mm，应在两测面间放上校对样棒），检查微分筒圆周上的零刻线是否对准固定套筒的中线，微分筒的端面是否正好使固定套筒上的零刻线露出来。如果两者位置都是正确的，则认为千分尺的零位是对的，否则就要进行校正，使之对准零位。

如果零位是由于微分筒的轴向位置错误造成的，如微分筒的端部盖住固定套筒上的零刻线，或零刻线露出太多，0.5 的刻线错误，必须进行校正。此时，可用制动器把测微螺杆锁住，再将千分尺的专用扳手插入测力装置轮轴的小孔内，把测力装置松开（逆时针旋转），即可对微分筒进行调整，即轴向移动微分筒，使固定套筒上的零刻线正好露出来，同时使微分筒的零刻线对准固定套筒的中线，然后把测力装置旋紧。

如果零位是由于微分筒的零刻线没有对准固定套筒的中线造成的，也必须进行校正。此时，可将千分尺的专用扳手插入固定套筒的小孔内，把转动固定套筒，使之对准零刻线。

但当微分筒的零刻线相差较大时，不应采用此法调整，而应采用松开测力装置转动微分筒的方法来校正。

（2）调整千分尺的间隙

千分尺在使用过程中，磨损等会使精密螺纹的配合间隙增大，从而使示值误差超差，必须及时进行调整，以便保持千分尺的精度。

要调整精密螺纹的配合间隙，应先用制动器把测微螺杆锁住，再用专用扳手把测力装置松开，拉出微分筒后进行调整。在螺纹轴套上，接近精密螺纹一段的壁厚比较薄，且连同螺纹部分一起开有轴向直槽，使螺纹部分具有一定的胀缩弹性。同时，螺纹轴套的圆锥外螺纹上，旋转调节螺母。当调节螺母向里旋入时，因螺母直径保持不变，迫使外圆锥螺纹的直径缩小，精密螺纹的配合间隙也将减小。此时，松开制动器进行试转，观察螺纹间隙是否合适。间隙过小会使测微螺杆活动不灵活，可把调节螺母调松；间隙过大则使测微螺杆松动，可把调节螺母再旋进一些。直至间隙调整好后，把微分筒装上，对准零位后将测力装置旋紧。

经过上述调整的千分尺，除必须校对零位外，还应用检定量块检验千分尺 5 个尺寸的测量精度，确定千分尺的精度等级后，才能移交使用。例如，用 5.12、10.24、15.36、21.5、25 这 5 个量块检定 0～25mm 的千分尺，它的示值误差应符合表 6-5 中的要求，否则应继续修理。

3．千分尺的使用方法

千分尺使用得是否正确，对保持精密量具的精度和保证产品质量的影响很大，指导人员和实习的学生必须重视量具的正确使用，以获得正确的测量结果，并确保产品质量。

使用千分尺测量零件尺寸时，必须注意以下几点：

1）使用前，应把千分尺的两测面擦干净，转动测力装置，使两测面接触（若测量上限大于 25mm，在两测面之间放入校对量杆或相应尺寸的量块），接触面上应没有间隙和漏光现象，同时微分筒和固定套筒要对准零位。

2）转动测力装置时，微分筒应能自由灵活地沿着固定套筒活动，没有任何卡滞和不灵活的现象。如有活动不灵活的现象，应及时送计量站检修。

3）测量前，应把零件的被测量表面擦干净，以免有脏物存在影响测量精度。绝对不允许用千分尺测量带有研磨剂的表面，以免损伤测量面的精度。用千分尺测量表面粗糙的零件也是错误的，这样易使测面过早磨损。

4）用千分尺测量零件时，应当手握测力装置的转帽来转动测微螺杆，使测面保持标准的测量压力。听到"咯咯"的声音，表示压力合适，并可开始读数。要避免因测量压力不等而产生测量误差。

绝对不允许用力旋转微分筒来增加测量压力，使测微螺杆过分压紧零件表面，致使精密螺纹因受力过大而发生变形，损坏千分尺的精度。有时用力旋转微分筒后，虽然因微分筒与测微螺杆间的连接不牢固，对精密螺纹的损坏不严重，但是微分筒打滑后，千分尺的零位走动会造成质量事故。

5）使用千分尺测量零件时（图 6-46），要使测微螺杆与零件被测量的尺寸方向一致。当测量外径时，测微螺杆要与零件的轴线垂直，不要歪斜。测量时，可在旋转测力装置的同时，轻轻晃动尺架，使测面与零件表面接触良好。

图 6-46　在车床上使用外径千分尺的方法

6）用千分尺测量零件时，最好在零件上进行读数，放松后取出千分尺，这样可减少测面的磨损。如果必须取下读数，应用制动器锁紧测微螺杆后，再轻轻滑出零件。把千分尺当卡规使用是错误的，因为这样做不但易使测量面过早磨损，甚至会使测微螺杆或尺架因发生变形而失去精度。

7）在读取千分尺上的测量数值时，要特别留心不要读错 0.5mm。

8）为了获得正确的测量结果，可在同一位置上再测量一次。尤其是测量圆柱形零件时，应在同一圆周的不同方向测量几次，检查零件外圆有没有圆度误差，再在全长的各个部位测量几次，检查零件外圆有没有圆柱度误差等。

9）对于超常温的工件，不要使用千分尺进行测量，以免产生读数误差。

10）单手使用外径千分尺时，如图 6-47（a）所示，可用大拇指和食指（或中指）捏住活动套筒，小拇指勾住尺架并压向手掌上，大拇指和食指转动测力装置即可测量。用双手测量时，可按图 6-47（b）所示的方法进行。

应注意几种使用外径千分尺的错误方法（图 6-48）：①用千分尺测量旋转运动中的工件，很容易使千分尺磨损，而且测量也不准确；②为了快速得出读数，握着微分筒来转动，这样也会破坏千分尺的内部结构。

（a）单手使用　　　　　　　　（b）双手使用

图 6-47　正确使用

图 6-48　错误使用

4. 常用螺旋类器具的维护保养

1）不能用千分尺测量零件的粗糙表面，也不能用千分尺测量正在旋转的零件。

2）千分尺要轻拿轻放，不要摔碰，若受撞击，应立即进行检查，必要时送计量部门检修。

3）千分尺应保持清洁。测量完毕，用软布或棉纱等擦拭干净，放入盒中。长期不用时应涂防锈油。勿使两个测量面贴合，以免锈蚀。

4）大型千分尺应平放在盒中，以免变形。

5）不允许用砂布或普通磨料擦拭测微螺杆上的污锈。

6）不能在千分尺的微分筒和固定套筒之间加酒精、煤油、柴油、普通机油等；不允许把千分尺浸泡在上述油类及酒精中。若发现上述物质浸入，需用汽油洗净，再涂以特种轻质轮滑油。

6.2.4　指示表

1. 百分表和千分表

百分表和千分表是将测量杆的直线位移通过齿条和齿轮传动系统转变为指针的角位移进行读数的一种长度测量工具，广泛用于测量精密件的几何误差，也可用比较法测量工件的长度，它们具有防振机构，且精度可靠。百分表如图 6-49 所示，其分度值为 0.01mm；千分表的分度值为 0.001mm。

1—测头；2—测量杆；3—小齿轮；4、7—大齿轮；5—中间小齿轮；
6—长指针；8—短指针；9—表盘；10—表圈；11—拉簧。

图 6-49　百分表

百分表和千分表的测量范围及精度如表 6-6 所示。

表 6-6　百分表和千分表的测量范围及精度

品种	测量范围/mm	分度值/mm
百分表（GB/T 1219—2008）	0～3, 0～5, 0～10	0.01
大量程百分表（GB/T 1219—2008）	0～30, 0～50, 0～100	
千分表（GB/T 1219—2008）	0～1, 0～2, 0～3, 0～5	0.001

（1）刻线原理

以百分表为例，当测量杆上升 1mm 时，百分表的长针正好转动一周，因为百分表的表盘上共刻有 100 个等分格，所以长针每转一格，测量杆移动 0.01mm。

（2）读数方法

以百分表为例，长指针每转一格为 0.01mm，短指针每转一格为 1mm，测量时把长短指针读数相加即为测量读数。

（3）操作要点

1）使用前检查表盘和指针有无松动。

2）测量工件时，将指示表（百分表或千分表）装夹在合适的表座上（图 6-50），装夹指示表时，夹紧力不能过大，以免套筒变形，使测量杆卡死或运动不灵活。用手指向上轻抬测头，然后让其自由落下，重复几次，此时长指针不应产生位移。

3）测平面时，测量杆要与被测平面垂直。测圆柱体时，测量杆中心必须通过工件中心，即测头在圆柱最高点。

注意：测量杆应有 0.3～1mm 的压缩量，保持一定的初始力，以免由于存在负偏差而得不到测量值。测量圆柱件时，最好用刀口形测头；测量球面件时，可用平面测头；测量凹面或形状复杂的表面时可用尖形测头。

图 6-50　百分表安装

4）测量时先将测量杆轻轻提起，把表架或工件移到测量位置后，缓慢放下测量杆，使之与被测面接触，不可强制把测量头推上被测面。然后，转动刻度盘使其零位对正长指针，此时要多次重复提起测量杆，观察长指针是否在零位上，在不产生位移情况下才能读数。

5）测量读数时，测量者的视线要垂直于表盘，以减小视差。

6）测量完毕后，测头应洗净擦干并涂防锈油。测量杆上不要涂油。如有油污，应擦干净。

2．百分表和千分表的使用方法

千分表的读数精度比百分表高，故百分表适用于尺寸精度为IT6～IT8级零件的校正和检验，千分表适用于尺寸精度为IT5～IT7级零件的校正和检验。百分表和千分表按其制造精度，可分为0、1和2级3种，其中0级精度较高。使用时，应按照零件的形状和精度要求，选用合适的百分表或千分表的精度等级和测量范围。

使用百分表和千分表时，必须注意以下几点。

1）使用前，应检查测量杆活动的灵活性。当轻轻推动测量杆时，测量杆在套筒内的移动要灵活，没有任何卡滞现象，且每次放松后，指针能恢复到原来的刻度位置。

2）使用百分表或千分表时，必须把它固定在可靠的夹持架上（如固定在万能表架或磁性表座上，如图6-51所示），夹持架要安放平稳，以免使测量结果不准确或摔坏指示表。

用夹持百分表的套筒来固定百分表时，夹紧力不要过大，以免因套筒变形而使测量杆活动不灵活。

图 6-51　安装在专用夹持架上的百分表

3）用百分表或千分表测量零件时，测量杆必须垂直于被测量表面（图6-52），即使测量杆的轴线与被测量尺寸的方向一致，否则将使测量杆活动不灵活或测量结果不准确。

图 6-52　百分表使用

4）测量时，不要使测量杆的行程超过它的测量范围，不要使测头突然撞在零件上，不要使百分表和千分表受到剧烈的振动和撞击，也不要把零件推入测头下，以免因损坏百分表和千分表的机件而失去精度。因此，用百分表测量表面粗糙或有显著凹凸不平的零件是错误的。

5）用百分表校正或测量零件时，如图 6-53 所示，应使测量杆有一定的初始测力。也就是说，在测头与零件表面接触时，测量杆应有 0.3～1mm 的压缩量（千分表可小一点，有 0.1mm 即可），使指针转过半圈左右，然后转动表圈，使表盘的零位对准指针。轻轻地拉动手提测量杆的圆头，拉起和放松几次，检查指针所指的零位有无改变。当指针的零位稳定后，再开始测量或校正零件的工作。如果是校正零件，此时开始改变零件的相对位置，读出指针的偏摆值，即零件安装的偏差数值。

图 6-53　百分表尺寸校正与检验方法

6）检查工件平整度或平行度时，如图 6-54 所示，将工件放在平台上，使测头与工件表面接触，调整指针使其摆动 1/3～1/2 转，然后把刻度盘零位对准指针，之后慢慢移动表座或工件，当指针顺时针摆动时，说明工件偏高；当指针逆时针摆动时，说明工件偏低。

（a）工件放在V形架上　　　　　　（b）工件放专用检验架上

图 6-54　轴类零件圆度、圆柱度及跳动

当测量轴时，以指针摆动最大数字为读数（最高点）；当测量孔时，以指针摆动最小数字（最低点）为读数。

检验工件的偏心度时，如果偏心距较小，可按图 6-55 所示方法测量偏心距，即把被测轴装在两顶尖之间，使百分表的测头接触在偏心部位（最高点），用手转动轴，百分表指示的最大数字和最小数字（最低点）之差的 1/2 就等于偏心距的实际尺寸。偏心套的偏心距也可用上述方法测量，但必须将偏心套装在心轴上进行测量。

图 6-55　在两顶尖上测量偏心距的方法

偏心距较大的工件因受到百分表测量范围的限制，不能用上述方法测量。这时，可用图 6-56 所示的间接测量偏心距的方法。

图 6-56　间接测量偏心距

测量时，把 V 形架放在平板上，并把工件放在 V 形架中，转动偏心轴，用百分表测量出偏心轴的最高点，找出最高点后，保持工件固定不动。再将百分表水平移动，测出基准轴外圆到偏心轴外圆之间的最小距离 a，然后用下式计算出偏心距 e：

$$\frac{D}{2} = e + \frac{d}{2} + \alpha$$

$$\frac{D}{2} = e - \frac{d}{2} - \alpha$$

式中：e ——偏心距，mm；

D ——基准轴外径，mm；

d ——偏心轴直径，mm；

a ——基准轴外圆到偏心轴外圆之间的最小距离，mm。

使用上述方法时，必须把基准轴直径和偏心轴直径用外径千分尺测量出正确的实际尺寸，否则计算时会产生误差。

7）检验车床主轴轴线对刀架移动平行度时，在主轴锥孔中插入一检验棒，把百分表固定在刀架上，使百分表测头触及检验棒表面，如图 6-57 所示。移动刀架，分别对侧母线 A 和上母线 B 进行检验，记录百分表读数的最大差值。为消除检验棒轴线与旋转轴线不重合对测量的影响，必须旋转主轴180°，再同样检验一次 A、B 的误差，并分别计算，两次测量结果代数和的 1/2 就是主轴轴线对刀架移动的平行度误差。要求水平面内的平行度允差只许向前偏，即检验棒前端偏向操作者，垂直平面内的平行度允差只许向上偏。

图 6-57　主轴轴线对刀架移动的平行度检验

8）检验刀架移动在水平面内直线度时，将百分表固定在刀架上，使其测头顶在主轴和尾座顶尖间的检验棒侧母线上（图 6-58 位置 A），调整尾座，使百分表在检验棒两端的读数相等。移动刀架，全行程检验。百分表全行程读数的最大代数差值，就是水平面内的直线度误差。

图 6-58　刀架移动在水平面内的直线度检验

① 在使用百分表和千分表的过程中，要严格防止水、油和灰尘渗入表内，测量杆上也

不要加油，以免沾有灰尘的油污进入表内，影响表的灵活性。

② 百分表和千分表不使用时，应使测量杆处于自由状态，以免表内弹簧失效。内径百分表上的百分表，不使用时，应拆下来保存。

3．百分表和千分表的使用方法

1）千分表应固定在可靠的表架上，测量前必须检查千分表是否夹牢，并多次提拉千分表测量杆与工件接触，观察其重复指示值是否相同。

2）测量时，不准用工件撞击测头，以免影响测量精度或撞坏千分表。为保持一定的起始测量力，测头与工件接触时，测量杆应有 0.3～0.5mm 的压缩量。

3）测量杆上不要加油，以免油污进入表内，影响千分表的灵敏度。

4）千分表测量杆与被测工件表面必须垂直，否则会产生误差。

5）千分表的测量杆轴线与被测工件表面的夹角 α 越小，误差就越小。如果由于测量需要，a 无法调小（当 $\alpha > 15°$），其测量结果应进行修正。从图 6-59 可知，当平面上升距离为 a 时，千分表摆动的距离为 b，也就是千分表的读数为 b，因为 $b > a$，所以指示读数增大。具体修正计算式如下：

$$a = b\cos\alpha$$

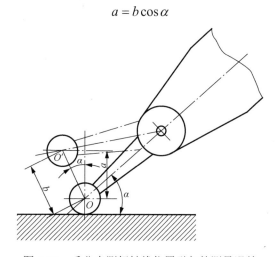

图 6-59　千分表测杆轴线位置引起的测量误差

【例 6-1】　用千分表测量工件时，测量杆轴线与工件表面夹角 α 为 30°，测量读数为 0.048mm，求正确测量值。

解：$a = b\cos\alpha = 0.048 \times \cos 30° \approx 0.048 \times 0.866 \approx 0.0416$（mm）

6）百分表体积较小，适合于零件上孔的轴心线与底平面的平行度的检查，如图 6-60 所示。将工件底平面放在平台上，使百分表测头与 A 端孔表面接触，左右慢慢移动表座，找出工件孔径最低点，调整指针至零位，将表座慢慢向 B 端推进。也可以先转换工件方向，再使测头与 B 端孔表面接触，A、B 两端指针最低点和最高点在全程上读数的最大差值，就是全部长度上的平行度误差。

图 6-60　孔的轴心线与底平面的平行度检验

7）用百分表检验键槽的直线度时，如图 6-61 所示。在键槽上插入检验块，将工件放在 V 形架上，对百分表的测头触及检验块表面进行调整，使检验块表面与轴心线平行。调整好平行度后，将测头接触 A 端平面，调整指针至零位，将表座慢慢向 B 端移动，在全程上进行检验。百分表在全程上读数的最大代数差值，就是水平面内的直线度误差。

图 6-61　键槽直线度的检验

8）检验车床主轴轴向窜动量时，在主轴锥孔内插入一根短锥检验棒，在检验棒中心孔放一颗钢珠，将千分表固定在车床上，使千分表测头顶在钢珠上（图 6-62 位置 A），沿主轴轴线加一力 F，旋转主轴进行检验。千分表读数的最大差值，就是主轴轴向窜动的误差。

图 6-62　主轴轴向窜动和轴肩支承面跳动检验

9）车床主轴轴肩支承面跳动的检验时，将千分表固定在车床上使其测头顶在主轴轴肩支承面靠近边缘处（图 6-62 位置 B），沿主轴轴线加一力 F，旋转主轴检验。千分表的最大读数差值，就是主轴轴肩支承面的跳动误差。检验主轴的轴向窜动和轴肩支承面跳动时外加一轴向力 F 是为了消除主轴轴承轴向间隙对测量结果的影响。其大小一般等于 0.5～1 倍的主轴重力。

10）内外圆同轴度的检验。在排除内外圆本身的形状误差时，可用圆跳动量的 1/2 来计算。以内孔为基准时，可把工件装在两顶尖的心轴上，用百分表或千分表检验（图 6-63）。百分表（千分表）在工件转一周的读数，就是工件的圆跳动。以外圆为基准时，把工件放在 V 形架上，如图 6-64 所示，用百分表检验。这种方法可测量不能安装在心轴上的工件。

图 6-63　在心轴上检验圆跳动　　　　　　　图 6-64　在 V 形架上检验圆跳动

11）齿向准确度检验，如图 6-65 所示。先将锥齿轮套入测量心轴，心轴装夹于分度头上，校正分度头主轴使其处于准确的水平位置，然后在游标高度尺上装一百分表，用百分表找出测量心轴上母线的最高点，并调整零位，将游标高度尺连同百分表降下一个心轴半径尺寸，此时百分表的测头零位正好在锥齿轮的中心位置。再用调好零位的百分表测量齿轮处于水平方向的某一个齿面，使该齿大小端的齿面最高点都在百分表的零位。此时，该齿面的延伸线与齿轮轴线重合。此后，只需摇动分度盘依次进行分齿，并测量大小端读数是否一致即可。若读数一致，则说明该齿侧方向齿向精度是合格的；否则，说明该项精度有误差。一侧齿测量完毕后，将百分表测头调为反方向，用同样的方法测量轮齿另一侧齿的齿向精度。

图 6-65　检查齿向精度

4．常用指标类量具的维护与保养

1）使用时要注意，提压测量杆的次数不要过多，距离不要过大，以免损坏机件，加剧测头端部及齿轮系统等的磨损。

2）不允许测量表面粗糙或有明显凹凸的工作表面，以免使精密量具的测量杆发生歪扭和受到旁侧压力而损坏测量杆和机件。

3）应避免剧烈振动和碰撞，不要使测头突然撞击在被测表面上，以防测量杆弯曲变形，更不能敲打表的任何部位。

4）在遇到测量杆移动不灵活或发生阻滞时，不允许用强力推压测头，应送交维修人员进行检查修理。

5）不应把精密量具放置在机床的滑动部位，以免使量具轧伤和摔坏。

6）不要把精密量具放在磁场附近，以免造成机件受磁性，失去精度。

7）防止水或油液渗入百分表内部，不应使量具与切削液或冷却剂接触，以免机件腐蚀。

8）不要随便拆卸精密量表或表体的后盖，以免尘埃及油污渗入机件，造成传动系统的障碍或弄坏机件。

9）在精密量表上不准涂有任何油脂，否则会使测量杆和套筒黏结，造成动作不灵活，而且油脂易黏结尘土，从而损坏量表内部的精密机件。

10）不使用时，应使测量杆处于自由状态，不应有任何压力附加。

11）若发现百分表有锈蚀现象，应立即检修，不允许用砂纸擦拭测量杆上的污锈。

12）精密量表不能与锉刀、凿子等工具堆放在一起，以免擦伤精密测量杆或打碎玻璃表盖等。

6.2.5　角度器具

1．正弦规

正弦规是用于准确检验零件及量规角度和锥度的量具，辅助测量圆锥锥度和角度偏差。一般的正弦规如图 6-66 所示。

1—侧挡板；2—前挡板；3—主体；4—圆柱。

图 6-66　一般的正弦规

（1）测量原理

正弦规测量原理是根据正弦函数，利用量块垫起一端使之形成一定角度来检验圆锥量规和角度等工具的锥度和角度偏差。

测量前，根据被测工件的结构不同，选择不同结构的正弦规，然后按公式计算量块组的高度：

$$h = L \sin \alpha$$

式中：h——量块组的高度；

L——两圆柱的中心间距；

α——正弦规放置的角度。

测量时，将正弦规放在平板上，一圆柱与平板接触，另一圆柱下垫量块，装夹工件。图 6-67 为正弦规测量外锥体。

1—检验平板；2—工件；3—指示表；4—正弦规；5—量块。

图 6-67　正弦规测量外锥体

（2）操作要点

1）正弦规工作面不得有严重影响外观和使用性能的裂痕、划痕、夹渣等缺陷。

2）正弦规各零件均应去磁，主体和圆柱必须进行稳定性处理。

3）正弦规应能装置成 0°～80°范围内的任意角度，其结构刚性和各零件强度应能适应磨削工作条件，各零件应易于拆卸和修理。

4）正弦规的圆柱应采用螺钉可靠地固定在主体上，且不得引起圆柱和主体变形；紧固后的螺钉不得露出圆柱表面。主体上固定圆柱的螺孔不得露出工作面。

2．水平仪

水平仪是用以测量工件表面相对水平位置的微小倾斜角度的量具。它可测量各种导轨和平面的直线度、平面度、平行度和垂直度，还能用于调整安装各种设备的水平和垂直位置。一般作为量具使用的水平仪主要有框式（方形水平仪）和条式（钳工水平仪）两种，如图 6-68 所示。

（a）框式水平仪　　　　　　　　　（b）条式水平仪

图 6-68　水平仪

（1）测量原理

水平仪是利用水准器（水泡）进行测量的。水准器是一个密封的玻璃管，内壁研磨成具有一定曲率半径尺的圆弧面。管内装有流动性很好的液体（如乙醚、酒精），管内还留有一个小的空间，即为气泡，玻璃管外表面上刻有刻度。

当水准器处于水平位置时，气泡位于正中，即处于零位。

当水准器偏离水平位置而有倾斜时，气泡即移向高的一端，倾斜角度的大小由气泡所对的刻度读出。

水平仪规格如表 6-7 所示。

表 6-7　水平仪规格

类型	分度值/mm	工作面长度/mm	工作面宽度/mm	V 形工作面夹角/（°）
框式、条式 （GB/T 16455—2008）	0.02，0.05，0.10	100	≥30	120，140
		150，200	≥35	
		250，300	≥40	
电子式 （GB/T 20920—2007）	0.005，0.01， 0.02，0.05	100	25～35	120，150
		150，200，250，300	35～50	

（2）操作要点

1）使用前，应将水平仪的工作面和工件的被检面清洗干净，测量时此两面之间如有极微小的尘粒或杂物，都将引起显著的测量误差。

2）零值的调整方法，将水平仪的工作底面与检验平板或被测表面接触，读取第一次读数；然后在原地旋转 180°，读取第二次读数；两次读数的代数差除以 2 即为水平仪的零值误差。

3）普通水平仪的零值正确与否是相对的，只要水平仪的气泡在中间位置，就表明零值正确。

4）水准器中的液体易受温度变化的影响而使气泡长度改变。对此，测量时可在气泡的两端读数，再取平均值作为结果。

5）测量时，一定要等到气泡稳定不动后再读数。

6）读取水平仪示值时，应垂直正对水准器的方向，以避免因视差造成读数误差。

图 6-69　宽底座样板角尺

3．角尺

角尺是一种专业量具，公称角度为 90°，故又称直角尺。可用于检测工件的垂直度及工件相对位置的垂直度，有时也用于划线。角尺适用于机床、机械设备及零部件的垂直度检验，安装加工定位，划线等，是机械行业中的重要测量工具，特点是精度高、稳定性好、便于维修。根据结构，角尺可分为平样板角尺、宽底座样板角尺、圆柱角尺。图 6-69 为宽底座样板角尺。

（1）测量原理

使用角尺检验工件时，当角尺的测量面与被检验面接触后，即松手，让角尺靠自身的重力保持其基面与平板接触，如图 6-70（a）、（b）所示，图 6-70（c）为用手轻按压角尺的下基面，使上基面与被检验的一个面接触。

（a）角尺下部有间隙　（b）角尺上部有间隙　（c）用角尺内角检验

图 6-70　角尺检验直角

1）确定被检验角数值：测量时，如果角尺的测量面与被检验面完全接触，根据光隙的大小判定被检验角的数值。若无光隙，说明被检验角度为 90°；若有光隙，说明被检验角度不等于 90°。

2）角尺作检验工具：用比较测量法检验。先用作为标准的角尺调整指示器，当标准角尺压向测量架的固定支点时，调整指示器归零；然后将指示器和测量架移向被测工件进行测量，如图 6-71 所示。

（a）标准直角　　　　　　（b）工件测量

图 6-71　角尺比较测量垂直度误差

（2）操作要点

1）00 级和 0 级角尺一般用于检验精密量具，1 级角尺用于检验精密工件，2 级角尺用于检验一般工件。

2）使用前，应先检查各工作面和边缘是否被碰伤。将角尺工作面和被检工作面擦净。

3）使用时，将角尺放在被测工件的工作面上，用光隙法来鉴别被测工件的角度是否正确，检验工件外角时，应使角尺的内边与被测工件接触，检验内角时，则使角尺的外边与被测工件接触。

4）测量时，应注意角尺的安放位置，不能歪斜。

5）在使用和安放工作边较大的角尺时，应注意防止弯曲变形。

6）为求得精确的测量结果，可将角尺翻转180°再测量一次，取两次度数的算术平均值作为其测量结果，可消除角尺本身的偏差。

6.2.6　量规

光滑极限量规是用以检验没有台阶的光滑圆柱形孔、轴直径尺寸的量规，在生产中使用广泛，如图 6-72 所示。按国家标准规定，量规的检验范围是公称尺寸 1～500mm，公差等级为 IT6～IT16 的光滑圆柱形孔和轴。

（a）塞规　　　　　　　　　（b）塞规应用

（c）环规　　　　　（d）卡规　　　　（e）双头卡规应用

图 6-72　光滑极限量规

检验孔径的量规称为塞规，检验轴径的量规称为卡规。轴径也可用环规即用高精度的完整孔来检验，但既操作不便，又不能检验加工中的轴件（两端都已顶持），故很少应用。

（1）测量原理

塞规和卡规都是成对使用的，其中一个为通规，用以控制孔的下极限尺寸 D_{min} 和轴的上极限尺寸 d_{max}，另一个为止规，用以控制孔的上极限尺寸 D_{max} 和轴的下极限尺寸 d_{min}。检验时，若通规能通过被检孔、轴，而止规不能通过，则表示被检孔、轴的尺寸合格。

（2）操作要点

1）使用前，要先核对量规上标注的公称尺寸、公差等级及基本偏差代号等是否与被检件相符。了解量规是否经过定期检定及检定期限是否过期（过期不应使用）。

2）使用前，必须检查并清除量规工作面和被检孔、轴表面（特别是内孔孔口）上的毛刺、锈迹和铁屑末及其他污物。否则，不仅检验不准确，还会磨伤量规和工件。

3）检验工件时，一定要等工件冷却后再检验，并在量规上尽可能安装隔热板，以供使用时用手握持，否则将产生很大的热膨胀误差而造成误检。

4）检验孔件时，用手将塞规轻轻地送入被检孔，不得偏斜。量规进入被检孔中之后，不要在孔中回转，以免加剧磨损。

5）检验轴件时，用手扶正卡规（不要偏斜），最好让其在自重作用下滑向轴件直径位置。

6）量规属精密量具，使用时要轻拿轻放。用完后在工作面涂一层薄防锈油，放在木盒内或专门的位置，不要将量规与其他工具杂放在一起，要注意避免碰损、锈蚀和磁化。

6.2.7 辅助量具

常用的辅助量具主要有 V 形块、检验平板、方箱、弯板等。

1．V 形块

V 形块是用于轴类零件加工和/或检验时做紧固或定位的辅助工具，如图 6-73 所示。V 形块可以单只使用，也可以成对使用，成对使用时必须保证是同型号和同一精度等级的 V 形块才可使用。其材质有铸铁材质和大理石材质。

图 6-73　V 形块

在测量中，V 形块主要起支承轴类工件的作用，将工件的基准圆柱面定位和支承在 V 形块上，可检测工件几何误差。

2．检验平板

检验平板在测量中起基座作用，其工作表面作为测量的基准平面，如图 6-74 所示。检验平板要求具有足够的精度和刚度稳定性，常用材质有铸铁材质和大理石材质。

图 6-74　检验平板

检验使用时应注意，平板安放平稳，一般用 3 个支承点调整水平面。大平板增加的支承点必须垫平、垫稳，但不可破坏水平，且受力必须均匀，以减少自重受形；平板应避免因局部使用过频繁而磨损过多，使用过程中应避免热源的影响和酸碱的腐蚀；平板不宜承受冲击、重压或长时间堆放物品等。

3．方箱

方箱是用于检验工件的辅助量具，也可在平台测量中作为标准直角使用。其性能稳定，精度可靠，有 6 个工作面，其中一个工作面上有 V 形槽，如图 6-75 所示。

方箱一般在检验平板上使用，起支承被检测工件的作用，可以单独使用，也可以成对使用。

4．弯板

弯板在平台测量中作为标准直角使用，如图 6-76 所示，用于零部件的检测和机械加工中的装夹、划线。弯板能在检验平板上检查工件的垂直度，适用于高精度机械和仪器检验，以及机床之间垂直度的检查。

图 6-75　方箱

图 6-76　弯板

弯板不能在潮湿、有腐蚀、过高和过低的温度环境下使用和存放。在使用前，要先进行弯板的安装、调试，然后把弯板的工作面擦拭干净，在确认没有问题的情况下才能使用弯板。

5．内、外卡钳

图 6-77 是常见的内、外卡钳。内、外卡钳是最简单的比较量具。外卡钳用于测量外径

和平面，内卡钳用于测量内径和凹槽。它们本身不能直接读出测量结果，而是把测量得到的长度尺寸（直径也属于长度尺寸）在钢直尺上进行读数，或先在钢直尺上取所需尺寸，再去检验零件的直径是否符合。内卡钳与外径千分尺测量内径如图 6-78 所示。

（a）内卡钳　　　　　　（b）外卡钳

图 6-77　常见的内、外卡钳

图 6-78　内卡钳与外径千分尺测量内径

6．塞尺

塞尺又称厚薄规或间隙片，主要用来检验机床特别紧固面和紧固面、活塞与气缸、活塞环槽和活塞环、十字头滑板和导板、进排气阀顶端和摇臂、齿轮啮合间隙等结合面之间间隙的大小。塞尺由许多层厚薄不一的钢片组成（图 6-79），钢片按照组别制成一把一把的塞尺，每把塞尺中的每片具有两个平行的测量平面，且都有厚度标记，以供组合使用。

图 6-79　塞尺

测量时，根据结合面间隙的大小，用一片或数片重叠在一起塞进间隙内。例如，用0.03mm 的一片能插入间隙,而 0.04mm 的一片不能插入间隙,这说明间隙为 0.03～0.04mm,所以塞尺也是一种界限量规。

6.3　计量器具的日常维护和保养

正确地使用计量器具是保证产品质量的重要条件之一。要保持计量器具的精度及其工作时的可靠性，以及延长计量器具的使用寿命，除在使用中要按照合理的使用方法进行操作外，还必须做好计量器具的维护和保养工作。

计量器具维护保养的一般注意事项有以下几点。

1）计量器具应经常保持清洁，使用后，松开紧固装置，不要使两个测量面接触，及时擦拭干净，涂上防锈油，放在专用的盒子中，并存放在干燥的地方。

2）计量器具在使用过程中，不能与刀具堆放在一起，以免碰伤；计量器具应与磨料严格地分开存放。

3）计量器具要放在清洁、干燥、温度适宜、无振动、无腐蚀性气体的地方。不能把计量器具放在有切削液、切屑的地方，否则，不仅会影响测量的准确度，还会使计量器具锈蚀、堵塞影响正常使用；不要把计量器具随意放在机床上，以免由于振动摔坏计量器具，不要把计量器具放在磁场（磨床的磁性工作台、车床的磁性卡盘）附近，以免计量器具被磁化，在测量面上吸附切屑而加大测量误差或磨损测量面。

4）在机床上进行测量时，工件必须停止后再进行测量；否则，在工件运转时测量，不仅会使计量器具的测量头过早磨损而失去精度，还会损坏测量器具，甚至造成人身事故。

5）不能用精密计量器具测量粗糙的铸、锻毛坯或带有研磨剂的表面。

6）计量器具是用来测量的，不能作为其他工具的代用品，如用作划针、锤子、一字螺钉旋具及用来清理切屑等。

7）不要用手摸计量器具的测量面，因为手上有汗、污物等，会污染测量面而产生锈蚀。

8）不要在计量器具的刻线或其他有关部位附近打钢印、记号等，以免使计量器具受到捶打撞击而变形，影响它的精度。

9）计量器具应定期送计量室检定，以免因其示值误差超差而影响测量结果。非计量检修人员严禁自行拆卸、修理或改装计量器具。发现计量器具有问题，应及时送有关部门检修，并经检定后才能继续使用。

习　　题

1. 计量器具的不同分类有什么？

2．游标卡尺读数。

（1）精度为0.1mm，如图6-80所示。

图6-80　游标卡尺读数（精度为0.1mm）

（2）精度为0.05mm，如图6-81所示。

图6-81　游标卡尺读数（精度为0.05mm）

精度为0.02mm，如图6-82所示。

图6-82　游标卡尺读数（精度为0.02mm）

3．千分尺读数，如图6-83所示。

图6-83　千分尺读数

4．简述指示表的测量原理。

5．通用计量器具的维护和保养应如何注意？简要列举几点。

7 单元

三坐标测量机介绍

>>>>>

◎ **单元导读**

随着信息技术的快速发展，越来越多的信息技术应用于机械领域。三坐标测量技术就是以信息传递、处理为基础实现精密测量的技术。本单元主要内容是坐标测量技术的基本知识、测量机系统组成、应用分类及坐标测量技术一些重要的概念。

◎ **思政目标**

◆ 树立正确的学习观、价值观，自觉践行行业道德规范。

◆ 牢固树立质量第一、信誉第一的强烈意识。

◆ 发扬一丝不苟、精益求精的"工匠精神"。

◆ 遵规守纪，安全生产，爱护设备，钻研技术。

7.1

三坐标测量机简介

三坐标测量机（coordinate measuring machine，CMM）是 20 世纪 60 年代发展起来的一种新型、高效、多功能的精密测量仪器。它的出现一方面是由于自动机床、数控机床高效率加工，以及越来越多复杂形状零件加工需要快速、可靠的测量设备与之配套；另一方面是由于电子技术、计算机技术、数字控制技术及精密加工技术的发展为坐标测量机的产生提供了技术基础。1963 年，海克斯康 DEA 公司研制出世界上第一台龙门式三坐标测量机，如图 7-1 所示。

现代三坐标测量机不仅能在计算机控制下完成各种复杂测量，还可以通过与数控机床交换信息，实现在线检测对加工中零件的质量进行控制，并且可根据测量的数据实现逆向工程。图 7-2 所示为现代三坐标测量机的典型代表。

图 7-1　世界上第一台龙门式三坐标测量机　　　图 7-2　现代三坐标测量机的典型代表

目前，三坐标测量机已广泛用于机械制造业、汽车工业、电子工业、航空航天工业和国防工业等各个行业，成为现代工业检测和质量控制不可缺少的万能测量设备。

7.1.1　三坐标测量机的原理

坐标测量技术的原理：任何形状都是由空间点组成的，所有几何量的测量都可以归结为空间点的测量，因此精确进行空间点坐标的采集，是评定任何几何形状的基础。

三坐标测量机的基本原理是将被测零件放入允许的测量空间，精确地测出被测零件表面的点在空间 3 个坐标位置的数值，将这些点的坐标数值经过计算机数据处理，拟合形成测量元素，如圆、球、圆柱、圆锥、曲面等，如表 7-1 所示，再经过数学计算的方法得出其形状、位置公差及其他几何量数据。

表 7-1 元素的拟合

图样	零件		
理论元素	实际元素	测量点	拟合元素

7.1.2 三坐标测量机的分类

坐标测量机发展至今已经历了若干个阶段，从数字显示及打印型到带有小型计算机，再到目前的计算机数字控制（computer numerical control，CNC）型。三坐标测量机的分类方法很多，基本有以下几种，其中最常见的是按结构形式与运动关系分类。

1．按结构形式与运动关系分类

按照结构形式与运动关系，三坐标测量机可分为移动桥式、固定桥式、龙门式、水平臂式等。无论结构形式如何变化，三坐标测量机都是建立在具有 3 根相互垂直轴的正交坐标系基础之上的。

2．按测量范围分类

按照测量范围，三坐标测量机可分为小型、中型与大型 3 类。

3．按测量精度分类

按照测量精度，三坐标测量机可分为低精度、中等精度和高精度 3 类。

7.1.3 三坐标测量机的常用结构形式

三坐标测量机的机械结构最初是在精密机床基础上发展起来的。例如，美国 Moore 公司的三坐标测量机就是由坐标镗→坐标磨→坐标测量机逐步发展而来的；瑞士 SIP 公司的三坐标测量机则是在大型万能工具显微镜→光学三坐标测量仪基础上逐步发展起来的。这些测量机的结构都是没有脱离精密机床及传统精密测试仪器的结构。三坐标测量机按结构形式来分，主要分为直角坐标测量机（固定式测量系统）与非正交系坐标测量系统（便携式测量系统）。

框架式坐标测量机属于直角坐标测量机，其空间补偿数学模型成熟，具有精度高、功能完善等优势，在中小工业零件的几何量检测中占有绝对统治地位，以下主要介绍这种结构形式的测量机。

三坐标测量机的结构形式主要取决于 3 组坐标轴的相对运动方式，它对测量机的精度和适用性影响很大。直角坐标测量机的常用结构形式有移动桥式、固定桥式、水平悬臂式、龙门式 4 类，这 4 类结构都有互相垂直的 3 个轴及导轨，坐标系属正交坐标系，如表 7-2 所示。

图 7-2　三坐标测量机的结构形式

应用	结构形式			
	移动桥式坐标测量机	固定桥式坐标测量机	水平臂式坐标测量机	龙门式坐标测量机
通用	X	X	X	
精确	X	X 量规校验		
大部件测量			X 车身、钣金件	X 航空结构件，大型柴油机与汽车模具

注：X 表示适用。

1. 移动桥式结构

移动桥式坐标测量机由工作台、桥架、滑架、Z 轴 4 部分组成。桥架可以在工作台上沿着导轨做前后向平移，滑架可在桥架的导轨上沿水平方向移动，Z 轴则可以在滑架上沿上下方向移动，测头安装在 Z 轴下端，随着 X、Y、Z 的 3 个方向平移接近安装在工作台上的工件表面，完成采点测量。

移动桥式结构（图 7-3）是目前坐标测量机应用最为广泛的一类坐标测量结构，也是目前中小型测量机主要采用的结构类型。其结构简单、紧凑，开敞性好，工件装载在固定平台上不影响测量机的运行速度，工件质量对测量机动态性能没有影响，因此承载能力较大，本身具有台面，受地基影响相对较小，精度比固定桥式稍低；缺点是桥架单边驱动，前后方向（Y 向）光栅尺布置在工作台一侧，Y 方向有较大的阿贝臂，会引起较大的阿贝误差。

图 7-3　移动桥式坐标测量机

2．固定桥式结构

固定桥式坐标测量机（图 7-4）由基座台（含桥架）、移动工作台、滑架、Z 轴 4 部分组成。

图 7-4　固定桥式结构

固定桥式与移动桥式结构类似，主要的不同在于，移动桥式结构中，工作台固定不动，桥架在工作台上沿前后方向移动；而在固定桥式结构中，移动工作台承担了前后移动的功能，桥架固定在机身中央不做运动。

高精度测量机通常采用固定桥式结构。固定桥式坐标测量机的优点是结构稳定，整机刚性强，中央驱动，偏摆小，光栅在工作台的中央，阿贝误差小，X、Y 方向运动相互独立，相互影响小；缺点是被测量对象由于放置在移动工作台上，降低了机器运动的加速度，承载能力较小；操作空间不如移动桥式开阔。

3．龙门式结构

龙门式结构（图 7-5）基本由导轨、横梁、Z 轴、立柱 4 部分组成。在前后方向有两个平行的被立柱支撑在一定高度上的导轨，导轨上架着左右方向的横梁，横梁可以沿着这两列导轨做前后方向的移动，而 Z 轴垂直加载在横梁上，既可以沿着横梁做水平方向的平移，又可以沿竖直方向上下移动。测头装载于 Z 轴下端，随着 3 个方向的移动接近安装于基座或地面上的工件，完成采点测量。

龙门式结构一般被大中型测量机所采用。地基一般与立柱和工作台相连，要求有较好的整体性和稳定性；立柱对操作的开阔性有一定的影响，但相对于桥式坐标测量机导轨在下、桥架在上的结构，这种结构移动部分的质量有所减小，有利于测量机精度及动态性能的提高。因此，一些小型带工作台的龙门式测量机应运而生。

龙门式结构要比水平悬臂式结构的刚性好，对大尺寸测量而言具有更好的精度。龙门式坐标测量机在前后方向上的量程最长可达数十米。其缺点是与移动桥式相比结构复杂，要求较好的地基；单边驱动时，前后方向（Y 向）光栅尺布置在主导轨一侧，在 Y 向有较大的阿贝臂，会引起较大的阿贝误差。所以，大型龙门式坐标测量机多采用双光栅/双驱动模式，以提高精度。

龙门式坐标测量机是大尺寸工件高精度测量的首选，适合于航空、航天、造船行业的大型零件或大型模具的测量。

图 7-5　龙门式结构

4. 水平悬臂式结构

水平悬臂式结构（图 7-6）由工作台、立柱、水平悬臂 3 部分组成。立柱可以沿着工作台导轨前后平移，立柱上的水平悬臂则可以沿上下和左右两个方向平移，测头安装于水平悬臂的末端，零位 A（0，0）水平平行于悬臂，随着悬臂在 3 个方向上的移动测头接近安装于工作台上的工件，完成采点测量。

图 7-6　水平悬臂式结构

与水平悬臂式结构类似，还有固定工作台水平悬臂、移动工作台水平悬臂两类结构，但是，这两类悬臂的测头安装方式与水平悬臂不同，测头零位 A（0，0）方向与水平悬臂垂直。

水平悬臂式坐标测量机在前后方向可以做得很长，目前行程可达 10m 以上，竖直方向即 Z 向较高，整机开敞性比较好，是汽车行业汽车各种分总成、白车身测量机常用的结构。

其优点是结构简单，开敞性好，测量范围大。其缺点是水平臂变形较大，悬臂的变形与臂长成正比，作用在悬臂上的载荷主要是悬臂加测头的自重；悬臂的伸出会引起立柱的变形；补偿计算比较复杂，因此水平悬臂的行程不能做得太大。在白车身测量时，通常采用双机对称放置，双臂测量。当然，前提是需要在测量软件中建立正确的双臂关系。

7.2

三坐标测量机的系统组成

随着现代汽车工业和航空航天事业，以及机械加工业的发展，三坐标检测已经成为常规的检测手段。三坐标测量机已经普及，特别是一些外资和跨国企业，强调第三方认证，所有出厂产品必须提供由检测资格方出具的零件公差检测报告。所以，三坐标检测对于加工制造业来说越来越重要。

三坐标测量机主要由主机、控制系统、探测系统、软件系统等组成，如图 7-7 所示。

图 7-7 三坐标测量机的结构组成

7.2.1 三坐标测量机的主机

主机是测量系统的机械主体，为被测工件提供相应的测量空间，并装载探测系统（测头），按照程序要求进行测量点的采集。

主机主要包括代表笛卡儿坐标系的 3 个轴及其相应的位移传感器和驱动装置，含工作台、桥架、滑架、Z 轴等在内的机体框架。

三坐标测量机的主机结构如图 7-8 所示。

（1）框架结构

机体框架主要包括工作台、桥架（包括立柱和横梁）、滑架、Z 轴及防尘罩，工作台一般选择花岗岩材质，桥架和滑架一般可选择花岗岩、铝合金或陶瓷材质。

图 7-8　三坐标测量机的主机结构

（2）标尺系统

标尺系统是测量机的重要组成部分，是决定仪器精度的一个重要环节。三坐标测量机所用的标尺有线纹尺、光栅尺、磁尺、精密丝杠、同步器、感应同步器及光波波长等。三坐标测量机一般采用测量几何量用的计量光栅中的长光栅，该类光栅一般用于线位移测量，是坐标测量机的长度基准，刻线间距范围为 2～200μm。

（3）导轨

导轨是测量机实现三维运动的重要部件。三坐标测量机常采用滑动导轨、滚动轴承导轨和气浮导轨，其中气浮静压导轨的应用较广泛。气浮导轨由导轨体和气垫组成，有的导轨体和工作台合二为一。气浮导轨还应包括气源、稳定器、过滤器、气管、分流器等一套气动装置。

（4）驱动装置

驱动装置是测量机的重要运动机构，可实现机动和程序控制伺服运动的功能。在测量机上一般采用的驱动装置为丝杠螺母、滚动轮、光轴滚动轮、钢丝、齿形带、齿轮齿条等传动装置，并配以伺服电动机驱动，同时配以直线电动机驱动的测量机也正在增多。

（5）平衡部件

平衡部件主要用于 Z 轴框架结构中，其功能是平衡 Z 轴的质量，以使 Z 轴上下运动时无偏重干扰，使检测时 Z 向测力稳定。Z 轴平衡装置有重锤、发条或弹簧、气缸活塞杆等类型。

（6）转台与附件

转台是测量机的重要元件，它使测量机增加一个转动的自由度，便于某些种类零件的测量。转台包括数控转台、万能转台、分度台和单轴回转台等。

三坐标测量机的附件很多，视测量需要而定，一般有基准平尺、角尺、步距规、标准球体、测微仪及用于自检的精度检测样板等。

7.2.2　三坐标测量机的控制系统

控制系统在三坐标测量过程中的主要功能体现在：读取空间坐标值，对测头信号进行实时响应与处理，控制机械系统实现测量所必需的运动，实时监测坐标测量机的状态以保证整个系统的安全性与可靠性，有的还对坐标测量机进行几何误差与温度误差补偿以提高测量机的测量精度。

控制系统按照自动化程度可以分为手动型、机动型及自动型（即 CNC 型，又称 DCC，direct computer control）3 种类型。

手动型和机动型控制系统主要完成空间坐标值的监控与实时采样，主要用于经济型的小型测量机。手动型控制系统结构简单，机动型控制系统则在手动型基础上添加了对测量机三轴电动机、驱动器的控制，机动型控制系统是手动和 CNC 型控制系统的过渡机型。

CNC 型控制系统的测量过程是由计算机控制的，它不仅可以实现全自动点对点触发和模拟扫描测量，还可以像机动控制系统那样通过操纵盒摇杆进行半自动测量。随着计算机技术及数控技术的发展，CNC 型控制系统的应用意味着整个测量机系统获得了更高的精度、更快的速度、更好的自动化和智能化水平。

1．手动型三坐标测量机

手动型控制系统主要包括坐标测量系统、控测系统、状态监测系统等。手动型三坐标测量机的工作原理如图 7-9 所示。

图 7-9　手动型三坐标测量机的工作原理

坐标测量系统将 X、Y、Z 这 3 个方向的光栅信号经过处理后，送入计数器，CPU 读取计数器中的脉冲数，计算出相应的空间位移量。

手动型三坐标测量机的操作方式体现在：手动移动测头去接触工件，测头发出的信号用作计数器的锁存信号和 CPU 的中断信号；锁存信号将 X、Y、Z 三轴的当前光栅数值记录下来，CPU 在执行中断服务程序时，读取计数器中的锁存值，这样就完成了一个坐标点的采集。计算机通过这些坐标点数据分析计算出工件的形状误差和位置误差。

随着半导体技术与计算机技术的发展，可将光栅信号接口单元、测头控制单元、状态监测单元等集成在一块外设部件互连标准（peripheral component interconnect，PCI）或工业标准体系结构（industry standard architecture，ISA）总线卡上，直接插入计算机中或专用的控制器，以提高系统的可靠性，降低成本，便于维护，易于开发。

手动型三坐标测量机结构简单、成本低，适合于对精度和效率要求不是太高，且要求价格低廉的用户。

2．机动型三坐标测量机

与手动型控制系统比较，机动型控制系统增加了电动机、驱动器和操纵盒。测头的移动不再需要手动，而是用操纵盒通过电动机来驱动。电动机运转的速度和方向都通过操纵盒上手操杆偏摆的角度和方向来控制。

机动型控制系统主要减轻了操作人员的体力劳动强度，是一种过渡机型，随着 CNC 系统成本的降低，机动型三坐标测量机目前采用得很少。

3．CNC 型三坐标测量机

CNC 型三坐标测量机的测量过程是由计算机通过测量软件进行控制的，它不仅可以实现利用测量软件进行自动测量、自学习测量、扫描测量，也可通过操纵杆进行机动测量。

CNC 型三坐标测量机工作的原理图如图 7-10 所示。CNC 型测量系统通过接收来自软件系统的指令，控制测量机主机的运动和数据采集。

图 7-10　CNC 型三坐标测量机工作的原理图

CNC 型三坐标测量机除在 X、Y、Z 这 3 个方向装有 3 根光栅尺及电动机、传动等装置外，还具有以控制器和光栅组成的位置环；控制器不断地将计算机给出的理论位置与光栅反馈回来的实测位置进行比较，通过 PID 参数的控制，随时调整输出的驱动信号，努力使测量机的实际位置与计算机要求的理论位置。

CNC 型三坐标测量机由于实现了自动测量，大大提高了工作效率，其特别适合用于生产线和批量零件的检测。由于排除了人为因素，其可以保证每次都以同样的速度和法矢方向进行触测，从而使测量精度得到很大提高。

7.2.3　三坐标测量机的探测系统

探测系统是由测头及其附件组成的系统，测头是测量机探测时发送信号的装置，它既可以输出开关信号，又可以输出与探针偏转角度成正比的比例信号。它是坐标测量机的关键部件，测头精度的高低很大程度上决定了测量机的测量重复性及精度。不同零件需要选择不同功能的测头进行测量。

三坐标测量机是靠测头来拾取信号的，其功能、效率、精度均与测头密切相关。没有先进的测头，就无法发挥测量机的功能。测头的两大基本功能是测微（即测出与给定标准坐标值的偏差量）和触发瞄准并过零发信号。

测头可以分为触发式测头、扫描式测头、非接触式（激光、影像）测头等。

1. 触发式测头

触发式测头（trigger probe，如图 7-11 所示）又称开关测头，是使用最多的一种测头，其工作原理是一个开关式传感器。当测针与零件产生接触而产生角度变化时，发出一个开关信号。这个信号传送到控制系统后，控制系统锁存此刻的光栅计数器中的数据，经处理后传送给测量软件，表示测量了一个点。

图 7-11　触发式测头

2. 扫描式测头

扫描式测头（scanning probe，如图 7-12 所示）又称比例测头或模拟测头，其有两种工作模式：一种是触发式模式，另一种是扫描式模式。扫描式测头本身具有 3 个相互垂直的距离传感器，可以感觉到与零件接触的程度和矢量方向，这些数据作为测量机的控制分量，控制测量机的运动轨迹。扫描测头在与零件表面接触、运动过程中定时发出信号，采集光栅数据，并可以根据设置的原则过滤粗大误差，称为扫描。扫描式测头也可以触发方式工作，这种方式是高精度的方式，与触发式测头的工作原理不同的是它采用回退触发方式。

图 7-12　扫描式测头

3．非接触式（激光、影像）测头

非接触式测头（图 7-13）是无须与待测表面发生实体接触的探测系统，如激光测头、影像测头等。

图 7-13　非接触式测头

在三维测量中，非接触式测量方法由于其测量的高效性和广泛的适应性而得到了广泛的研究，尤其以激光、白光为代表的光学测量方法更是备受关注。根据工作原理的不同，光学三维测量方法可分成多个不同的种类，包括摄影测量法、飞行时间法、三角法、投影光栅法、成像面定位方法、共焦显微镜方法、干涉测量法、隧道显微镜方法等。采用不同的技术可以实现不同的测量精度，这些技术的深度分辨率范围为 103～106mm，覆盖了从大尺度三维形貌测量到微观结构研究的广泛应用和研究领域。

4．测座

测座如图 7-14 所示。测座控制器可以用命令或程序控制并驱动自动测座旋转到指定位置。手动测座只能由人工以手动方式旋转测座。

图 7-14　测座

5．测针

图 7-15 所示为常见的测针组，包括适于大多数检测需要的附件。其可确保测头不受限制地对工件所有特征元素进行测量。

图 7-15　常见的测针组

6．测头更换架

测头更换架如图 7-16 所示。利用测头更换架可以对测量机测座上的测头、加长杆、探针组合进行快速、可重复更换，以便在统一的测量系统下对不同的工件进行完全自动化的检测，避免程序中的人工干预，提高测量效率。

图 7-16　测头更换架

7.2.4 三坐标测量机的软件系统

对三坐标测量机的主要要求是精度高、功能强、操作方便。其中，机器的精度主要取决于机械结构、控制系统和测头，而功能主要取决于软件的测头，操作方便与否也与软件有很大关系。

三坐标测量机的软件系统包括安装有测量软件的计算机系统及辅助完成测量任务所需的打印机、绘图仪等外接电子设备。

随着信息技术及几何量测试技术的迅猛发展，三坐标测量机的智能化程度越来越高，现代三坐标测量机可以完成许多原来需要使用专用量仪才能完成或难以完成的复杂工件的测量，且变得更加简便、高效。先进的数学模型和算法的涌现，不断完善和充实着、坐标测量机的软件系统，使得误差评价更具科学性和可靠性。

测量软件的作用在于指挥测量机完成测量动作，并对测量数据进行计算和分析，最终给出测量报告。

测量软件的具体功能包括从探针校正、坐标系建立与转换、几何元素测量、几何公差评价到输出检测报告等全测量过程，以及重复性测量中的自动化程序编制和执行。此外，测量软件还提供统计分析功能，结合定量与定性方法对海量测量数据进行统计研究，用以监控生产线加工能力或产品质量水平。

1）根据软件功能的不同，三坐标测量机软件可分为以下几种。

① 基本测量软件。基本测量软件是三坐标测量机必备的最小配置软件。它负责完成整个测量系统的管理，包括探针校正、坐标系的建立与转换、输入/输出管理、基本几何要素的尺寸与几何精度测量等基本功能。

② 专用测量软件。专用测量软件是针对某种具有特定用途的零、部件的测量问题而开发的软件。例如，齿轮、转子、螺纹、凸轮、自由曲线和自由曲面等测量都需要各自的专用测量软件。

③ 附加功能软件。为了增强三坐标测量机的功能和用软件补偿的方法提高测量精度，三坐标测量机中还常有各种附加功能软件，如附件驱动软件、统计分析软件、误差检测软件、误差补偿软件、CAD 软件等。

2）根据测量软件作用性质的不同，三坐标测量机软件可分为以下几种。

① 控制软件。对三坐标测量机 X、Y、Z 三轴的运动进行控制的软件为控制软件，包括速度和加速度控制、数字 PID 调节、三轴联动、各种探测模式（如点位探测、自定中心探测和扫描探测）的测头控制等。

② 数据处理软件。对离散采样的数据点的集合，用一定的数学模型进行计算，以获得测量结果的软件称为数据处理软件。

三坐标测量机软件的发展经历了 3 个重要阶段。

第一阶段是 DOS 及其以前的时期，测量软件能够实现坐标找正、简单几何要素的测量、几何公差和相关尺寸计算。

第二阶段是 Windows 操作系统阶段，这一阶段计算机的内存容量和操作环境都有了极大的改善，测量软件在功能的完善和操作的友好性上有了飞跃性的改变，大量地采用图标和窗口显示，使功能调用和数据管理变得异常简单。

第三阶段从 20 世纪末开始，这是一次革命性的改变，它以将 CAD 技术引入测量软件为标志。

测量软件使用 CAD 数模是受 CAD/CAM 的影响，也是制造技术发展的必然结果。基于 CAD 数模编程大大提高了零件编程技术，它的极大优势是可以做仿真模拟，既可以检查测头干涉，又验证了程序逻辑和测量流程的正确性。CAD 数模编程既不需要测量机又不需要实际工件，这将极大地提高测量机的使用效率或使其可以有效利用时间。对于生产线上使用的测量机，这就意味着投资成本的降低。利用 CAD 数模编程在零件投产之前即可完成零件测量程序的编制。

本书中介绍的 PC-DMIS（海克斯康）坐标测量系统是由德国 PTB 认证通过的测量软件，如图 7-17 所示，其具备强大 CAD 功能的通用测量软件及功能强大的计量与检测软件，为几何量测量的需要提供了完美的解决方案。从简单的箱体类工件到复杂的轮廓和曲面，PC-DMIS 软件使使用者的测量过程始终以高速、高效率和高精度进行。

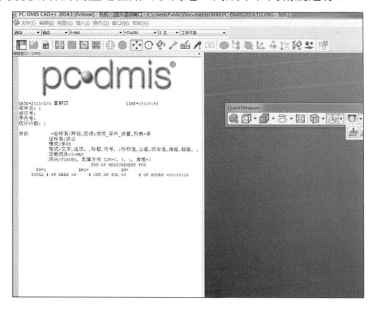

图 7-17　PC-DMIS 软件界面

这一完善的测量软件，通过其简单便捷的用户界面，引导使用者进行零件编程、参数设置和工件检测。同时，利用其一体化的图形功能，能够将检测数据生成可视化的图形报告。

该软件包括 PC-DMIS PRO、PC-DMIS CAD 和 PC-DMIS CAD++ 3 种配置，并提供了多种专业测量软件包选项。在众多测量和检测软件的计量应用中，PC-DMIS 软件提供了较为完善的一体化解决方案。

PC-DMIS 的主要技术特征如下。

1）模块化配置，满足客户的特定需要。

2）可定制的、直观的图形用户界面（graphical user interface，GUI）。

3）全中文界面、在线帮助和用户手册，多达 8 种语言支持。

4）完善的测头管理、零件坐标系管理和工件找正功能。

5）符合国际和国家标准规定的几何公差评定功能。

6）PTB 认证的软件计算方法。

7）具有强大 CAD 功能的通用测量软件。

8）预留基于用户需要的二次开发接口。

9）具有各种智能化扫描模式，可完成复杂型面的扫描。

10）强大的薄壁件特征测量程序库。

11）便捷的逆向设计测量功能。

12）互动式超级图形报告功能，增加了报告格式和数据处理的灵活性。

13）各种统计分析功能，满足生产控制的需要。

随着工业自动化、智能化、数字化及网络化水平的提高，目前测量软件系统的概念已经得到延伸。除传统意义上的测量软件功能外，当代先进测量软件系统已经发展到无纸化测量和全自动无人干预程序编制，自定制报告的网络化实时传输，以及安全封装测量核心软件、监控测量设备和测量人员、简化测量操作至"一键"即开的先进测量管理理念。当然，这种技术目前仅掌握在测量行业的龙头企业手中。

在今后相当长的一段时间内，软件系统将成为三坐标测量机技术发展最快、发展空间最大的一个部分。

7.3 三坐标测量机的精度

三坐标测量机作为一种高精度的测量设备，其精度指标无疑是最关键的指标。关于测量机的精度评定指标，多年来有了一系列的发展和变化，各主要工业国家先后颁布了其坐标测量机评定标准。1994 年，ISO 10360-2《坐标计量学-第 2 部分：坐标测量机的性能评定》标准制定，目前的测量机精度标准和规范一般参照 ISO 标准来制定，该标准于 2006 年经过修订，本单元将就主要的测量机精度评定标准和主要精度指标的选择要素进行描述。

7.3.1　三坐标测量机的精度指标

测量对象千变万化，目前不可能给出面向测量对象的精度，因此总是用最基本的标准器来判断测量机的精度。常用的标准器有量块和标准球，分别用长度示值误差及空间探测误差来表示测量机的精度。

必须指出，目前国际标准对测量机性能的评价和测量机测试的不确定度做出了界定，以验证已验收或复检的测量机按规范是否合格。这些判断准则基于在测试时引起的检测不确定度的情况，因而要求对测试的不确定度做全面的评价，此不确定度将说明测试是否准确，也可以说明为了所做决定的安全性，安全性的余地必须有多大。

检测不确定度是对检测质量的评价，而非对坐标测量机性能的评价。坐标测量机性能的评价通过长度测量最大允许示值误差（MPE_E）、最大允许探测误差（MPE_P）和最大允许扫描探测误差（$MPE_{THP/\tau}$）来评定，有些高精度测量机还会给出最大允许多探针误差（$MPE_{ML/MS/MF}$ 或 $MPE_{AL/AS/AF}$）。

1. 长度测量最大允许示值误差

如图 7-18 所示，长度测量最大允许示值误差的测量方法：在空间任意 7 个位置测量一组包含 5 种长度的量块，每种长度测量 3 次。总共的测量次数为 105（5×3×7），所有测量结果必须在规定范围内。

2. 最大允许探测误差

如图 7-19 所示，最大允许探测误差的测量方法：在标准球上探测 25 个点，各测量点应在检测球上匀称分布，至少覆盖半个球面。对于垂直探针，推荐采样点分布为：1 点位于检测球极点（a 点）；4 点均布且与极点成 22.5°；8 点均布，相对于前者绕极轴旋转 22.5° 且与极点成 45°；4 点均布，相对于前者绕极轴旋转 22.5° 且与极点成 67.5°；8 点均布，相对于前者绕极轴旋转 22.5° 且与极点成 90°。

图 7-18　最大允许示值误差测量

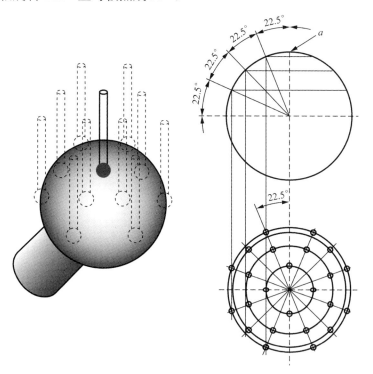

图 7-19　最大允许探测误差

3．最大允许扫描探测误差

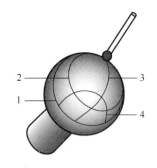

图 7-20　最大允许扫描探测误差

如图 7-20 所示，最大允许扫描探测误差的测量方法：使用 ϕ25mm 标准球，扫描其上 4 条预定义的直线。THP 是所有半径数值的最大差值，表示高密度采点和预定义路径的扫描误差，另外还有 TLP、TLN、TLP，其中的 H 表示高密度采点（high point density），连续扫描点间距离为 0.1mm，L 表示低密度采点（low point density），连续扫描点间距离为 1mm，P 表示预定路径扫描（pre-defined path scanning），N 表示未知路径扫描（nondefined path scanning）。

4．最大允许多探针误差

如图 7-21 所示，最大允许多探针误差的测量方法：使用 5 根测针或 5 个方向的角度分别在标准球上测量 25 个点，5 个球心之间的最大轴向距离为 ML，将此 125 个点拟合为一个球，其尺寸误差为 MS、形状误差为 MF。

L、L_E—测头上探针的长度。

图 7-21　最大允许多探针误差

7.3.2　零件公差要求与测量机精度

由于测量机本身不是测量基准，为了保证测量结果的正确性，按照计量原则，通常测量示值误差应是零件公差指标的 1/3～1/10，也就是通常说的"1/3 到 1/10 原则"。长度测量的最大允许示值误差 MPE_E 主要与距离等元素的误差相关，而最大允许探测误差 MPE_P 及最大允许扫描探测误差 $MPE_{THP/\tau}$ 一般影响形状的测量，最大允许多探针误差 $MPE_{ML/MS/MF}$ 或 $MPE_{AL/AS/AF}$ 影响使用多根测针或多个测量角度的尺寸、形状或位置测量。

最大允许示值误差 MPE_E 应用于距离、夹角、直径等尺寸误差测量，如图 7-22 所示。

最大允许探测误差 MPE_P 适用于所有形状误差的测量，如直线度、平面度、圆度、圆柱度等，如图 7-23 所示。

图 7-22　最大允许示值误差在尺寸公差的应用　　　图 7-23　最大允许探测误差在形状公差的应用

最大允许扫描探测误差 $MPE_{THP/\tau}$ 应用于扫描模式下的形状误差测量，如直线度、平面度、圆度等，如图 7-24 所示。

图 7-24　最大允许扫描探测误差在形状公差的应用

最大允许多探针误差 $MPE_{ML/MS/MF}$ 或 $MPE_{AL/AS/AF}$ 应用在当所有待测要素不能用单个探针测量的情况，如图 7-25 所示。

图 7-25　最大允许多探针误差的应用

下面以海克斯康 Leitz PMM-C Infinity 测量机的精度指标（图 7-26）为例来说明测量机精度的应用。

Leitz PMM-C Infinity		Technical Data
Model		
		Leitz PMM-C Infinity 12.10.7
Measuring Error MPE in [µm]		
according to ISO 10360 - 2		
Volumetric Length Measuring Error	E	0.3 + L/1000
Volumetric Probing Error	P	0.4
according to ISO 10360 - 4		
Scanning Probing Error	THP	1.2/59 s
according to ISO 10360 - 5		
Multiple Styli Form Error	MF	2.8
Multiple Styli Size Error	MS	0.4
Multiple Styli Location Error	ML	1.7

图 7-26　Leitz PMM-C Infinity 测量机的精度指标

在要求的工作环境和测针配置的前提下：

长度测量示值误差 $E \leqslant 0.3 + L/1000$，当被测长度为 100mm 时，最大误差为 0.4μm。

空间探测误差 $P \leqslant 0.4$μm，测量形状误差时的最大误差为 0.4μm。

扫描探测误差 THP $\leqslant 1.2$μm（59s 以内），扫描测量形状误差时的最大误差为 1.2μm。

多探针误差为形状 MF $\leqslant 2.8$μm，尺寸 MS $\leqslant 0.4$μm，位置 ML $\leqslant 1.7$μm，使用多探针测量时，形状误差最大为 2.8μm，尺寸误差最大为 0.4μm，位置误差最大为 1.7μm。

坐标测量的几个重要概念

7.4.1　坐标、坐标系和机器坐标系

符合右手定则的 3 条互相垂直的坐标轴和三轴相交的原点，构成了三维空间坐标系，即笛卡儿直角坐标系（图 7-27），空间任意一点投影到三轴就会有 3 个相应的数值，即三轴的坐标，有了三轴的坐标，也就能对应空间点的位置，从而把空间点的位置进行了数字化描述。右手定则保证了坐标系方向的唯一性。

（a）笛卡儿直角坐标系坐标点 $P(x,y,z)$　　　　（b）右手定则

图 7-27　笛卡儿直角坐标系

测量机使用的光栅尺一般是相对光栅，需要一个其他信号（零位信号）确定零位，开机时必须执行回零过程，回零后测量机三轴光栅都从零开始计数，补偿程序被激活，测量机处于正常工作状态，这时测量的点坐标都是相对机器零点而言的，由机器的 3 个轴向和零点构成的坐标系称为机器坐标系，如图 7-28 所示。一般测量机的零点在左、前、上位置，左右方向为 X 轴，右方为正方向，前后为 Y 轴，后方为正方向，上下为 Z 轴，上方为正方向。当机器回零后，显示零点的坐标是机器 Z 轴底端中心的坐标；当加载测头以后，显示测针红宝石球心的坐标，如测针总长度为 200mm（含测座、测头等整个探测系统），则红宝石球心的坐标为 $X=0$，$Y=0$，$Z=-200$。

图 7-28　机器坐标系

7.4.2　矢量的概念

在测量时，为了表示被测元素在空间坐标系中的方向引入矢量这一概念。当长度为 1 的空间矢量投影到空间坐标系的 X、Y、Z 这 3 个坐标轴上时，相对应有 3 个投影矢量。这 3 个投影矢量的数值与对应轴分别为 I、J、K。投影长度计算公式：$I=1×$矢量方向与$+X$夹角的余弦，$J=1×$矢量方向与$+Y$夹角的余弦，$K=1×$矢量方向与$+Z$夹角的余弦，实际计算时通常省略前面的"$1×$"，所以矢量方向 I、J、K 通常也描述为矢量与相应坐标轴夹角的余弦。当空间矢量相对坐标系的方向发生改变时，其投影在坐标轴上的投影矢量的数值也发生相应的变化，即投影矢量的数值反映了空间矢量在空间坐标系中的方向。

用坐标值 X、Y、Z 来定义位置，矢量 I、J、K 来表示方向，空间中的每个坐标点都表示为(X,Y,Z,I,J,K)，其中 I 代表 X 方向的矢量分量；J 代表 Y 方向的矢量分量；K 代表 Z 方向的矢量分量。

如表 7-3 所示，可以用一个端部带箭头的线来表示矢量，箭头方向定义了其指向，分别表示 X 正向、X 负向、Y 正向、Y 负向、Z 正向、Z 负向对应的矢量方向。

表 7-3　坐标轴的矢量方向

描述	图示
X 正向矢量的 I，J，K 为 1，0，0	$+X$ 方向

续表

描述	图示
X 负向矢量的 I、J、K 为-1, 0, 0	-X 方向
Y 正向矢量的 I、J、K 为 0, 1, 0	+Y 方向
Y 负向矢量的 I、J、K 为 0, -1, 0	-Y 方向
Z 正向矢量的 I、J、K 为 0, 0, 1	+Z 方向
Z 负向矢量的 I、J、K 为 0, 0, -1	-Z 方向

在表 7-4 所示的例子中，仅观察二维的矢量，即假设第三方向的尺寸不起作用。

表 7-4　二维矢量示例

示例	说明
（图）+Z 矢量方向 90° +X	矢量与+X轴夹角为90°，余弦值为0； 矢量与+Y轴夹角为90°，余弦值为0； 矢量与+Z轴夹角为0°，余弦值为1； 此矢量的 $I=0$，$J=0$，$K=1$ 或 0，0，1； 也可以理解为单位长度1在X方向的投影长度为0，在Y方向的投影长度为0，在Z方向的投影长度为1，所以矢量为0，0，1
（图）+Z 90° 矢量方向 +Y	矢量与+X轴夹角为90°，余弦值为0； 矢量与+Y轴夹角为0°，余弦值为1； 矢量与+Z轴夹角为90°，余弦值为0； 此矢量的 $I=0$，$J=1$，$K=0$ 或 0，1，0； 也可以理解为单位长度1在X方向的投影长度为0，在Y方向的投影长度为1，在Z方向的投影长度为0，所以矢量为0，1，0
（图）+Z 矢量方向 45° +X	矢量与+X轴夹角为45°，余弦值为0.707； 矢量与+Y轴夹角为0°，余弦值为0； 矢量与+Z轴夹角为45°，余弦值为0.707； 此矢量的 $I=0.707$，$J=0$，$K=0.707$ 或 0.707，0，0.707； 也可以理解为单位长度1在X方向的投影长度为0.707，在Y方向的投影长度为0，在Z方向的投影长度为0.707，所以矢量为0.707，0，0.707

　　为了易于理解，上述例子是二维的。当进到三维时，概念相同，但情况更复杂，一般利用计算机操作，而人们只需知道它们在做什么即可。

　　如图 7-29 所示，K 从+1 到-1，软件有几种办法可以利用这个信息，如在物体上有一个圆柱，利用矢量可以得知其是向上还是向下。

矢量为 0，0，1　　　　　　　　　　　　　　矢量为 0，0，-1

图 7-29　三维矢量示例

7.4.3　测点半径补偿与几何特征拟合

　　在接触式坐标测量中，一般采用球形探针，当被测轮廓面处于未知的情况下，探针红宝石球与工件表面接触点也是未知的，但因为两者之间是点接触，所以红宝石球心的位置是唯一的。在这个球心唯一的基础上，通过后续的半径补偿获得实际接触点的位置，同时红宝石球的半径和补偿方向将直接影响测量精度，红宝石球半径通过测头校验获得，而补偿方向要通过正确的矢量获得。这种方法简单可靠，这就是球形测针最为常用的原因。

　　点特征直接由红宝石球心坐标经过半径补偿后获得，手动点省略情况下为一维特征，是按照当前坐标系下最近轴向的方向补偿,所以被测表面必须垂直于坐标系的一个轴向,否则将产生余弦误差。矢量点为三维特征,根据给定的矢量方向进行半径补偿。测点半径补偿和余弦误差如图 7-30 所示。

图 7-30 测点半径补偿和余弦误差

每种类型的几何特征都包含位置、方向及其他特有属性,在测量软件中,通常用特征的质心坐标表示特征的位置,用特征的矢量表示特征的方向。什么是质心?质心又称重心或中心,是物体质量或形状的假想中心。从图 7-31 可以看到,同样的质心位置和矢量方向,加上不同的特征类型属性,可以表示不同的几何特征。

图 7-31 各类型几何特征矢量

点以外的其他几何特征都是在点的基础上,通过拟合计算得到的,但是并不是使用补偿后的测点直接拟合,而是先使用红宝石球心坐标拟合,然后整体进行半径补偿,这样可以消除测量点补偿的余弦误差。

根据三维特征和二维特征的不同,基本拟合步骤如下。

1)测量所需要的点。

2)将测点投影到工作(投影)平面(仅对直线、圆等二维特征需要先投影再拟合,三维特征跳过此步)。

3)将所有测点红宝石球心坐标拟合为相应特征。

4)整体向内侧或外侧补偿测头半径,得到实际被测特征。

图 7-32 是圆特征的测量和拟合示意图。

所以,余弦误差对单个的测量点影响最大,对二维和三维特征影响较小,空间点是测量误差最大的几何元素。

图 7-32　圆特征的测量拟合示意图

7.4.4　零件找正和零件坐标系

由图 7-32 可知，二维几何特征拟合需要先投影到平面再拟合，测量软件默认的投影平面为当前坐标系的坐标平面，也就是机器坐标系的坐标平面，所以需要对工件进行找正，使得被测二维元素与标尺坐标系平行。

下面先举例说明什么是找正。如图 7-33（a）所示，当用角尺测量工件两端的距离 L 时，必须进行找正才能获得正确的尺寸。找正有两种方法：图 7-33（b）所示的方法是找正工件，即先把工件和角尺放在一个平面上，然后旋转工件使得工件的方向与角尺的一条边平行；图 7-33（c）的方法是找正角尺，即先把角尺和工件放在一个平面上，然后旋转角尺的一个方向与工件的方向平行。

图 7-33　找正示意图

这两种找正的方法都是机械找正，延伸到坐标测量中，角尺的两个方向就像三坐标的 X、Y 两个轴向，角尺所在平面的方向就像三坐标的 XY 坐标平面方向（通常用矢量方向来表示坐标平面方向，XY 坐标平面又称 Z+ 或 +Z 坐标平面），所以整个找正过程模拟了在三坐标上测量的过程，而三坐标的标尺不能移动，如果用机械找正方法，则只能找正零件。

传统的测量仪器和没有测量软件的三坐标测量机只能通过找正零件的办法来实现准确测量，但是机械找正过程操作复杂、效率低、误差大，而测量软件提供的数学找正（又称坐标系）功能轻松解决了这个问题。所以，三坐标测量不需要对零件进行精确找正，理论上只要固定稳固即可，实际上为了避免干涉及编程方便，一般会横平竖直地摆放。

数学找正的实质类似上面的第二种方法，即通过数学计算把机器的标尺（机器坐标系）找正到和工件的方向一致（零件坐标系），具体操作步骤如下。

1）在上表面测量一个平面。

2）选择"插入"→"坐标系"命令，打开"坐标系功能"对话框，选择测量的平面，单击"找正"按钮，如图 7-34 所示（相当于在机械找正中把角尺和工件上表面放在一个平面上）。

图 7-34　"坐标系功能"对话框

3）在前侧面测量一条直线。

4）选择"插入"→"坐标系"命令，打开"坐标系功能"对话框，选择测量的直线，单击"旋转"按钮，相当于在机械找正中把角尺一个方向旋转到与工件的方向平行。

在实际测量应用中，根据零件在设计、加工时的基准特征情况，一般首先需要通过基准特征建立零件坐标系，然后进行其他尺寸的测量和评价。

建立零件坐标系有以下作用。

1）实现对零件的数学找正，建立零件基准，从而准确测量一维、二维元素，并评价一些有方向要求的距离、位置等尺寸。

2）通过手动零件坐标系测出零件的位置，从而实现批量自动测量。

3）通过零件坐标系与 CAD 坐标系的拟合，可以利用 CAD 辅助测量。

7.4.5　工作平面和投影平面

工作平面是一个视图平面，类似图样上的三视图。若在上平面工作，则就是在 Z 正平面上工作；若测量元素在右侧面，则就是在 X 正工作平面工作。测量时通常在一个工作平面上测量完所有几何特征以后，再切换另一个工作平面接着测量这个工作平面上的几何特征。

投影平面的选择是十分重要，PC-DMIS 默认选择工作平面作为二维几何特征的投影平面（图 7-35），也可以从"投影平面"下拉列表中选择某个平面作为投影平面，但该下拉列表一般只用于一些特殊角度的投影，较少使用。并且，当一些软件功能需要参考方向时，工作平面的矢量方向将作为默认方向，如球的矢量方向、构造坐标轴的方向、安全平面的方向等。另外，在极坐标系下，软件根据选择的工作平面来确定零度的位置。图 7-36 表示了工作平面、坐标轴和角度方向之间的关系。

图 7-35　PC-DMIS 默认投影平面

图 7-36　工作平面、坐标轴和角度方向之间的关系

习　题

1. 简述三坐标测量机的测量原理。
2. 试说明各类型三坐标测量机的优缺点。
3. 简述三坐标测量机系统各组成的作用。
4. 简述对矢量概念的理解。

8 单元

坐标测量的准备工作

>>>>>

◎ **单元导读**

　　一项完整的检测任务需要前期充分的准备、规划，才能保证检测工作顺利进行。测量准备是检测工作的基础。本单元主要介绍三坐标测量机的工作环境、维护知识、基本操作及实施流程规划，从而对三坐标的测量过程有全面了解。

◎ **思政目标**

　　◆树立正确的学习观、价值观，自觉践行行业道德规范。

　　◆牢固树立质量第一、信誉第一的强烈意识。

　　◆发扬一丝不苟、精益求精的"工匠精神"。

　　◆遵规守纪，安全生产，爱护设备，钻研技术。

三坐标测量机的工作环境

三坐标测量机是一种高精度的检测设备，机房的环境条件对测量机的影响至关重要。机房的环境条件包括温度、湿度、振动、电源、气源、工件清洁程度和恒温等因素。

1．温度

在高精度的测量仪器与测量工作中，温度的影响是不容忽视的。温度引起的变形包括膨胀及结构上的扭曲。测量机环境温度的变化主要包括温度范围、温度时间梯度、温度空间梯度。为有效地防止由于温度造成的变形问题和保证测量精度，测量机制造厂商对此都有严格的限定。一般要求如下。

温度范围：20℃±2℃。

温度时间梯度：≤1℃/h 或≤2℃/24h。

温度空间梯度：≤1℃/m。

注意：测量机机房的空调全年 24h 开放，不应受到太阳照射，不应靠近取暖设备及进出通道，推荐根据房间大小使用相应功率的变频空调。

在现代化生产中，有许多测量机直接在生产现场使用，鉴于现场条件往往不能满足对温度的要求，大多数测量机制造商开发了温度自动修正系统。温度自动修正系统是通过对测量机光栅和检测工件温度的监控，根据不同金属的温度膨胀系数，对测量结果进行基于标准温度的修正。

2．湿度

相对其他环境因素，湿度对测量机的影响较小。通常湿度对三坐标测量机的影响主要集中在机械部分的运动和导向装置方面，以及非接触式测头方面。事实上，湿度对某些材料的影响非常大，为防止块规或其他计量设备的氧化和生锈，要求保持环境湿度如下。

空气相对湿度：25%～75%（推荐 40%～60%）。

注意：过大的湿度会导致机器表面、光栅和电动机凝结水分，增加测量设备故障率，降低使用寿命。推荐现场至少配备一个高灵敏度干湿温度计。

3．振动

由于较多的机器设备应用在生产现场，振动成为一个经常性的问题。例如，锻压机、冲床等振动较大的设备在测量机的周围将会对测量机产生严重影响。较难察觉的小幅振动也会对测量精度产生较大影响。因此，测量机的使用对于测量环境的振动频率和振幅均有一定的要求。如果机床周围有大的振源，则需要根据减振地基图样准备地基，或配置主动减振设备。

如果机床周围有大的振源，需要根据减振地基图样准备地基或配置主动减振设备。

4．电源

电源对测量机的影响主要体现在测量机的控制部分。用户需注意的主要是接地问题。一般配电要求如下。

电压：交流 220V±22V。

电流：15A。

独立专用接地线：接地电阻不大于 4Ω。

注意：独立专用接地线是指非供电网络中的地线，即独立专用的安全地，以避免供电网络中的干扰与影响，建议配置稳压电源或不间断电源（uninterruptible power system，UPS）。

5．气源

许多三坐标测量机由于使用了精密的空气轴承而需要压缩空气。因此，应满足测量机对压缩空气的要求，防止由于水和油进入压缩空气对测量机产生影响，同时应防止突然断气，以免对测量机空气轴承和导轨产生损害。气源要求如下。

供气压力：>0.5 MPa。

耗气量：>150 NL/min=2.5 dm^3/s（NL 为标准升，代表在 20℃，1 个大气压下的 1L）。

含水：<6g/m^3。

含油：<5mg/m^3。

微粒大小：<40μm。

微粒浓度：<10mg/m^3。

气源的出口温度：（20±4）℃。

注意：测量机运动导轨为空气轴承，气源决定测量机的使用状况和气动部件寿命，空气轴承对气源的要求非常高，推荐使用空气压缩机+前置过滤+冷冻干燥机+二级过滤。

6．工件的清洁程度和恒温

检测工件的物理形态对测量结果有一定的影响。最普遍的是工件表面粗糙度和加工留下的切屑对测量结果的影响。另外，切削液和机油对测量误差也有影响。如果这些切屑和油污黏附在探针的红宝石球上，就会影响测量机的性能和精度。类似影响测量精度的情况还有很多，但大多数可以避免。建议在测量机开始工作之前和完成工作之后分别对工件进行必要的清洁和保养工作，并确保在检测前对工件有足够的恒温时间。工件的清洁如图 8-1 所示。

图 8-1 工件的清洁

三坐标测量机的维护保养

8.2.1　三坐标测量机主要部件的维护保养

1. 三坐标测量机气路的维护保养

对于三坐标测量机，压缩空气对其影响是至关重要的，绝大多数三坐标测量机是采用气浮轴承使运动轴的运动无摩擦，其原理是将压缩空气从气浮块的小孔中喷出，在气浮块和导轨之间形成一定厚度的气膜，这个气膜使测量机的各轴运动时无摩擦，保证三坐标测量机正常的运动状态和测量精度。

正常工作压力下，气浮块的浮起间隙为 4～12μm，空气压力的波动会使气浮块的气浮间隙变化，影响测量重复性。气压严重不足时，会使气浮块不能充分浮起而造成与导轨摩擦，轻则影响测量机的运动状态和测量精度，重则磨损导轨和气浮块，严重时甚至会损坏测量机。Z 轴采用气动平衡的三坐标测量机在气压严重不足的情况下会造成 Z 轴失衡下落的情况，非常危险。所以，要尽量保证测量机工作压力的稳定。为保证测量机气压的稳定主要有如下几点要求。

1）要选择合适的空气压缩机，最好另有储气罐，使空气压缩机工作寿命长，压力稳定。

2）空气压缩机的启动压力一定要大于工作压力。

3）开机时，要先打开空气压缩机，然后接通电源。

三坐标测量机的整个气路示意图如图 8-2 所示。气路的维修和保养对整个测量机的稳定工作至关重要。

图 8-2　三坐标测量机的整个气路示意图

对气路的维护保养有以下注意事项。

1）每天使用测量机前先检查管道和过滤器，放出过滤器内及空气压缩机或储气罐中的水和油。

2）一般每 3 个月要清洗一次随机过滤器和前置过滤器的滤芯，空气质量较差的周期要缩短。因为过滤器的滤芯在过滤油和水的同时本身也可能被过滤杂质所堵塞，时间稍长就会使测量机实际工作气压降低，影响测量机正常使用，因此需要定期清洗过滤器滤芯。

3）每天都要擦拭导轨表面的油污和灰尘，保持气浮导轨的正常工作状态。

由于空气压缩机对空气进行压缩的同时会把空气中的水分子和油分子压缩成水和油，而且空气压缩机本身工作时也需要有润滑油对其机构进行润滑，从而使一部分润滑油进入压缩空气。进入压缩空气的水和油会随着压缩空气进入平衡气缸和气浮块。

在测量机工作时，水和油附着在导轨上，使导轨的直线度改变。当测量机不工作时，管道中的油滴可能堵塞气浮块的气孔，使气浮块不能正常浮起，造成气浮块与导轨的摩擦，损坏测量机并使气管老化。管道中的水还会腐蚀气浮块和平衡气缸。油和水都有"附壁"的特性，所以过滤油和水的工作应该从空气压缩机的输出管道开始，要合理设置、利用压缩空气的输送管道，尽量多地过滤掉油和水。

虽然测量机配置有过滤器，但是应将其看作"保险装置"，因为如果没有前置过滤器，它的滤芯会很快被油堵死，造成气压不足而无法工作，所以必须要有前置过滤器。

2．三坐标测量机导轨的维护和保养

三坐标测量机的导轨是基准配件，只有保养好气浮块和导轨才能保证测量机的正常工作。三坐标测量机导轨的保养除要经常用酒精擦拭外，还要注意不要直接在其上放置零件和工具。尤其是花岗石导轨，因其质地比较脆，任何小的磕碰都会造成碰伤，如果未及时发现，碎渣就会伤害气浮块和导轨。要养成良好的工作习惯，注意对导轨和台面的保养，工作结束后或上零件结束后要擦拭台面。

3．传动部件的维护和保养

三坐标测量机的传动主要有带传动和齿轮传动两种，其各自的特点如下。

带传动：结构简单，适用于两轴中心距较大的传动场合；传动平稳无噪声，能缓冲、吸振；超载时带将会在带轮上打滑，可防止薄弱零部件损坏，起到安全保护作用。

齿轮传动：能保证瞬时传动比恒定，平稳性较高，传递运动准确可靠；传递的功率和速度范围较大；结构紧凑、工作可靠，可实现较大的传动比；传动效率高，使用寿命长。

带传动系统的传动部件如图8-3所示。

图8-3　带传动系统的传动部件

以带传动为例，主要的维护和保养工作如下。

1）定期清理传动带和减速带齿间灰尘和油污，一般建议周期为半年。

2）定期检查传动部件是否有松动状况，一般建议周期为一年。

4．标尺系统的维护和保养

标尺系统主要由读数头和光栅尺组成，如图 8-4 所示。

图 8-4　标尺系统

标尺系统的维护和保养需要注意以下几个方面。

1）定期擦拭光栅尺，建议周期为半年。

2）如果是封闭型光栅，则应注意清除光栅周围的灰尘，建议周期为半年。

3）如果要拆装读数头，则不要发生拆装时碰撞读数头的情况。

5．控制系统的维护

控制系统集中在控制柜（图 8-5）中，主要注意以下项目的维护和保养。

1）正确开关控制系统。

2）保证电源输入电压稳定，不出现突然断电等情况。

3）保证测量间湿度适中。

4）正确判断控制柜错误信息。

5）需要在专业人员指导下进行控制柜维护。

图 8-5　测量机控制柜

6．探测系统的维护和保养

探测系统是测量机的重要部分，探测系统的维护和保养主要需注意以下几个方面。

1）测头的维护和保养。测座找正，尽量使用短杆测量，正确输入测杆长度，测头定期更换，测头测杆定期采购，正确判断测头回退失败的原因。

2）测座的维护和保养。拆装测头测座时注意位置准确，用专用扳手操作；调整机器 Z 轴向运动时注意将测头旋转到 A 角 $90°$ 位置；注意使用测杆、加长杆的长度不超出标称长度。

在编程、初次测量等没有绝对把握的情况下，注意控制机器运动速度，防止测头碰撞；搬运装夹工件时注意不要碰撞测头。

8.2.2　三坐标测量机的精度维护

测量员只有了解测量机的精度情况，在测量时才能有把握。如何才能了解机器精度情况呢？可以通过以下办法进行。

1．用标准器检查机器精度

检查机器精度的最好办法是用标准器检查。标准器包括量块、环规、标准球、高精度的角尺等。当温度变化或需要测量精度比较高的零件时，用以上标准器通过检查机器的测长、测圆、测直径、测角度等了解机器的精度情况。必要时，还可以对其进行适当修正。

2．使用典型零件检查机器精度

使用标准件检查机器精度效果是非常好的，但是相对来说比较麻烦，只能一段时间做一次。比较方便的办法是用一个典型零件，编好自动测量程序后，在机器精度校验好的情况下进行多次测量，将结果按照统计规律计算后得出一个合理的值及公差范围并记录下来。操作员可以经常检查这个零件以确定机器的精度情况。

影响机器测量精度的因素有很多种，如机房温度的稳定性、补偿文件的正确性、测头校正的准确性、测量机的运动状态、测量方法等。

8.2.3　三坐标测量机的日常维护计划

1．每日

1）在完成保养步骤和纠正所有的偏差之前不要操作测量机。

2）检查测量机中是否有松动或损坏的外罩，如果有，应紧好松动的外罩，并修理损坏的外罩。

3）用酒精和干净、不掉纤维的无纺布清洁空气轴承导轨滑动通道的所有裸露表面。

4）在对空气过滤器、调节阀或供气管道执行任何保养操作之前，应确保到测量机的供气装置已经关闭，并且系统气压指示为零。

5）检查两个空气过滤器是否有污染。如果需要，应清理过滤碗或更换过滤器元件。

6）检查供气装置是否存在松动或损坏。如果需要，应紧固松动的连接并更换损坏的管道。

2．每月

1）检查测量机外部，查看是否有松动或损坏的组件。视实际情况，紧固松动的组件，替换或修理损坏的组件。

2）在对三联体过滤器实施保养之前，一定要关闭供气设备。

3）检查三联体过滤器是否积聚了过多的油和水。

4）如果发现严重污染，可能需要附加的空气过滤器和空气干燥剂来减少过滤器中积聚的污染物。

5）拆除平衡支架的前罩，检查传动带和传动轮带的磨损和破裂情况。必要时，替换传动带和传动轮带。

3．每季度

1）在完成保养步骤和纠正所有的偏差之前，不要操作测量机。

2）只有经过培训并通过审定的人员才能保养电气组件。

3）在对控制系统和测量机进行下列任何保养之前，一定要关闭电源。

① 检查控制系统内的污染物，松动或毁坏的布线。如果存在故障，必须对机器进行维修。

② 拆除入口外罩，检查气动系统的管道，查看有无收缩和破裂。如果存在故障，必须对机器进行维修。

执行完季度保养清单的内容之后，通过运行简单的测量机精度程序（测试重复性、量块几何尺寸、线性精度等）进行功能性检查。

注意：在对供气系统进行任何保养工作之前，必须关闭气源。在打开气源前，过滤器必须牢固连接。

8.2.4　制定三坐标测量机维护和保养规程

三坐标测量机作为一种精密的测量仪器，如果维护和保养及时，就能延长机器的使用寿命，并使精度得到保障、降低故障率。为使客户更好地掌握和用好三坐标测量机，现列出三坐标测量机简单的维护和保养规程。

1．开机前的准备

1）三坐标测量机对环境要求比较严格，应按合同要求严格控制温度及湿度。

2）三坐标测量机使用气浮轴承，理论上是永不磨损结构，但是如果气源不干净，有油、水或杂质，就会造成气浮轴承阻塞，严重时会造成气浮轴承和气浮导轨划伤。所以，每天要检查机床气源，放水放油；定期清洗过滤器及油水分离器，还应注意定期检查机床气源前级空气来源（空气压缩机或集中供气的储气罐）。

3）三坐标测量机的导轨加工精度很高，与空气轴承的间隙很小，如果导轨上面有灰尘或其他杂质，就容易造成气浮轴承和导轨划伤。所以，每次开机前应清洁机器的导轨，金属导轨用航空汽油擦拭（120 号或 180 号汽油），花岗岩导轨用无水乙醇擦拭。

4）切记在保养过程中不能给任何导轨涂任何性质的油脂。

5）定期给光杆、丝杠、齿条涂少量防锈油。

6）在长时间没有使用三坐标测量机时，开机前应做好以下准备工作：控制室内的温度和湿度（24h 以上），在南方湿润的环境中还应该定期将电控柜打开，使电路板得到充分的干燥，避免电控系统由于受潮后突然加电而损坏。然后检查气源、电源是否正常。

7）开机前检查电源，如有条件应配置稳压电源，定期检查接地，接地电阻应小于4Ω。

2．工作过程中

1）被测零件在放到工作台检测之前，应先清洗去毛刺，防止在加工完成后零件表面残留的切削液及加工残留物影响测量机的测量精度及测尖使用寿命。

2）被测零件在测量之前应在室内恒温环境中，如果温度相差过大会影响测量精度。

3）大型及重型零件在放置到工作台上的过程中应轻放，以避免造成剧烈碰撞，致使工作台或零件损伤。必要时，可以在工作台上放置一块厚橡胶以防止碰撞。

4）小型及轻型零件放到工作台时，应紧固后再进行测量，否则会影响测量精度。

5）在工作过程中，测座在转动时（特别是带有加长杆的情况下）一定要远离零件，以避免碰撞。

6）在工作过程中如果发生异常响声或突然应急，切勿自行拆卸及维修，应及时与厂家联系。

3．操作结束后

1）将 Z 轴移动到机器的左、前、上方，并将测头旋转到 A90B180。

2）工作完成后要清洁工作台面。

3）检查导轨，如果有水印应及时检查过滤器。如果有划伤或碰伤也应及时与供应商联系，避免造成更大损失。

4）工作结束后将机器总气源关闭。

8.3 三坐标测量机的基本操作

8.3.1 三坐标测量机的开关机

对坐标测量系统的操作是通过一系列操作按钮和操作界面进行的。不同类型三坐标测量机开机过程可能不尽相同，但一般遵循先开硬件，再开软件的原则。启动完毕后，坐标测量系统处于初始状态，包括所有的参数及机器坐标系。

1．三坐标测量机的开机

三坐标测量机开机前应有以下几项准备工作。

1）检查机器的外观及机器导轨是否有障碍物。

2）对导轨及工作台面进行清洁。

3）检查温度、湿度、气压、配电等是否符合要求，对前置过滤器、储气罐、除水机进行放水检查。

检查确认以上条件都具备后，可进行坐标开机操作，三坐标测量机的开机顺序如下。

1）打开气源，要求测量机气压高于 0.5MPa。

2）开启控制柜电源和计算机电源，系统进入自检状态（操纵盒所有指示灯全亮）。

3）当操纵盒指示灯亮后按 MACH START 键加电（此时 EMERGENCY 键必须松开）。

4）待系统自检完毕，启动 PC-DMIS 软件，测量机进入回机器零点过程，3 轴依据设定程序依次回零点。

5）回机器零点过程完成后，PC-DMIS 进入正常工作界面，测量机进入正常工作状态。

控制柜电源开关示意图如图 8-6 所示。

图 8-6　控制柜电源开关示意图

2．三坐标测量机的关机

当完成全部的检测任务后，依据三坐标测量机操作使用规范，测量机的关闭顺序大致如下：

1）关闭系统时，首先将 Z 轴运行到安全的位置和高度，避免造成意外碰撞。一般情况下，测头移动到机器的左、前、上位置，并将测头旋转到 A90B180。

2）退出 PC-DMIS 软件，关闭控制系统电源和测座控制器电源。

3）关闭计算机电源、除水机电源等，关闭气源开关。

8.3.2　操纵盒的使用

三坐标测量机的操纵盒有多种，下面以常见的两种操纵盒来描述操纵盒上各个按键的功能。三坐标测量机的操纵盒如图 8-7 和图 8-8 所示，在操纵盒上具有各轴移动、测量采点、测量速度等方面的控制功能。

图 8-7　三坐标测量机的操纵盒 1

图 8-8　三坐标测量机的操纵盒 2

下面介绍图 8-7 所示操纵盒。

1）JOG MODE：操纵杆工作模式。

① PROBE：此按键指示灯亮时，测量机按测头方向移动。

② PART：此按键指示灯亮时，测量机按工件坐标系移动。

③ MACH：此按键指示灯亮时，测量机按机器坐标系移动。

2）SLOW：按键指示灯亮时，测量机处于慢速触测状态；指示灯灭时，测量机处于快速运动状态。触测零件时应保持慢速触测状态。

3）SHIFT：相当于键盘上的 Shift 键。

SHIFT 键指示灯亮，RUN/HOLD、LOCK/UNLOCK 键下面的功能有效。

4）PROBE ENABLE：当此按键指示灯灭时，测头保护的功能有效，但不记录测点。此功能可以用于易出现误测点的场合，当需要屏蔽误测点时，按此键，此按键指示灯熄灭，误测点不被接受。需要正常测点时，使此键指示灯亮。

5）LOCK/UNLOCK：仅用于带有轴锁定系统的老机器。

6）STOP：停止键。

7）RUN/HOLD：按键指示灯灭时，程序暂停（HOLD 状态）；按键指示灯亮时，程序继续运行（RUN 状态）。

8）DEL PNT：删除确定操作之前的测点。

9）X、Y、Z：X、Y、Z 轴指示灯，灯灭，轴锁定。

10）PRINT：编程时加 MOVE 点按键。

11）DONE：确认键或执行键（相当于键盘上的 Enter 键）。

12）FEED RATE OVERRIDE：运行速度百分比指示键。

13）ENABLE：用手操杆测量时，需同时按住此键，操纵杆有效，测量机才能移动。

14）MACH START：测量机驱动加电键。此按键指示灯亮时测量机才能运动。若出现任何急停保护，则此按键指示灯熄灭。

注意：部分按键由于机器类型不同，可能无效。

下面介绍图 8-8 所示操纵盒。

1）SERVO PWR ON：伺服加电键。

2）E-STOP：紧停键。

3）操纵杆：手动操作时方向控制杆。

4）RECORD：删除确认操作之前的测点。

5）DRIVE：编程时加 MOVE 点按键。

6）XLOCK、YLOCK、ZLOCK：X、Y、Z 轴锁定。

7）SLOW：按键指示灯亮时，测量机处于慢速触测状态；按键指示灯灭时，测量机处于快速运动状态。触测零件时应保持慢速触测状态。

8）PART：此按键指示灯亮时，测量机按工件坐标系移动。

9）AUTO/JOY：分别是机器自动运行开启键和手动操作开启键。

10）SERVO POWER OFF：关闭伺服电源键。

11）RTN TO SCREEN：确认键或执行键（相当于键盘上的 Enter 键）。

8.3.3　测量软件界面

海克斯康公司生产的三坐标测量机配套的 PC-DMIS 软件是目前技术领先的通用测量软件，被公认为当今功能强大的坐标测量机专用软件，为几何测量提供了完美的解决方案。双击打开 PC-DMIS 测量软件，如图 8-9 所示。

下面简单讲解 PC-DMIS 软件的操作说明。在建立新零件测量程序时，要选择"文件"→"新建"命令，在打开的"新建零件程序"对话框中输入零件名、修订号、序列号。这是程序和检测报告中进行区别的标志。其中，零件名是必填的项目。

如果要调用以前的程序，可以选择"文件"→"打开"命令，或在程序启动时选择相应已存在的文件名。单击"确认"按钮后程序进入工作状态。

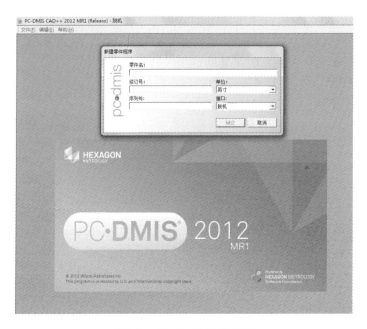

图 8-9　PC-DMIS 软件界面

PC-DMIS 软件操作界面上面是标题栏和菜单栏，如图 8-10 所示。软件版本及当前测量程序信息显示在标题栏上。

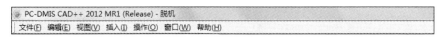

图 8-10　标题栏和菜单栏

菜单栏下面为快捷工具栏，如图 8-11 所示。其中，左上角从左向右依次为"图形视图选择"下拉列表框、"坐标系选择"下拉列表框、"测头文件选择"下拉列表框、"测头角度或测针选择"下拉列表框、"工作平面选择"下拉列表框、"投影平面选择"下拉列表框，默认使用工作平面作为投影平面。

图 8-11　快捷工具栏

使用快捷工具按钮可以提高工作效率。右击该区域，在弹出的快捷菜单中可以选择显示的快捷工具按钮，用鼠标拖动可改变按钮的位置。将符合自己习惯的快捷工具按钮布局好后，单击"保存"按钮，打开"保存"对话框，输入文件名，即保存了快捷工具按钮的布局。需要时，只要单击相应的布局选择按钮，即可恢复到自己熟悉的快捷工具按钮布局。

快捷工具栏下左边是编辑窗口，右边是图形显示窗口或报告窗口（利用 Ctrl+Tab 组合键切换）。图形显示窗口或报告窗口下面是状态窗口和状态栏。编辑窗口可以在"视图"菜单中选择打开或关闭。编辑窗口可以浮动，也可以停靠在窗口的任何位置。

编辑窗口有 3 种工作模式，在"视图"菜单中可选择概要模式或命令模式、DMIS 模式进行模式转换。在概要模式下，可以查看零件测量程序的整个过程，也可以直观地查看各语句、变量、参数的设置。可以通过直观的界面对程序过程进行编辑。

选择"视图"→"工具栏"→"窗口布局"命令，即可对窗口进行布局（图 8-12）。此时，可以通过鼠标拖动来适当地排列快捷工具栏；可以改变编辑窗口和图形显示窗口的尺寸和大小。设置好窗口布局后，单击"窗口布局"→"保存窗口布局"图标，然后把名称输入"输入窗口布局名称"对话框，单击"确定"按钮即可。

图 8-12　窗口布局

8.3.4　常用菜单及工具栏

常用的菜单有文件、编辑、视图、插入、操作等，常用的快捷工具栏有工作环境设置栏，图形操作工具栏，手动特征、自动特征、构造特征、尺寸评价工具栏等。

8.3.5　常用参数设置

几何特征是以命令形式记录在测量程序中的。执行测量操作时，将按照程序顺序结构从上往下执行，所有机器自动运行时程序中不仅需要有测量点和几何特征，还需要在测量特征的前后加上移动点（又称轨迹点或安全点），保证机器自动运行中不发生碰撞。

获取特征的过程实际上是一个编程的过程，程序编好后需要自动运行一次才能获得准确的测量数据。手动模式下，执行程序时，程序将忽略移动点，提示操作者手动在工件上采点测量几何特征；自动模式下，程序会根据测触测点和移动点，进行移动和触测。

无论是手动测量还是自动运行程序，都遵循以下运动方式：快速移动（移动速度）、慢速触测（触测速度）。当自动运行时，触测点和移动点由程序给定，逼近回退点由控制柜自动生成（根据软件设置的逼近、回退距离），如图 8-13 所示。

图 8-13　测量移动示意图

运动参数设置如图 8-14 和图 8-15 所示。

图 8-14　运动参数设置 1

图 8-15　运动参数设置 2

尺寸参数设置如图 8-16 和图 8-17 所示。

图 8-16　尺寸参数设置 1

图 8-17　尺寸参数设置 2

温度补偿设置如图 8-18 所示。

图 8-18　温度补偿设置

8.3.6　制定三坐标测量机操作规程

三坐标测量机操作规程通常分为以下 3 部分。

1）工作前的准备，主要有以下 3 项。

①　检查温度情况，包括测量机房、测量机和零件。若连续恒温的机房只要恒温可靠，能达到测量机要求的温度范围，则主要解决零件恒温问题（按规定时间提前放入测量机房）。

②　检查气源压力，放出过滤器中的油和水，清洁测量机导轨及工作台表面。

③　开机运行一段时间，并检查软件、控制系统、测量机主机各部分工作是否正常。

2）在检测工作中应注意的几个方面。

①　查看零件图样，了解测量要求和方法，规划检测方案或调出检测程序。

②　吊装放置被测零件的过程中，要注意遵守吊车安全的操作规程，保证不损坏测量机和零件。将零件安放在方便检测、阿贝误差最小的位置并固定牢固。

③　按照测量方案安装测针及测针附件。安装前，要先按下紧停键，并注意轻拿轻放，用力适当，更换后试运行时要注意试验测头保护功能是否正常。

④　实施测量过程中，操作人员要精力集中，首次运行程序时要注意减速运行，确定编程无误后再使用正常速度。

⑤　一旦有不正常的情况，应立即按下紧停键，保护现场，查找出原因后，再继续运行或通知维修人员维修。

⑥　检测完成后，将测量程序和程序运行参数及测头配置等说明存档。

⑦　拆卸（更换）零件，清洁台面，注意将测头移动到安全位置。

3）关机及整理工作，主要有以下两项。

①　将测量机退至原位（注意，每次检测完后均需退回原位），卸下零件，按顺序关闭测量机及有关电源。

②　清理工作现场，并为第二天工作做好准备。

8.4 坐标测量检测规划

8.4.1 坐标测量检测流程

坐标测量技术应用涉及一个庞大的技术体系，特别是在实际应用中，还有许多具体的工作和问题需要处理。对于一个零件的检测，首先应该根据零件和图样制定一个详细的检测规划，根据检测规划选择合适的夹具、配置测针、测头，并根据图样要求建立准确的坐标系及编写准确的检测程序，最终得到真实可靠的报告。

具体测量机应用流程图如图 8-19 所示。

测量规划内容包括分析零件图样，明确测量基准坐标系及确定检测内容、零件装夹方案设计、测针方案配置。

图 8-19　具体测量机应用流程图

8.4.2 测量规划内容

测量规划工作需要根据图样或工艺卡的评价要求，确定零件评价参数、评价基准、测量要求、尺寸评价分析等。测量规划示意图如图 8-20 所示。

图 8-20　测量规划示意图

1．分析图样具体要求、工件实际测量状态

根据相关标准和规范，在正确理解工程语言的前提下，完成对工件图样的准确解读，分析工件的图样，详细、全面地了解图样的每一细节，有助于后期实质工作的展开。

经验表明，纯粹的只熟悉如何测量，而不涉猎相关领域，有时会使测量员在面临元素评价时相当迷惑。所以，如果测量员具备丰富的机加工知识、看图技巧等技能会对应付复杂的测量非常有益，甚至还可以从测量角度对图样中不合理的地方提出意见和建议。

在明确测量要求的情况下，应该结合实际工件的测量元素进行分析。工件测量的状态是毛坯状态还是精加工后的状态会直接影响最后的检测结果。另外，还需要明确工件测量的元素是否应该使用三坐标进行检测，三坐标的测量精度是否满足相关的行业标准或企业标准。例如，圆度的测量既可以在三坐标上进行，又可以在圆度仪上进行，此时应该根据圆度要求的公差及行业要求的精度原则进行辨别。

2．明确具体测量要求

建立在图样和实际工件详细分析基础上的测量要求的确定，是确认编程思路、测针配置、测量方法的主要依据。测量的公差要求是测量要求的直接表达，有时也要注意加工要求及装配要求，后者也是影响测量方式、计量手段的重要因素。

3．分析实现测量要求的测针配置

分析实现测量要求的测针配置需要注意以下几点。

1）测针配置数量尽量最少，这样能够提高测量效率。

2）根据实际测量工件的实际状态选择合适的测针，如毛坯工件的检测一般采用的测针直径比较大；对于螺纹孔位置度的测量，应该按照相应的行业标准进行测针直径大小的选择。

3）传感器加长杆和测针加长杆应符合传感器加长能力的要求。

4．分析如何建立坐标系

测量的坐标系一般分为粗基准坐标系和精基准坐标系。检测工作是建立在坐标系基础之上的，坐标系建立的准确与否将影响最终的检测结果。

粗基准坐标系：实现测量机自动化测量的基础，明确工件在测量机中的大致位置信息。

精基准坐标系：图样尺寸评价基准的唯一依据，是用于自动测量与评价的基础。

5．确立合理的测量顺序与评价顺序

根据先前准备的分析，明确测量所需的合理程序及测量的顺序，在测量元素繁多的情况下能够显著提高测量效率。

8.4.3 分析零件图样

进行检测前，必须先核对零件图样，并对照实际工件进行仔细分析，且需要明确测量的基准坐标系及几何公差检测内容。

1．确定基准坐标系

基准坐标系是零件测量及几何公差评价的基础，基准坐标系的确定需考虑工件的装夹位置、检测方便性、工件的检测姿态等。

图 8-21 所示为缸盖图样，根据图样上的标注，零件的基准包括基准 *A* 平面、基准 *B* 孔及基准 *D* 孔，可通过 3 个基准确定基准坐标系。可使用 3-2-1 法（面-圆-圆）建立零件的基准坐标系，坐标系的建立方法在单元 10 有详细介绍，这里不再赘述。

图 8-21　缸盖图样

2．确定检测内容

检测内容是指检测任务中工件需要被检测的各项参数内容、几何公差，如平面度、垂直度、位置度、轮廓度等。分析过程中，需要明确各项参数、公差的评价要求、基准情况、评价公差需要测量采集的数据及数据量等。

如图 8-21 所示，根据图样上的要求，确定缸盖的检测内容有分别以 A、B 为基准的垂直度检测，孔的深度、直径等尺寸公差。

（1）位置度评价

如图 8-22 所示，图样标注内容为基于基准 A、基准 B、基准 C 和基于基准 D 的两个位置度的测量。因此，需要测量的内容包括几个基准的位置信息及孔的位置信息，再评价位置度。

图 8-22　位置度标注

（2）轮廓度的评价

如图 8-23 所示，图样标注需要测量工件 4 个位置的轮廓度。因此，需要明确测量要采集的数据信息，轮廓度的评价需要三坐标对工件被检查轮廓进行扫描获取形状特征，从而获取足够反映工件实际状态的数据。

图 8-23　轮廓度标注

（3）平行度、平面度的评价

如图 8-24 所示，图样标注测量公差有平行度、平面度。公差评价需要的数据有测量平面的面特征形式及基准 Z 的信息。

图 8-24　平行度、平面度标注

8.4.4 装夹方案设计

1. 装夹目的和基本原则

装夹目的是保证检测零件的稳定性及可重复性，确定工件测量姿态，保证测量的准确性。对于大批量检测工件的情况来说，应实现工件的重复性装夹，使三坐标测量具有相当高的效率。

零件的装夹方案设计需要考虑以下内容。

1）装夹的稳定性。

2）零件测量可重复性。

3）数据测量方便性，需要考虑测针因素、测量特征的分布等。

4）考虑零件的变形影响（主要针对薄壁件）。

零件装夹设计时，对于夹具应满足以下要求。

1）夹具应具有足够的精度和刚度。

2）夹具应有可靠的定位基准。

3）夹具应有可实现重复性装夹的夹紧装置。

2. 典型装夹方案介绍

（1）通用柔性夹具

Swift-Fix 夹具（图 8-25）是世界最大测量机专业制造商海克斯康计量产业集团专业设计具有综合测量性能的装夹系统，其可用于各种不同类型零配件的装夹。通过设计了标准型号的配套组件，每套夹具都包含底板座和一套标准的部件，如支架、压板、夹钳、柱塞、拉力弹簧柱等。通过各种组件的组合，可以对各种工件进行灵活装夹。

图 8-25 Swift-Fix 夹具

（2）薄壁件柔性夹具

近几十年来，汽车和飞机制造商一直为大型薄壁冲压件的检测夹具而苦恼，他们的需求是用一种灵活多变的夹具来代替昂贵而复杂的专用夹具。海克斯康计量产业集团生产的 Five U-Nique 系统满足了汽车和飞机制造商对检测夹具的需求。

Five U-Nique 如何代替各种复杂的专用夹具呢？以下就这种柔性夹具的原理、结构、应用程序做简单的介绍。

需要三坐标测量机系统控制质量的工件，往往属于以下 3 种类型。

1）冲压几何量工件（如钣金冲压件、塑料仪表盘、玻璃件等）。

2）复杂工件（如齿轮、涡轮叶片、凸轮等）。

3）箱体类工件（如发动机箱、齿轮箱、汽车化油器等）。

其中，复杂工件和箱体类工件都以固有的高刚性为特性，所以它们的几何尺寸不会受装夹设备和测量空间位置的影响。相反地，冲压几何量工件（又称薄壁件）以其固有的低刚性为特性，要求用准确的支撑点装夹定位以避免无法控制的结构变形。这些装夹点是一系列相关的三维空间点，对应工件的特征点。因为大多数薄壁件经过单件测量之后，还要装配到车身，所以最好以车身位置检测。因此，夹具必须在工件最后装配时的特征点装夹。又因为每个工件的特性不同，所以每种夹具只能对应一种工件或几种非常相似的工件。专用夹具在满足装夹需要的同时，还要保证高重复性及可快速更改（夹具已存在的情况下）。但是，专用夹具的局限性在于需要很长的交货期，缺乏灵活性及更改时需要较高的成本费用。而且，仓储压力也不容忽视（一般情况下一种工件需要有一种对应夹具）。图 8-26 是 Five U-Nique 柔性夹具系统。柔性夹具是代替专用夹具的一项革新性产品，它使为一个工件而设计专用夹具的方法成为历史。

图 8-26　Five U-Niquc 柔性夹具系统

（3）发动机缸体的装夹

发动机缸体质量大、结构复杂，但是从整体外观形状看大体上是一个立方体，所以考虑测量的时候分为 6 个面来进行，那么夹具设计时必须保证一次装夹兼顾 6 个面的定位和测量。

如图 8-27 所示的夹具方案，可以通过手动的简单调整，适用于固定发动机缸体的工件，如具有 3、4、5 和 6 个气缸的缸体。

（a）实例　　　　　　　　　　　　　（b）示意图

图 8-27　发动机缸体装夹实例和示意图

（4）曲轴类零件的装夹

曲轴类零件结构复杂、不规则，造成零件的基准定位装夹困难。图 8-28 所示为曲轴类零件装夹实例和示意图，采用这种装夹方式能实现检测需求。

（a）实例

（b）示意图

图 8-28　曲轴类零件装夹实例和示意图

这类零件的定位在设计时，应满足以下要求：①实现测量完全自动化测量；②实现特殊角度元素的测量；③保证设计要求，即通过三柱支撑的数学比例确定摆向，严格按照图样要求算好各支撑的高度。

习　　题

1. 简述三坐标测量机的工作环境要求，并说明如何做好维护保养工作。
2. 简述测量规划的内容及目的。
3. 分析图 8-29 所示图样，简要说明需要测量的内容。

图 8-29　图样示意图

9 单元

测头的选择和校验

>>>>>

◎ **单元导读**

测量前期准备包括测量前的测头定义与校验。通常把测头系统简称为测头，所以广义上的测头指整个探测系统，狭义上的测头特指传感器，有时也会把测针称为测头。本单元主要介绍三坐标测头的选择和校验，以及如何判断测头当前状态。

◎ **思政目标**

◆ 树立正确的学习观、价值观，自觉践行行业道德规范。

◆ 牢固树立质量第一、信誉第一的强烈意识。

◆ 发扬一丝不苟、精益求精的"工匠精神"。

◆ 遵规守纪，安全生产，爱护设备，钻研技术。

9.1

测头配置的选择

9.1.1　测头组件和典型配置

一套常见的、完整的测头系统包括测座、转接（convert）、测头（又称传感器，probe）、测针（又称探针，tip、stylus、styli）、加长杆（exten 或 extension），如图 9-1 所示。

图 9-1　测头组件

通常触发式测头通过 M8 螺纹连接，而扫描式测头或激光测头通过卡口连接，图 9-2 是一套完整的测头系统配置，包括 TESASTAR-m 自动旋转测座（indexable probe head），可配置 TESASTAR-r 自动更换架（automatic probe changer），测座下面可以接多种加长杆（extensions）或转接（adapter），或直接连接传感器，传感器有多种选择：触发式测头、扫描式测头、影像测头、激光测头，测头下面可以连接各种加长杆和测针。在实际使用中，用户大多购买了一种或两种传感器，一种测座，多种加长杆和测针。

9.1.2　测座的选择

1. 旋转式测座

旋转式测座使用灵活，分为手动和自动两种类型。手动旋转式测座一般分度为 15°，自动旋转式测座分度有 7.5°、5°、2.5° 及无极 4 种，使用前应注意仔细阅读用户手册了解测座的承载能力。图 9-3 所示为常用的一种测座类型（分度为 5°）。其中，测座俯仰抬高方向为 A 角，围绕主轴自转方向为 B 角。

图 9-2　一套完整的测头系统配置

图 9-3　常用的一种测座类型（分度为 5°）

图 9-4　固定式测座

2．固定式测座

需要高精度、长测针时，选择固定式测座（图 9-4）。使用固定式测座时需要配置复杂的测针组合，以实现复杂角度的测量。其灵活性比旋转式测座差，但测量精度高，而且通常与扫描式测头连为一体，可用于连续扫描。

9.1.3　测头的选择

1．触发式测头

触发式测头价格低廉，适合一般应用，其测力由硬件决定，所以应根据不同的需要选择不同测力的测头或吸盘。一般有磁力吸盘的测头，测力由吸盘决定，少数触发式测头通过调节螺钉调整测力。

2．扫描式测头

扫描式测头精度高，接加长杆使用效果更好。

3．非接触式测头

影像测头扩展了影像测量功能，激光测头能够进行非接触测量，激光扫描可逆向。
图 9-5 所示为测头的长度控制示意图。

LF—低测力，红色；SF—标准测力，黄色；MF—中测力，绿色；EF—超大测力，蓝色。

图 9-5 测头的长度控制示意图

9.1.4 加长杆的选择

1）测座和传感器之间的加长杆（50～300mm）：配合盘形、星形、五方向使用。

2）传感器和测针间的加长杆：注意螺纹 M5、M4、M3、M2，以及转接，不能超长、超重。

9.1.5 测针的选择

坐标检测过程中，测针与被测工件发生直接接触，需要能够快速反馈接触情况。通过合适的测针选择及配置可以最大限度地发挥测量机的测量性能，大大降低测量的不确定度。同一台测量机测量同一个工件，测量结果会因测针配置的不同而差异较大。测针如图 9-6 所示。

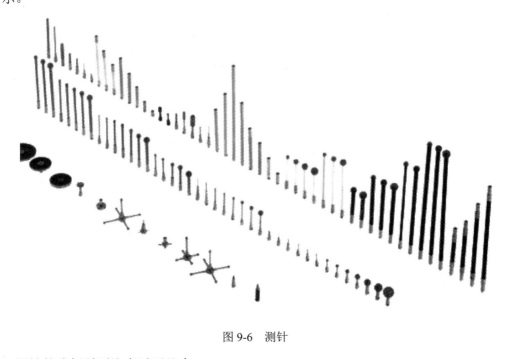

图 9-6　测针

测针的选择需要注意以下几点。

1）不能超长、超重，减少连接个数，每增加一个连接就会降低刚性。

2）注意选择合适的螺纹大小。不同形状的测针常用于不同的用途，其中，球形测针最为常用，星形、五方向、盘形一般用于大孔或槽等球形测针不容易直接测量的情况，柱形测针一般用于薄壁件测量。同时，尽可能避免过多的螺纹连接，能使用一根测针的应避免使用测针组合的方式。

3）测针的刚性。减少连接，除星形、五方向测针外，尽量最多一个连接；选择尽量粗、短、轻、大的测针。

4）测针材料的选择。

测杆的材料：碳化钨刚性最强，但是材料质量大，碳纤维、陶瓷刚性强、质量小，常用于长测针或加长杆。

测尖的材料：人造红宝石最常见，常用于触发式测量或低强度连续扫描测量。

扫描测量铝件时尽量使用氮化硅球头的测针，扫描测量铸铁件时尽量使用氧化锆球头的测针，且在满足测量要求的前提下，尽量选择球头半径较大的测针，使表面粗糙度对测量精度的影响降至最低。测针角度的调整应尽可能与被测特征匹配，特别是固定式模拟测头使用立方体和关节时。

5）尽可能使用短而稳定的测针；使用长测针时务必确保其有足够的稳定性、刚性，当测头校验结果较差时，需要考虑使用的测针刚性是否合适。

6）确保使用的测针长度和质量没有超出测头传感器的使用限制。

7）当使用的测针较细时，需要考虑使用低测力吸盘或触测力更低的测头，以降低测针测量时的变形对测量精度的影响。

8）检查使用的测针有没有缺陷，特别是螺纹连接处，确保测针的安装是可靠的。如果测量数据重复性差，存在波动，则检查测头、测针部件是否连接牢固。检查测针是否磨损，如果测量精度要求高，则需要更换磨损的测针。

原则上可以认为，测针就是坐标测量机的"刀具"，就像车刀与车床、铣刀和镗刀与铣床的关系一样。测针属于易损件，应根据使用需求，每年制定补充计划。图 9-7 所示为测针磨损示例。

（a）摩擦磨损　　　　　　　　　　　　　　　　　（b）黏附磨损

图 9-7　测针磨损示例

9）当测量机在环境温度较差的情况下使用时，要确认使用测针部件的热稳定性。

10）确保使用的测力、运动速度及加速度等参数适合所选测针组合。当使用较细的测针时，应根据需要降低这些参数，以减小测针测量时变形对测量精度的影响。测针越长，刚性越差，精度也就越低，一般机器的精度是指特定配置下的精度，对于更长、更复杂的测头配置，因为没有标准可循，所以大多根据经验值判断。例如，机器精度探测误差是 $1.5\mu m$，使用标准测杆（长度为 10mm、20mm），校验结果标准偏差通常小于探测误差。但是，如果测针长度是 40mm、60mm，或非常细，则校验结果会变大，具体因不同传感器、不同粗细、不同材质的测杆而异。

选择测针时可以参考图 9-8 中所示的测针的主要参数进行选择，注意不要忽略有效长度。

A—螺纹；*D*—直径；*L*—长度；*B*—有效长度。

图 9-8　测针样本示例

9.1.6　测头组件的安装和拆卸

测头组件的安装和拆卸需要使用专用工具，如图 9-9 所示。

图 9-9　测头组件的安装和拆卸

9.2 测 头 校 验

9.2.1　测头校验的目的

测头是三坐标测量机数据采集的重要部件，其与工件接触主要通过装配在测头上的测针来完成。

对于不同的工件，测针所使用的圆球直径（D_m）和测针长度（L）的规格不同。并且，对于复杂的工件可能使用多个测头的角度来完成测量，如图 9-10 所示。

（a）固定式测头   （b）旋转式测头

图 9-10   不同测头形式

测头只起到数据采集的作用，其本身不具有数据分析和计算的功能，需要将采集的数据传输到测量软件中进行分析计算。

如果不事先定义和校准测头，软件本身是无法获知所使用测针类型和测量角度的，测量得到的数据结果自然是不正确的。在校验测头之后才能知道使用测针的真实直径及不同测头角度之间的位置关系，这也是校验测头的目的。

坐标测量机在测量零件时，用测针的宝石球与被测零件表面接触，接触点与系统传输的宝石球中心点的坐标相差一个宝石球的半径，需要通过校验得到的测针的半径值，对测量结果进行修正。

在测量过程中，往往要通过不同测头角度、长度和直径不同的测针组合测量元素。不同位置的测量点必须经过转化才能在同一坐标下计算，需要测头校验得出不同测头角度之间的位置关系才能进行准确换算。

所以，测量前，测头的校验工作是必不可少的环节。

9.2.2   测头校验的原理

测头校验的基本原理为通过在一个被认可的标准器上测点来得到测头的真实直径和位置关系。一般采用的标准器是一个标准圆球（球度小于 0.1μm），如图 9-11 所示。

在经校准的标准球上校验测头时，测量软件首先根据测量系统传送的测点坐标（宝石球中心点坐标）拟合计算一个球，计算出拟合球的直径和标准球球心点坐标。这个拟合球的直径减去标准球的直径，就是被校正的测头（测针）的等效直径。

测点触发有一定的延迟，并且测针会有一定的弯曲变形，通常校验出的测头（测针）直径小于该测针宝石球的名义直径，所以校验出的直径常称为等效直径或作用直径。该等效直径正好抵消在测量零件时的测点延迟和变形误差，校验过程与测量过程一致，保证了测量的精度。

图 9-11   校验测针原理示意图

不同测头位置所测量的拟合球心点的坐标，反映了这些测头位置之间的关系，通过校验测头保证了所有测头位置互相关联。

校验测头位置时，第一个校验的测头位置是所有测头位置的参照基准。校验测头位置实际上就是校验与第一个测针位置之间的关系。需要注意如下内容。

1）越增加校验测头的测点数，有效测针的直径越准确。

2）校验测头和检测工件的速度保持一致。

3）也可以用量环和块规进行测头检验，但是标准球是首选，因为它考虑了所有的方向。

图 9-12　校验测头的一般步骤

9.2.3　测头校验的操作

校验测头的一般步骤如图 9-12 所示。

配置测头的操作包括定义测头文件名、定义测座、定义测座与测头的转换、定义加长杆和测头、定义测针。测头配置界面如图 9-13 所示。完成测头检验界面的设置后，即可开始校验测头，如图 9-14 所示。

图 9-13　测头配置界面

图 9-14　测头检验界面

9.2.4　测头校验的结果查看

校验测头结束之后，应查看校验结果。不同软件的查看方式可能不同，但是查看方式都很简单。图 9-15 所示为 PC-DMIS 下查看的校验结果。在校验结果窗口中，理论值是在测头定义时输入的值，测定值是校验后得出的校验结果。其中，X、Y、Z 是测针的实际位置，由于这些位置与测座的旋转中心有关，所以它们与理论值的差别不影响测量精度。D 是测针校验后的等效直径，由于测点延迟等原因，这个值要比理论值小，它与测量速度、测针的长度、测杆的弯曲变形等有关，在不同情况下会有区别，但在同等条件下，相对稳定。StdDev 是校验的形状误差，从某种意义上反映了校验的精度，其值越小越好。

图 9-15　PC-DMIS 下查看的校验结果

当校验结果偏大时，可检查以下几个方面。

1）测针配置是否超长、超重，或刚性太差（测力太大或测杆太细或连接太多）。

2）测头组件或标准球是否连接，或是否固定紧固。

3）测尖或标准球是否清洁干净，是否有磨损或破损。

9.2.5 测头调用

校验测针结束之后，在程序中加载测头，调用测尖。

9.2.6 标定检查

校验结果主要反映了校验过程中的重复性，能看出一些问题，如松了、脏了、刚性不好、超长、超重。某些问题，如用一段时间后松了，发生碰撞没有及时校验，测座出现定位故障等，可通过及时周期性校验避免，通过标定检查进行检查。

当测量有误差时，首先通过标定检查检查当前测头的状态，如果直径不准，则反映出直径、长度等尺寸不准；如果同一个测针测量的元素是准的，多个测针测量的元素误差大，则很可能是关联性出了问题，如发生过严重碰撞、螺纹连接松动等原因。

9.2.7 其他设置

针对不同的测量环境，根据用户的测量需要，还可以对测头进行简单的参数设置，如图 9-16 所示。

图 9-16　测头设置

9.3

特殊测针校验

特殊测针用于测量多元素复杂工件，如螺纹体、薄截面材料、工具箱体及其他专业应用。常用的特殊测针如图 9-17 所示。

图 9-17   常用的特殊测针

9.3.1   关节转接测针校验

如图 9-18 所示，通过使用关节，可以调节出测座分度没有的特殊角度，用于测量一些特殊角度的斜孔。关节转接测针的软件测量配置及校验如图 9-19 所示。

图 9-18   关节转接测针

（a）软件测量配置

（b）校验

图 9-19　关节转接测针的软件测量配置及校验

9.3.2　星形转接测针校验

星形转接测针主要通过一个星形转接器连接多个测针，如图 9-20 所示。

图 9-20　星形转接测针

配置星形测头组件的操作与普通测针类似，只需在配置菜单中添加相应的星形转接器，并在转接器接口分别配置所需的测针即可，如图 9-21 所示。

图 9-21　星形转接测针配置

配置星形转接测针时，需要注意事项如下。

1）使用时，通常使用 20mm 加长杆。

2）每添加一个角度，5 个测尖同时添加此角度，若某测尖不采用此角度，可删除。

3）安装时，尽量保证 2、3、4、5 号测针中相对两测针连线与 X 轴或 Y 轴平行。

4）配置测头文件时，首先选择星形测杆 1 号位置的测针（当角度为 A0B0 时，竖直向下的杆），然后按照顺序选择 2、3、4、5 号针。

9.3.3　五方向转接测针校验

如图 9-22 所示，五方向转接测针与星形转接测针类似，这种测针区别是可以在 5 个方向上配置一个或多个测针，使用上比星形转接测针更灵活。其配置如图 9-23 所示。

图 9-22　五方向转接测针

图 9-23　五方向转接测针配置

习　　题

1. 简述测头的补偿原理。
2. 简述测头校验的目的。
3. 哪些操作会造成测头校验的误差？

10 单元

零件坐标系的建立

>>>>>

◎ **单元导读**

坐标系是零件检测、公差评价的基础，一个正确零件坐标系的建立对测量精度、准确度有着重要意义。本单元配合典型案例介绍三坐标测量零件坐标系建立的方法，包括3-2-1法建立坐标系、迭代法建立坐标系、最佳拟合法建立坐标系。

◎ **思政目标**

◆树立正确的学习观、价值观，自觉践行行业道德规范。

◆牢固树立质量第一、信誉第一的强烈意识。

◆发扬一丝不苟、精益求精的"工匠精神"。

◆遵规守纪，安全生产，爱护设备，钻研技术。

10.1 零件坐标系的原理

从前面角尺测量工件的案例，我们理解了为什么要进行零件找正，了解了使用坐标系功能进行软件找正。找正后的坐标系被称为零件坐标系。零件坐标系是后续测量的基础，建立一个正确的零件坐标系是非常关键和重要的。

下面举一个简单的例子。假如用卷尺测量墙的长度，此时测量员会不假思索地把卷尺大概平行于地面，然后从墙的一端量到另一端，而不会设想从墙的上角量到相对墙的下角。其中，把卷尺平行于地面是一个简单找正建坐标系的过程。

建立零件坐标系有以下 3 个功能。

1）准确测量二维和一维元素。

2）方便进行尺寸评价。

3）实现批量自动测量。

在使用三坐标测量机的过程中，人们往往需要利用零件的基准建立坐标系来评价公差、进行辅助测量、指定零件位置等，这个坐标系称为零件坐标系。建立零件坐标系要根据零件图样指定的 A、B、C 基准的顺序指定第一轴、第二轴和坐标零点，且顺序不能颠倒。零件坐标系的使用非常灵活、方便，可以为人们提供很多方便，甚至可以利用零件坐标系生成无法测量的元素。

建立零件坐标系，实际上就是建立被测零件和测量机之间的坐标系矩阵关系；在导入CAD 模型进行测量时，同时也建立了被测零件、CAD 模型、测量机三者之间的坐标系矩阵关系。

按照坐标系执行的方式，零件坐标系又分为手动坐标系和自动坐标系。

手动坐标系的目的是确定零件的位置，为后面程序自动运行做准备，所以通常会测量最少的测量点数，又称粗建坐标系。

自动坐标系的目的是准确测量相关基准元素，作为后续尺寸评价的基准，所以通常会测量更多的点数，又称精建坐标系。因为自动坐标系在执行时是自动运行的，所以测量元素间需要加上安全移动点。

建立零件坐标系后，测量机可以相对于零件做出精密的位置和方向测量，根据图样或CAD 模型获取被测特征的参数后，测量机就可以对该特征进行自动测量，从而提高测量特征的精度，这是保证测量结果高精度的重要环节。尤其对于大批量的零件检测，通过在装夹零件的夹具上建立夹具的坐标系可以实现大批量零件的全自动测量。

在建立零件坐标系时，必须使用零件的基准特征来建立零件坐标系。

零件的设计、加工、检测都是以满足零件装配要求为前提的。基准特征可以依据装配要求按顺序选择，同时基准特征应该能确定零件在机器坐标系下的 6 个自由度。例如，在零件上选择 3 个互相垂直的平面是可以建立一个坐标系的，如果选择 3 个互相平行的平面，则不能建立坐标系，因为 3 个平行的平面只能确定该零件 3 个自由度。

通常选择能代表整个零件方向的主装配面或主装配轴线作为第一基准，因为在装配时用以上特征首先确定零件的方向；然后选择装配时的辅助定位面或定位孔作为第二基准方向，有的零件有两个定位孔，此时就应该以两个定位孔的连线作为第二基准方向；坐标系原点也应该由以上特征确定。

基准特征的选取直接影响零件坐标系的精度。在设计零件时，设计人员会指定某几个特征作为该零件的基准特征，在建立零件坐标系时，必须使用图样指定的基准特征来建立坐标系。如果设计图样基准标注不合理或没有标注基准，这种情况下测量人员不能擅自指定基准特征，而应该将此情况反馈给设计人员或负责该产品技术开发的技术人员，由他们确定好基准特征后才能开始测量。如果被测零件是正在开发过程中或进行试制的新产品，还不能完全确定基准特征，可以选择加工精度最高、方向和位置具有代表性的几个特征作为基准特征。

在实际应用中，根据零件在设计、加工时的基准特征情况，有以下 3 种建立零件坐标系的方法：3-2-1 法、迭代法、最佳拟合法。

10.2   3-2-1 法建立坐标系

10.2.1   3-2-1 法的原理及应用

3-2-1 法的基本原理是测取 3 点确定平面，取其法向矢量作为第一轴向；测取 2 点确定直线，取直线方向（起始点指向终止点）作为第二轴向；测取 1 点或点元素作为坐标系零点。

在空间直角坐标系中，任意零件均有 6 个自由度，即分别绕 X、Y、Z 轴旋转和分别沿 X、Y、Z 轴平移，如图 10-1 所示。

图 10-1   空间直角坐标系下的 6 个自由度

建立零件坐标系就是要确定零件在机器坐标系下的 6 个自由度。3-2-1 法建立空间直角坐标系分为以下 3 个步骤。

（1）找正

确定零件在空间直角坐标系下的 3 个自由度，即 2 个旋转自由度和 1 个平移自由度。

使用一个平面的矢量方向找正到坐标系的 $+Z$ 方向，这时就确定了该零件围绕 X 轴和 Y 轴的旋转自由度，同时也确定了零件在坐标系 Z 轴方向的平移自由度。另外，零件还有围绕 Z 轴旋转的自由度和沿 X 轴和 Y 轴平移的自由度。

（2）旋转

确定零件在空间直角坐标系下的 2 个自由度，即 1 个旋转自由度和 1 个平移自由度。

使用与 $+Z$ 方向垂直或近似垂直的一条直线旋转到 $+X$，这时就确定了零件围绕 Z 轴旋转的自由度，同时也确定了零件沿 Y 轴平移的自由度。此时，零件还有沿 X 轴平移的自由度。需要注意的是，在确定旋转方向时需要进行一次投影计算，将第二基准的矢量方向投影到第一基准找正方向的坐标平面上，计算与找正方向垂直的矢量方向，用该计算的矢量方向作为坐标系的第二个坐标系轴向。这个过程应该由测量软件在执行旋转命令时自动完成计算。

（3）原点

确定零件在空间直角坐标系下的 1 个自由度，即 1 个平移自由度。使用矢量方向为 $+X$ 或 $-X$ 的一个点就能确定零件沿坐标系 X 轴平移的自由度。

经过以上 3 个步骤，就能建立一个完整的零件坐标系。除上述功能外，测量软件还应该具备坐标系的转换功能。我们可以指定坐标系的一个轴作为旋转中心，让坐标系的另外 2 个轴围绕该轴旋转指定的角度，或是坐标系原点沿某个坐标轴平移指定的距离。

零件坐标系的建立是否正确，可以通过观察软件中的坐标值来判断。方法：将软件显示坐标置于零件坐标系方式，查看当前探针所处的位置是否正确。或用操纵杆控制测量机运动，使宝石球尽量接近零件坐标系零点，观察坐标显示，然后按照设想的方向运动测量机的某个轴，观察坐标值是否有相应的变化，如果偏离比较大或方向相反，就要找出原因，重新建立坐标系。

现在已经出现了多种建立坐标系的方式，如可以用轴线或线元素建立第一轴和其垂直的平面，用其他方式和方法建立第二轴等。需要注意的是，不一定非要 3-2-1 的固定步骤来建立坐标系，可以单步进行，也可以省略其中的步骤。例如，回转体的零件（圆柱形）就可以不用进行第二步，用圆柱轴线确定第一轴并定义圆心为零点就可以了，第二轴使用机器坐标，用点元素来设置坐标系零点，即平移坐标系，也就是建立新坐标系。

10.2.2　典型案例

根据零件的不同类型，采用典型的面-线-点、一面两圆定位及轴类零件来阐述 3-2-1 法建立坐标系的方法。为了帮助初学者更好地观察和理解零件坐标系，在此使用三维模型显示零件。

1．3 个面基准建立坐标系

如图 10-2 所示，在 3 个基准平面上分别测量平面 A、直线 B 和点 C，平面 A 矢量方向为 $+Z$，直线 B 矢量方向为 $+X$，点 C 矢量方向为 $-X$。

图 10-2　面-线-点建立坐标

　　平面 *A* 是第一基准，它的矢量方向在待建坐标系中是+*Z* 方向，所以应该使用平面 *A* 找正到+*Z*；直线 *B* 是第二基准，它的矢量方向在待建立坐标系中是+*X* 方向，所以应该使用直线 *B* 旋转到+*X*；平面 *A* 确定 *Z* 轴原点，直线 *B* 确定 *Y* 轴原点，点 *C* 确定 *X* 轴原点。

　　根据面-线-点建坐标系的原理，可以用同样的步骤使用面-面-面、面-线-线、面-线-圆等组合建立坐标系，当基准特征都为面-面-面时，建议使用构造点功能的隅角点方法构造 3 个平面的交点作为坐标系原点，当基准特征为面-线-线时，建议使用构造点功能的相交方法构造两条直线的交点作为坐标系两个轴向的原点。

2．一面两圆基准建立坐标系

　　图 10-3 所示为根据面-圆-圆建立坐标系，平面 *A* 的矢量方向为坐标系的+*Z* 方向，圆 *B* 的圆心坐标值为（93.5,19.5,0），圆 *C* 的圆心坐标值为（154.5,80.5,0）。设计时要求坐标系原点通过圆 *B* 的圆心平移。通过三维模型可看到，圆 *B* 和圆 *C* 的圆心连线与零件坐标系的+*X* 方向不平行，而且零件坐标系的原点也不在圆 *B* 的圆心，在建立坐标系的时候需将坐标系进行旋转和平移以建立需要的坐标系。

图 10-3　根据面-圆-圆建立坐标系

在建立坐标系时，先使用平面 A 找正+Z 方向，然后使圆 B 到圆 C 的圆心连线旋转到+X，圆 B 的圆心作为坐标系 X 轴和 Y 轴的原点，平面 A 作为 Z 轴的原点，得到一个临时坐标系。

在该临时坐标系的基础上，指定+Z 为旋转中心，让 X 轴和 Y 轴围绕+Z 顺时针旋转45°，就能得到与零件坐标系方向平行的坐标系；将临时坐标系旋转到与零件坐标系方向平行后，可以利用圆 B 的圆心坐标值进行坐标系的平移。将坐标系原点沿-X 方向平移93.5；再沿-Y 方向平移19.5，就能得到需要的零件坐标系。

3. 轴类零件建立坐标系

轴类零件建立坐标系如图 10-4 所示，只需确定轴线的方向和原点的位置，不需要锁定旋转的方向，因为在轴类零件中沿圆周 360°范围内任意一个方向都可以作为锁定旋转的方向。由于端面与轴线垂直度的影响，坐标系的原点通常使用轴线与端面的交点，不直接使用端面的质心点。

图 10-4 轴类零件坐标系

　　轴类零件在图样上通常会标注两段轴线为两个基准，如 *A* 基准和 *B* 基准，在标注几何公差时又会以两段轴线的公共轴线 *A*—*B* 作为几何公差评价的基准。在建坐标系时通常也是用 *A* 基准轴线和 *B* 基准轴线构造的公共轴线作为第一基准。由于测量公共轴线步骤较多，为方便描述，此处直接使用轴线 *AB* 表示公共轴线；用原点 *O* 表示轴线 *AB* 与端面 *C* 的交点。为便于初学者理解，这里也假设该零件在测量机工作台上装夹后零件坐标系方向与机器坐标系方向近似一致。

10.3 迭代法建立坐标系

10.3.1 迭代法建坐标系的原理

　　迭代法建立坐标系常用于汽车钣金件及其模具、检具、工装夹具的基准点系统（reference point system，RPS）。如图 10-5 所示，这种情况下通常使用两种方法建立坐标系，一种是构造出偏置平面、偏置直线，用 3-2-1 法建立坐标系，另一种就是用迭代法建立坐标系。

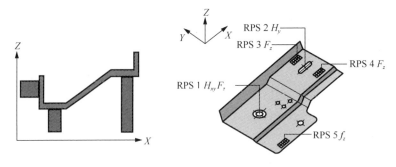

图 10-5　迭代法建立坐标系

迭代法是一种不断用变量的旧值递推新值的过程，跟迭代法相对应的是直接法（或称为一次解法），即一次性解决问题。迭代法又分为精确迭代和近似迭代。二分法和牛顿迭代法属于近似迭代法。迭代法是用计算机解决问题的一种基本方法。它利用计算机运算速度快、适合做重复性操作的特点，让计算机对一组指令（或一定步骤）进行重复执行，在每次执行这组指令（或这些步骤）时，都从变量的原值推出它的一个新值。

通过迭代法，三坐标测量软件可以将测定数据从三维上"最佳拟合"到理论点（或可用的曲面），此方法需要至少测量 3 个特征。某些特征类型（如点和直线）的三维位置较差，如果选择这些类型的特征之一，则需要添加其他类型特征才能建立精确的坐标系。

第一组特征将使平面拟合特征的质心，以建立当前工作平面法线轴的方位。此部分（找平）必须至少使用 3 个特征。

第二组特征将使直线拟合特征，从而将工作平面的定义轴旋转到特征上。此部分（旋转）必须至少使用两个特征。如果未标记任何特征，坐标系将使用"找平"部分中的特征。从"找平"部分中利用的两个特征将成为倒数第二个和第三个特征。

最后一组特征用于将零件原点平移到指定位置（设置原点-1）。

如果未标记任何特征，坐标系将使用"找平"部分中的最后一个特征。迭代法建坐标系主要应用于零件坐标系的原点不在工件的本身，或无法找到相应的基准元素来确定轴向或原点的情况，多用于曲面类零件，如叶片等。迭代法建坐标系特征元素必须有数模或理论值，尤其是矢量信息。

当执行迭代法建坐标系时，应遵守以下一般规则：对于特征组中的每个元素，PC-DMIS 都需要测定值和理论值。第一组元素的法线矢量必须大致平行。如果特征组中只使用 3 个特征，则不必遵循此规则。如果使用点特征（矢量、棱或曲面），则需要用所有 3 组元素（3 个用于找平的特征、2 个用于旋转的特征和 1 个用于设置原点的特征）来定义坐标系。可以使用任何特征类型，但三维元素是定义更完善的元素，因此可以提高精度。三维特征包括薄壁件圆、槽、柱体、球体或隔角点。

注意：对于薄壁件圆、槽和柱体至少需要 3 个样例测点。

使用测定点的困难在于只有建立坐标系后，才能知道在何处进行测量，这样导致第一次测量的数据不准确，而三维特征第一次即可精确测量。此外，如果使用点特征（矢量、棱或曲面），旋转特征组中各特征的法线矢量必须具有近似垂直于找平特征组中各特征矢量的法线矢量。原点特征组中的特征必须具有近似垂直于找平特征组矢量及旋转特征组矢量的法线矢量。如果将点特征（矢量、棱或曲面）用作特征组的一部分，当采点位置距离标称位置太远时，PC-DMIS 可能会询问是否重新测量这些点。首先，PC-DMIS 将测定数据最佳拟合到标称数据；然后，PC-DMIS 检查每个测定点与标称位置的距离。如果距离大于在点目标半径框中指定的量，PC-DMIS 将要求重新测量该点。实际上，PC-DMIS 会在每个矢量点、曲面点或棱点的理论位置周围设置一个柱形公差区，此公差区的半径就是指定的点公差。PC-DMIS 将重新测量点特征，直至所有测定点都处于公差范围内。公差区只影响测定点。PC-DMIS 的一项特殊功能是允许槽的中心点根据需要在轴上上下滑动，因此槽不能用作原点特征组的一部分。如果要将槽用作原点特征组的一部分，则需要先用槽构造一个点，然后在原点特征组中使用该构造点。但是，建议不要将槽用作迭代法建坐标系的原点特征组的一部分。

手动模式下迭代法建立坐标系的步骤与过程如下。

1）用理论值创建程序，但不选择测量。

2）手动执行程序，取得实测值。

3）迭代法建坐标系：配置参数后，自动迭代。

10.3.2　典型案例

1．6 个点迭代

下面介绍根据 6 个矢量点建坐标系的方法。分别在图 10-6 所示钣金工件的基准处生成 6 个矢量点的测量程序，进行迭代法坐标系的建立。

图 10-6　6 个点迭代

1）3 个矢量点→确定平面→曲面矢量→找正一个轴向。要求 3 个点矢量方向近似一致。

2）2 个矢量点→确定直线→方向→旋转确定第二轴。要求 2 个点矢量方向近似一致，并且此 2 点的连线与前 3 个点方向垂直。

3）1 个矢量点→原点。要求方向与前 5 个点矢量方向垂直。

2．3 个点 2 个圆迭代

3 个点 2 个圆是基准点体系中常见的一种基准布局，其中第二个圆常为圆槽。

下面介绍根据 3 个矢量点 2 个圆建坐标系的方法。分别在图 10-7 所示钣金工件的基准处生成 3 个矢量点、2 个自动圆的测量程序，进行迭代法坐标系的建立。

1）3 个矢量点→确定平面→曲面矢量→找正一个轴向。要求 3 个点矢量方向近似一致。

图 10-7　3 个点 2 个圆迭代

2）2 个圆→确定直线→方向→旋转确定第二轴。

注意：有圆参与迭代法建立零件坐标系时，测量时"样例点"参数必须为 3，即必须在圆所在表面采集 3 个样例点。

3）1 个圆→原点。

3．3 个圆迭代

下面介绍根据 3 个圆建坐标系的方法。分别在图 10-8 所示钣金工件的生成 3 个圆的测量程序，进行迭代法坐标系的建立。

图 10-8　3 个圆迭代

1）3 个圆→找正。

2）2 个圆→旋转。

3）1 个圆→原点。

注意：3 个圆进行迭代时，有如下 2 种情况不符合条件，即圆心成一条直线分布的 3 个圆和同心圆。

10.4

最佳拟合法建立坐标系

10.4.1　最佳拟合法建立坐标系的原理

最佳拟合是指实际测量结果与理论值整体尽量接近。尽量接近的目的就是观察零件与数模的差异。如果只是在数模上取点后，再用手动测量（类似迭代法初次采点），则无法测到这些理论点的位置，达不到最佳拟合的目的。这不符合最佳拟合法建坐标系的取点原则，最佳拟合法取点原则是取 3 轴封闭的点，球心点、圆柱与平面的交点、圆柱交点、隅角点等。

如果确实想用多点（散点）进行最佳拟合，则应在采用适当方式拟合坐标系后，在数模上取得点的理论数据，在让测量机自动执行程序测点后，再进行拟合。这样就减少了坐标系建立过程中出现的误差。

最佳拟合法建立坐标系比较方便，但是存在的问题是把零件的制造误差也分布在坐标系中。鉴于最佳拟合法中有各点在拟合坐标系时的权重分配，可以使人们在建坐标系时偏向重要基准。取拟合元素时，要尽量分布开，距离远。

假如检测的模具有 3 个球，可以首先在数模上测量这 3 个球，生成测量这 3 个球的程序语句。然后执行这段程序，用手动的方法测量这 3 个球（测量的顺序要与测量数模时一致），在程序语句中生成实测值。进入最佳拟合建立坐标系，选择这 3 个球，设置权重和三维参数等，即可创建。这样最佳拟合法建立坐标系就完成了。如果要再精确拟合一次，可以在此坐标系下按如上步骤，自动测量和拟合一次。

最佳拟合的另一个用法是把建立坐标系时产生的误差消除或不考虑基准，以实际测量元素或点的结果与数模进行最佳拟合。这些都是在使用数模有理论数据的情况下使用。

此方法可提高坐标系精度，特别是对于曲线曲面类零件，通过理论曲线和实际曲线的匹配得到更精确的坐标系。其常用于有 CAD 模型的情况，通过编辑所选拟合特征理论值和测定值的加权，并选定不同拟合方法，取得不同的拟合效果。

10.4.2　典型案例

在某些情况下，当坐标系根据基准建立完成之后，某些重要的尺寸要求（如与装配相关的尺寸或其他要求较高的加工尺寸）与理论值差别较大，此时将需要根据这些重要尺寸的测定值和理论值的偏差将坐标系进行平移或者旋转，使坐标系在满足当前基准的条件下，尽量减小这些重要尺寸的偏差。

如图 10-9 所示，SCN2 和 SCN3 为在基准装配尺寸满足条件下同样要求配合精度较高的曲面轮廓，在坐标系建立完成之后，可以通过对两扫描轮廓坐标系最佳拟合，减小其理论值与测定值的偏差，保证其装配精度。

图 10-9　最佳拟合法建坐标系

习　　题

1. 简述坐标系的分类。
2. 简述三坐标测量机中坐标系的作用。
3. 简述三坐标测量机建坐标系的方法及其原理。
4. 简述最佳拟合法建坐标系的原理及应用。

11 单元

几何特征的测量

>>>>

◎ **单元导读**

几何特征的测量是利用三坐标技术实现机械几何检测的表现。本单元主要介绍三坐标测量机对各种几何特征的测量，包括点、直线、平面、圆、圆柱、圆锥、球等特征，以及曲线曲面扫描功能等。

◎ **思政目标**

◆ 树立正确的学习观、价值观，自觉践行行业道德规范。

◆ 牢固树立质量第一、信誉第一的强烈意识。

◆ 发扬一丝不苟、精益求精的"工匠精神"。

◆ 遵规守纪，安全生产，爱护设备，钻研技术。

常规几何特征

几何特征（geometrical feature）又称几何元素或几何要素，简称特征（feature）、元素或要素，常规几何特征包括点、直线、平面、圆、圆柱、圆锥、球。三坐标测量机的主要工作是测量各种几何特征，并进行相关尺寸、形状、位置的评价。几何特征的测量主要有以下几种方法。

1）手动特征：通过手动测量获取的几何特征。

2）自动特征：通过输入理论值生成的几何特征。

3）构造特征：通过已有几何特征构造的几何特征，如中点、交点等。

11.1.1 几何特征的属性

每种类型的几何特征都包含位置、方向及其他特有属性，通常用特征的质心坐标代表特征的位置，用特征的矢量表示特征的方向，表 11-1 中分别列举了几种常规几何特征的属性和实际测量时需要的最少测点数。

表 11-1　几种常规几何特征的属性和实际测量时需要的最少测点数

几何特征	说明
a. 点	位置属性（质心）：点本身的坐标值； 方向属性（矢量）：测头回退的方向； 数学表达式：POINT X, Y, Z, I, J, K； 最少测点数：1 个点
b. 直线	位置属性（质心）：直线中点的坐标值； 方向属性（矢量）：第一点指向最后一点的方向； 数学表达式：LINE X, Y, Z, I, J, K； 最少测点数：2 个点

续表

几何特征	说明
c. 平面	位置属性（质心）：平面重心点的坐标值； 方向属性（矢量）：垂直于平面测头回退的方向； 数学表达式：PLANE X, Y, Z, I, J, K； 最少测点数：3 个点（不在一条直线上）
d. 圆	位置属性（质心）：圆心点的坐标值； 方向属性（矢量）：工作（投影）平面的方向； 其他属性：圆的直径； 数学表达式：CIRCLE X, Y, Z, I, J, K, D； 最少测点数：3 个点（不在一条直线上）
e. 圆柱	位置属性（质心）：重心点的 X、Y、Z 坐标值； 方向属性（矢量）：第一层指向最后一层的方向； 其他属性：圆柱的直径； 数学表达式：CYLINDER X, Y, Z, I, J, K, D； 最少测点数：6 个点（两层）； 注：自动特征坐标为圆柱轴线上的指定点
f. 圆锥	位置属性（质心）：锥顶点的 X、Y、Z 坐标值； 方向属性（矢量）：小圆指向大圆的方向； 其他属性：圆锥的锥顶角； 数学表达式：CONE X, Y, Z, I, J, K, A； 最少测点数：6 个点（两层）
g. 球	位置属性（质心）：球心点的坐标值； 方向属性（矢量）：工作平面的方向； 其他属性：球的直径； 数学表达式：SPHERE X, Y, Z, I, J, K, D； 最少测点数：4 个点（两层）

11.1.2　几何特征测量策略

实际测量时，由于工件表面存在形状、位置等几何误差，以及波纹度、粗糙度、缺陷等结构误差，仅仅测量最少测点数是不够的，理论上说，测量几何特征时测点越多越好，但受限于实际测量条件、测量时间及经济性等因素，很难对所有被测几何特征做全面的测量，实际上也没有必要。因此，在实际测量中会根据尺寸要求和被测特征的精度，选择合适的测点分布方法和测量点数。图 11-1 是常见的测点分布方法。表 11-2 为推荐的测量点数。

（a）分层法　　　　（b）螺旋法　　　　（c）布点法

图 11-1　常见的测点分布方法

表 11-2　推荐的测量点数

几何特征类型	推荐测点数（尺寸位置）	推荐测点数（形状）	说明
点（一维或三维）	1 点	1 点	手动点为一维点，矢量点为三维点
直线（二维）	3 点	5 点	最大范围分布测量点（布点法）
平面（三维）	4 点	9 点	最大范围分布测量点（布点法）
圆（二维）	4 点	7 点	最大范围分布测量点（布点法）
圆柱（三维）	8 点/2 层	12 点/4 层	为了得到直线度信息，至少测量 4 层
		15 点/3 层	为了得到圆柱度信息，每层至少测量 5 点
圆锥（三维）	8 点/2 层	12 点/4 层	为了得到直线度信息，至少测量 4 层
		15 点/3 层	为了得到圆度信息，每层至少测量 5 点
球（三维）	9 点/3 层	14 点/4 层	为了得到圆度信息，测点分布为 5+5+3+1

11.2

手 动 特 征

通过手动使用操纵盒在工件表面进行触测，得到不同类型的几何特征，称为手动特征，又称测量特征或测定特征。通过手动特征来获取几何特征的编程方式常称为自学习编程。PC-DMIS 软件包括以下手动特征类型，如图 11-2 所示。

自动推测，当不选择任何特征时
默认为自动推测

图 11-2　手动特征测量

测量手动特征的方法有以下两种，其中第二种方法为常用的方法。

1）指定元素测量：先指定元素类型，然后进行触测，确定后得到指定类型的测量特征。

2）自动推测测量：不需要指定元素类型，直接触测，确定后软件根据测点位置和方向，自动推测出测量特征的类型，如果特征类型不太明确可能出现误判，如一个比较窄的平面可能会被判断为直线，这时可以通过替代推测功能来更改特征类型。

11.2.1　手动特征测量步骤

下面以圆为例介绍手动测量的步骤。

1）确认工作平面为 $Z+$。

2）移动测头到"圆 1"第 1 个测点上方合适高度，按 PRINT 键加一个移动点。

3）往下运动到第 1 个测点回退 5mm 左右，按 SLOW 键切换到慢速触测，触测后回退 5mm 左右，取消 SLOW 键，快速移动到第 2 个测点回退 5mm 左右。

4）同样的方法完成第 2、3、4 点的触测。

5）检查状态栏测点数为 4，检查状态窗口显示误差正常，按 DONE 键生成"圆 1"。

6）快速抬起到合适高度，加入一个移动点。

如图 11-3 所示，如果状态窗口显示形状误差偏大，说明有测点误差偏大，在按 DONE 键前，可以通过 DEL PNT 键删除，每按一次删除一个，可以从状态栏观察测点数的变化，按 DONE 键之后，只能删除该特征重新测量。测量操作完成后，如图 11-4 所示。

图 11-3　测量状态栏

```
          移动/点,常规,<91.000,19.000,20.000>
圆1       =特征/圆,直角坐标,内,最小二乘方
          理论值/<93.5,19.5,-5.601>,<0,0,1>,15
          实际值/<93.5,19.5,-5.601>,<0,0,1>,15
          测定/圆,4,Z 正
          触测/基本,常规,<91.904,26.828,-3.029>,<0.2127914,-0.97709
          触测/基本,常规,<86.178,21.125,-4.967>,<0.9762557,-0.21662:
          触测/基本,常规,<89.333,13.264,-7.399>,<0.5556368,0.831425:
          触测/基本,常规,<100.542,22.081,-7.009>,<-0.9389395,-0.344(
          终止测量/
          移动/点,常规,<100.000,22.000,20.000>
```

图 11-4　测量圆界面及程序码

图 11-4 （续）

坐标测量软件显示的元素特征都是由采集的点拟合获得的，因此，在手动元素采集操作时尤其需要注意数据点采集的位置，手动测量示意图如图 11-5 所示。

图 11-5 手动测量示意图

11.2.2 手动特征测量原则

使用手动方式测量零件时，为了保证手动测量所得数据的精确性，要注意以下几个方面的问题。

1）要尽量测量零件的最大范围，合理分布测点位置和测量适当的点数。

2）触测时的方向要尽量沿着测量点的法向矢量，避免测头"打滑"。

3）触测时应按慢速键，控制好触测速度，测量各点时的速度要一致。

4）测量二维元素时，须确认选择了正确的工作（投影）平面。

5）测量点时，必须要找正，保证被测表面与某个坐标轴垂直。

11.3　　　　　　　　　　　　　　　　　　　　　　　　　自 动 特 征

生成自动特征的过程，是操作者在软件界面中输入几何特征的属性参数，或在 CAD 上选取几何特征软件自动读取特征属性，由程序自动生成测点和运动轨迹。

没有 CAD 时，一般根据图样将相关理论数据按照自动特征的需要填写到自动特征界面中。程序自动生成移动和测量点，驱动测量机进行测量。

11.3.1　自动特征测量步骤

下面以圆为例介绍手动测量的步骤。

1）从"自动特征"工具栏选择"自动圆"图标 ◙。

2）根据图样在特征属性文本框中输入圆的理论中心位置 X 为 124、Y 为 50、Z 为 0。

3）曲面矢量 I 为 0、J 为 0、K 为 1。

4）角度矢量为 1，0，0。

5）内/外类型为内。

6）直径为 60.5mm。

7）设置测点为 4，深度为 2mm。

8）样例点输入 0，间隙输入 0。

9）避让移动选择两者，距离设为 30mm。

10）检查各参数正确与否，单击"创建"按钮，此时机器将会自动测量圆 1。

11.3.2　自动特征输入界面

1. 自动矢量点

矢量点为三维特征，根据给定的矢量方向进行半径补偿。而手动特征点默认为一维特征，被测表面必须垂直于坐标系的一个轴向，否则将产生余弦误差，所以手动测量点前必须对工件进行找正，而自动矢量点不需要。

图 11-6 所示为自动测量一个坐标值为 $X=142$、$Y=10$、$Z=0$ 的坐标点及矢量方向 $I=0$、$J=0$、$K=1$。

图 11-6　自动测量点界面

测量参数如下。

1）X、Y、Z 文本框：显示点特征位置的 X、Y 和 Z 标称值，坐标信息可以通过直角坐标系或极坐标系两种方式输入。

2）曲面矢量 I、J、K：自动测点时的逼近矢量，用以确定机器的进针路径。

3）创建：选择测量后，单击"创建"按钮，测量机开始进行工件特征元素的测量。

2．自动测量圆柱

自动测量特征圆、圆柱、圆锥的操作界面类似，测量时需要增加设置圆测量的起始角和终止角（如图 11-7 所示，起始角是 180°，终止角是 270°），以及测量深度（图 11-8）等参数。

图 11-7　圆测量角度设置　　　　　　　　图 11-8　深度参数

对于圆柱、圆锥的测量，则通过多层圆面采集特征数据，如图 11-9 所示。

图 11-9　自动测量圆柱示意图

图 11-10 所示为自动测量一个坐标值为 $X=154.5$、$Y=80.5$、$Z=0$，直径是 15 的圆柱。

图 11-10　自动测量圆柱界面

测量参数如下。

1）长度：用于定义圆柱的总长度。

2）使用理论值：检测时使用理论数据。

3）角度 I、J、K：定义绕曲面矢量的 0°位置。起始角和终止角将用该矢量来进行计算。

4）起始角/终止角：测量圆的起始角度与终止角度。

5）内/外：用于设定测量的圆是内圆还是外圆。

6）直径：用于输入测量圆的直径。

7）方向：控制测点的顺序是逆时针还是顺时针。

8）深度：相对于圆柱顶部的距离，即测量机在柱体上测量的最后一层的位置，其数值相对于圆柱的理论值沿着圆柱的法向矢量的相反方向偏置。

9）结束偏置：相对于圆柱底部的距离，即测量机在柱体上测量的第一层的位置，其数值相对于圆柱的理论值沿着圆柱的法向矢量的方向偏置。

10）第一层的测量位置：圆柱的深度位置。

11）最后一层的测量位置：圆柱的长度-结束偏置。

12）层：在圆柱的深度位置和结束偏置位置之间测量的层数，每层之间的距离是等分的。

13）每层测点：在每一层上测量的点数。

3．自动测量球

与其他圆类特征测量不同，球体的特征测量需要设置两对圆测量参数，即球体上经线方向的起始角、终止角，球体上纬线方向的起始角2、终止角2，如图11-11所示。

在零件上自动测量一个坐标值为 $X=93.5$、$Y=80.5$、$Z=0$，直径为15mm的球，如图11-12所示。

图11-11　圆测量参数设置　　　　　图11-12　自动测量球界面

测量参数如下。

1）起始角：球体上经度方向的起始角为0°。

2）终止角：球体上经度方向的终止角为360°。

3）起始角2：球体上纬线方向的起始角度0°。

4）终止角2：球体上纬线方向的终止角度90°。

自动测量球角度示意图如图11-13所示。

图 11-13　自动测量球角度示意图

构 造 特 征

在日常的检测过程中有些特征无法直接测量得到，必须使用构造功能构造相应的特征，才能完成特征的评价。下面介绍几种常用的构造方法，包括最佳拟合、最佳拟合重新补偿、相交等，如图 11-14 所示。

图 11-14　构造软件界面

构造特征具体步骤如下。

1）选择需要构造特征。

2）选择特征是 2D 还是 3D（对于直线、圆等有二维的特征，2D 是计算时投影到工作平面，3D 是空间特征）。

3）选择用于构造的特征。

4）选择相应构造方法，或默认自动，创建。

11.4.1 最佳拟合

如图 11-15（a）所示，构造直线 2D：选择圆 1、圆 2、圆 3、圆 4 等，选择"自动"或"最佳拟合"选项，单击"创建"按钮（构造的直线是根据圆心位置进行拟合，默认为单位 1 长度）。

如图 11-15（b）所示，构造圆：选择圆 1、圆 2、圆 3、圆 4、圆 5，选择"自动"或"最佳拟合"选项，单击"创建"按钮（构造的圆是根据圆心位置进行拟合）。

如图 11-15（c）所示，构造直线 3D：选择圆柱 1、圆柱 2，选择"自动"或"最佳拟合"选项，单击"创建"按钮（常用于轴类零件基准）。

（a）构造直线2D   （b）构造圆   （c）构造直线3D

图 11-15 最佳拟合

11.4.2 最佳拟合重新补偿

如图 11-16（a）所示，构造平面：选择点 1、…、点 4，选择"自动"或"最佳拟合"选项，单击"创建"按钮（须指定构造方法）。

如图 11-16（b）所示，构造椭圆：选择点 1、…、点 6，选择"自动"或"最佳拟合"选项，单击"创建"按钮（须指定构造方法）。

（a）构造平面   （b）构造椭圆

图 11-16 最佳拟合重新补偿

11.4.3 相交

如图 11-17（a）所示，构造点：选择直线 1、直线 2，默认"相交"，单击"创建"按钮（当不相交时得到的是公垂线中点）。

如图 11-17（b）所示，构造点：选择直线 1、圆 1，默认"刺穿"，单击"创建"按钮

（得到穿入点，构造反向直线及穿出点）。

如图 11-17（c）所示，构造点：选择直线 1、平面 1，默认"刺穿"，单击"创建"按钮。

如图 11-17（d）所示，构造直线：选择平面 1、平面 2，默认"相交"，单击"创建"按钮。

如图 11-17（e）所示，构造圆：选择圆柱 1、平面 1，默认"相交"，单击"创建"按钮。

如图 11-17（f）所示，构造圆：选择球 1、平面 1，默认"相交"，单击"创建"按钮。

如图 11-17（g）所示，构造圆：选择圆锥 1、平面 1，默认"相交"，单击"创建"按钮。

如图 11-17（h）所示，构造圆：选择圆锥 1，设置方法为圆锥，类型为直径/高度，输入数值，单击"创建"按钮（须指定构造方法）。

（a）构造点1　（b）构造点2　（c）构造点3　（d）构造直线

（e）构造圆1　（f）构造圆2　（g）构造圆3　（h）构造圆4

图 11-17　相交构造

11.4.4　中分

如图 11-18（a）所示，构造点：选择点 1、点 2，默认"中点"，单击"创建"按钮。

如图 11-18（b）所示，构造直线：选择直线 1、直线 2，默认"中分"，单击"创建"按钮（平分锐角的中分线）。

如图 11-18（c）所示，构造直线：选择直线 1、直线 2，默认"中分"，单击"创建"按钮。

如图 11-18（d）所示，构造平面：选择平面 1、平面 2，默认"中分面"，单击"创建"按钮。

（a）构造点　　（b）构造直线1　　（c）构造直线2　　（d）构造平面

图 11-18　中分

11.4.5　坐标系

如图 11-19（a）所示，构造点：根据坐标系的原点创建。

如图 11-19（b）所示，构造直线：根据坐标系的工作平面，如+Y 工作平面，创建工作面上的直线。

如图 11-19（c）所示，构造平面：根据坐标系的工作平面，如+Z 工作平面，创建平面。

（a）构造点　　　　　　　（b）构造直线　　　　　　（c）构造平面

图 11-19　坐标系创建

11.4.6　偏置

如图 11-20（a）所示，构造点：选择点 1，通过偏置点功能，输入偏置距离（Offset），完成创建。

如图 11-20（b）所示，构造直线：选择平面 1、平面 2，通过偏置，分别输入偏置距离，完成创建（相当于已知理论距离，构造出虚拟的理论直线）。

如图 11-20（c）所示，构造直线：选择圆 1、圆 2，用偏置方法，分别输入偏置距离，完成创建。

如图 11-20（d）所示，构造平面：选择平面 1、…、平面 3 或圆 1、…、圆 3，用偏置方法，分别输入偏置距离，完成创建。

（a）构造点　　　　（b）构造直线1　　　　（c）构造直线2　　　　（d）构造平面

图 11-20　偏置

构造过程时，注意图 11-21 所示两种情况的区别，区别设置参数。

图 11-21　偏置区别

偏置平面、偏置直线常用于汽车钣金件及其模具、检具、工装夹具的基准点系统。如图 11-22 所示，这种情况下通常使用两种方法建立坐标系，一种是构造出偏置平面、偏置直线，用 3-2-1 法建立坐标系，另一种就是用迭代法建立坐标系。

图 11-22　偏置建立坐标系

11.5

CAD 辅助测量

11.5.1　CAD 的导入和操作

PC-DMIS 对于导入 CAD 模型的数据文件提供了多种数据类型：IGES、DXF/XWG、STEP、UG 转换器、Pro-Engineer 转换器、CAD 等。本节采用的为 IGES 格式。步骤如下。

1）选择"文件"→"导入"命令，如图 11-23 所示。

图 11-23　导入 CAD 数据

2）选择所要导入 CAD 模型的数据类型 IGES。

3）在打开的导入对话框的"查找范围"下拉列表框中选择要导入文件所在的盘符，如"F："，并在当前盘符目录下查找文件存放的位置。

4）选择所要导入模型的名称（如HEXAGON_WIREFRAME_SURFACE.IGS），单击"导入"按钮，将CAD数据导入程序中，可以在图形窗口中看到导入的CAD模型。

单击"图形视图"按钮，打开"图形视图"对话框（图11-24）显示不同的视图，以及切换实体模式和线框模式。选择"编辑"→"图形显示窗口"→"CAD元素"命令，打开"编辑CAD元素"对话框，在其中可更改CAD的颜色，如图11-25所示。

图11-24　"图形视图"对话框　　　　　图11-25　设置CAD元素界面

11.5.2　CAD坐标系的拟合

CAD坐标系的拟合方法如下。

方法1：用3-2-1法建立坐标系，然后令CAD=PART（操作→图形显示窗口→CAD拟合零件），这种拟合实际上是平移拟合，必须保证零件上的坐标系方向和原点与CAD坐标系一致，才能使用CAD=PART。

方法2：用迭代法或最佳拟合法建立坐标系，可以实现旋转和平移的拟合，迭代法可以看作一种特殊的最佳拟合，并且其中集成了迭代逼近等功能，主要用于参考点系统的坐标系建立。

如图11-26所示，单击"程序模式"图标切换到程序模式，此时可以在CAD上使用鼠标采点，相当于用操纵盒在工件上采点。通过这种方法，可以脱机在CAD上自学习编程。实际使用中，经常把程序模式和自动特征结合起来用于CAD辅助测量。

图11-26　工具栏

11.5.3　CAD的自动特征

如果工件测量提供CAD数模，可以直接单击选取测量对象，从而填写特征测量界面中的位置坐标和矢量参数。相比提供图样的测量情况，利用 CAD 数模测量过程更加方便、快速、准确。数据的接收格式，根据使用的软件有所不同，一般支持 IGES、DXF、DES、STEP 等。

PC-DMIS 软件系统下有 CAD 数模的测量，特征设置界面与前述测量方法相同。图 11-27 所示为自动测量圆柱，可以在 CAD 数模上选取测量对象，在操作界面自动生成特征的位置和矢量参数。其他特征的测量也都可以通过软件自动判断生成测量指令。

图 11-27　自动测量圆柱

曲线、曲面扫描

11.6.1　扫描的原理和应用

零件扫描是指用测头在零件上通过不同的触测方式，采集零件表面数据信息，用于分析或 CAD 建模。

扫描技术主要依赖于三维扫描测头技术，因为三维测头可以通过三维传感器受测量过程中的瞬时受力方向，调整对测量机 X、Y、Z 三轴电动机的速度的分配，使测头的综合变形量始终保持在某一恒定值附近，从而自动跟踪零件轮廓度形状的变化。

三坐标测量机的扫描操作是应用测量软件在被测物体表面的特定区域内进行数据点采集，该区域可以是一条线、一个面片、零件的一个截面、零件的曲线或距边缘一定距离的周线等。

扫描主要应用于以下两种情况。

1）对于未知零件数据：只有工件、无图样、无 CAD 模型，应用于测绘。

2）对于已知零件数据：有工件、有图样或 CAD 模型，用于检测轮廓度。

在测量软件中，扫描类型与测量模式、测头类型及是否有 CAD 文件等有关，控制屏幕上的"扫描"（scan）选项由状态按钮（手动/自动）决定。

若采用自动方式测量，又有 CAD 文件，则可供选用的扫描方式有"开线"（open linear）、"闭线"（closed linear）、"片区"（patch）、"截面"（section）和"周线"（perimeter）等。若采用自动方式测量，而只有线框型 CAD 文件，则可选用"开线"、"闭线"和"面片"扫描方式。若采用手动测量模式，则只能使用基本的"手动触发"（manual TTP scan）扫描方式。

根据扫描测头的不同，扫描可分为接触式触发扫描、接触式连续扫描和非接触式激光扫描。

1．接触式触发扫描

接触式触发扫描是指测头接触零件并以单点的形式获取数据的测量模式，其特点是点和点之间测头必须离开工件，如图 11-28 所示。

图 11-28　接触式触发扫描示意图

一般接触式触发扫描使用的测头包括 TESESTER-P、TP20、TP200 等。

2．接触式连续扫描

接触式连续扫描是指测头接触零件并沿着被测零件获取数据的测量模式，其特点是测头连续在工件上滑过，软件以一定的频率读取球心点，如图 11-29 所示。

图 11-29　接触式连续扫描示意图

一般接触式连续扫描使用的测头包括 SP600、SP25、LSP-X3、LSP-X5 等。

3．非接触式激光扫描

非接触式激光扫描是指使用激光测头沿着零件表面获取数据的测量模式，如图 11-30 所示。

图 11-30　非接触式激光扫描示意图

接触式连续扫描比接触式触发扫描速率要高，可以在短时间内获取大量的数据点，真实反映零件的实际形状，特别适合复杂零件的测量。激光测头的扫描取样率高，为 50～23000 次/s，适用于表面形状复杂、精度要求不高的未知曲面。

11.6.2　扫描的操作方法

扫描过程如下。

1）定义扫描起始点、方向点和终止点。

2）测头从起始点开始测量，按照扫描方向向终止点扫描。

3）计算机实时读取传感器信号和光栅尺数据，并进行分析。

4）控制系统根据传感器信号控制测头的运动方向随零件表面变化。

1. 开线扫描

根据实际应用需求，有时需要对零件上某一截面中的某一段曲线进行测量，然后分析它的曲线轮廓误差，有时需要对零件进行测绘和 CAD 造型。在这种情况下，可以通过开线扫描方式来完成对零件表面数据的采集。

开线扫描是最基本的扫描方式。采用这种方式时，测头从起始点开始，沿一定方向并按预定步长进行扫描，直至终止点。开线扫描可根据有无 CAD 模型两种情况分别设置扫描参数，如图 11-31 所示。

2. 闭线扫描

根据需求，有时需要对零件上的某一闭合截面曲线进行扫描测量，此时只需要定一个起始点和方向点，因为 PC-DMIS 将应用起点同时作为终止点，如图 11-32 所示。

图 11-31　开线扫描示意图

图 11-32　闭线扫描示意图

3. 曲面扫描

根据需求，有时需要对零件上的某一曲面块进行扫描测量，从而分析它的曲面轮廓误差，或进行零件测绘以获取测量数据，进而实现 CAD 的造型。在这种情况下，要通过曲面扫描来完成。

　　曲面扫描允许用户扫描一个区域而不再是扫描线，应用此扫描方式至少需要 4 个边界点信息，即一个开始点、一个方向点、扫描长度和扫描宽度。按此基本的或默认的信息，PC-DMIS 将根据给出的边界点 1、2、3 来定出三角形面片，而方向由点 D 的坐标来定；若增加了第四个边界点，面片可以为四方形，如图 11-33 所示。

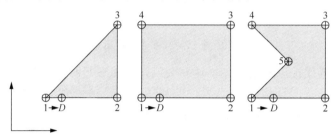

图 11-33　曲面扫描示意图

习　　题

1. 三坐标测量机按自动化程度不同，测量方式有几种？各有什么特点？
2. 扫描的主要应用有哪些？
3. 元素构造有什么作用？为什么需要用到元素构造功能？

12 单元

尺寸评价和报告输出

>>>>

◎ **单元导读**

尺寸误差评价是三坐标测量技术最终的落脚点，尺寸评价功能用于评价尺寸误差和几何误差。尺寸误差包括位置、距离、夹角，几何误差包括形状误差和位置误差。本单元主要介绍 PC-DMIS 软件如何实现尺寸评价及其检测报告输出。

◎ **思政目标**

◆ 树立正确的学习观、价值观，自觉践行行业道德规范。

◆ 牢固树立质量第一、信誉第一的强烈意识。

◆ 发扬一丝不苟、精益求精的"工匠精神"。

◆ 遵规守纪，安全生产，爱护设备，钻研技术。

尺寸误差评价

PC-DIMS 软件支持所有类型的尺寸、形状、位置误差评价。图 12-1 是尺寸评价工具栏。其中，最后一个图标为键入尺寸，用于将其他检测设备检测的尺寸或计算出的尺寸输出到 PC-DMIS 测量报告。

图 12-1　尺寸评价工具栏

12.1.1　位置

位置尺寸用于评价几何特征的属性，如坐标、矢量、直径、半径、角度、长度等。

位置尺寸评价步骤如下。

1）打开"特征位置"对话框（图 12-2）。

2）在特征选择列表框中选择需评价的特征。

3）在坐标轴中选择要评价的几何特征属性。

4）输入公差、标称值或选择 ISO 公差等级。

5）单击"创建"按钮。

图 12-2　"特征位置"对话框

尺寸评价界面的公共选项如图 12-3 所示。下面进行简单介绍。

图 12-3　尺寸评价界面的公共选项

1）单位：英寸或毫米。

2）输出到：统计、报告、两者、无。

3）分析：在文本报告中显示尺寸文本分析，在图形显示窗口中显示尺寸图形分析。

4）尺寸信息：在图形显示窗口中显示尺寸信息。

12.1.2　距离

距离尺寸评价步骤如下。

1）打开"距离"对话框（图 12-4）。

2）在特征选择列表框中选择需评价的特征。

3）输入公差、标称值，选择 2 维或 3 维类型。

4）根据需要选择关系、方向、圆选项，若不需要可跳过该步骤。

5）单击"创建"按钮。

图 12-4　"距离"对话框

下面介绍距离尺寸的几何关系。

点-点关系：选择特征 1、特征 2，选择 2 维/3 维模式（2 维是先投影，再求距离，3 维是直接计算空间距离），创建评价，得到质心连线的长度，一般不用于线和面，点包括所有特征的质心点，线包括直线、轴线、中心线等，如图 12-5 所示。点-点关系（方向性）如图 12-6 所示。

图 12-5　点-点关系　　　　　　　　图 12-6　点-点关系（方向性）

D：尺寸为距离，2 维，选择圆 1、圆 2，完成创建。

D_x：尺寸为距离，2 维，选择圆 1、圆 2，关系为按 X 轴，方向为平行于，完成创建。

D_y：尺寸为距离，2 维，选择圆 1、圆 2，关系为按 Y 轴，方向为平行于，完成创建。

D_1：尺寸为距离，2 维，选择圆 1、圆 2、直线 1，关系为按特征，方向为平行于直线 1，完成创建。

D_2：尺寸为距离，2 维，选择圆 1、圆 2、直线 1，关系为按特征，方向为垂直于直线 1，完成创建。

当所求距离需要加上或减去半径时，选中"加半径"或"减半径"单选按钮。

点-线、点-面距离：选择特征 1、特征 2，选择 2 维/3 维模式，按特征类型确定方向，完成创建（注意选择顺序，第一个特征用质心点，最后一个特征确定方向，选择最短距离时得到的是公垂线长度），如图 12-7 所示。

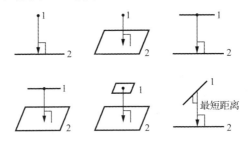

图 12-7　点-线、点-面距离

12.1.3　夹角

夹角尺寸评价步骤如下。

1）打开"角度"对话框（图 12-8）。

图 12-8　"角度"对话框

2）在特征选择列表框中选择需评价的特征。

3）输入公差、标称值，选择 2 维/3 维类型。

4）选择关系为按特征或按坐标轴。

5）单击"创建"按钮。

下面介绍夹角尺寸几何关系。

线-坐标轴夹角 [图 12-9（a）]：选择特征 1，选择 2 维/3 维模式，关系为按坐标轴方向，如 X 轴，完成夹角创建（线包括直线、轴线、中心线、矢量等）。

线-线夹角 [图 12-9（b）]：选择特征 1、特征 2，选择 2 维/3 维模式，按特征确定方向，完成夹角创建。

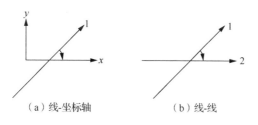

（a）线-坐标轴　　　　　（b）线-线

图 12-9　线-坐标轴夹角与线-线夹角

当不输入标称值时，夹角为线 1 指向线 2 的夹角，逆时针为正，顺时针为负；当输入标称值时，软件根据理论值自动判断夹角象限（锐角/钝角、正/负）。

几何误差评价

几何误差评价步骤如下。

1）打开几何误差评价对话框（公差符号），如图 12-10 所示。

图 12-10　几何误差评价对话框

2）在特征列表框中选择需评价的特征。

3）定义基准，如果已经定义好则跳过这一步。

4）在特征控制框编辑器中选择/输入公差符号、圆形公差带、公差、实体条件、投影符号、投影长度、基准，如图 12-11 所示。

图 12-11　特征控制框编辑器

5）根据需要设置其他选项，如评价标准、高级等，不需要则跳过这一步。

6）单击"创建"按钮。

表 12-1 所示为几何误差评价条件。

表 12-1　几何误差评价条件

符号	误差项目	被评价特征	有或无基准	公差带
▱	平面度	平面	无	两平行平面(t)
—	直线度	直线、圆柱	无	两平行直线(t)，两平行平面(t)，圆柱面（ϕt）
○	圆度	圆、圆锥、球	无	两同心圆（t）
⌀	圆柱度	圆柱	无	两同心圆柱（t）
⌒	线轮廓度	曲线（点集合）	有或无	两等距曲线（t）
⌓	面轮廓度	曲面（点集合）	有或无	两等距曲面（t）
//	平行度	直线、圆柱、平面	有	两平行直线(t)，两平行平面(t)，圆柱面（ϕt）
⊥	垂直度	直线、圆柱、平面	有	两平行直线(t)，两平行平面(t)，圆柱面（ϕt）
∠	倾斜度	直线、圆柱、平面	有	两平行直线(t)，两平行平面(t)，圆柱面（ϕt）
⊕	位置度	点、直线、平面、圆、圆柱	有	两平行直线(t)，两平行平面(t)，圆（ϕt），圆柱面（ϕt），球面（$S\phi t$）
◎	同心度	圆	有	圆（ϕt）
	同轴度	圆柱、圆锥	有	圆柱面（ϕt）
⹀	对称度	两个面、两条线、一个特征组	有	两平行平面（t）
↗	端面圆跳动	一层圆形面	有	两平行平面（t）
	径向圆跳动	圆	有	两同心圆（t）
↗↗	端面全跳动	多层圆形面	有	两平行平面（t）
	径向全跳动	圆柱	有	两同轴圆柱面（t）

我们可以想象位置度公差带就像打靶，靶心表示特征理论中心点，由于加工误差，实际圆心和理论圆心必然不重合，就用位置度公差带限制圆心的位置必须在某个公差圆范围。

如图 12-12 所示，打了 10 次靶，就像加工了 10 个零件，有 7 个合格，3 个超差。

图 12-12　测量示意图

　　与位置公差相比，位置度公差提供了较大的公差带区域，圆形公差带比正方形公差带要大 57%，同时 MMC 调整因子允许使用额外的公差补偿，这些降低了制造成本。应用到工件检测上，位置度合格和超差时分别如图 12-13 所示。

（a）位置度合格时　　　　　　　　　　（b）位置度超差时

图 12-13　位置度测量评价

　　下面说明为何需要最大实体条件。当考虑两个轴和两个孔能否装配时，通常考虑间距（或坐标）是否合格，当实际间距和理论间距之差超差时，是否就一定判断该零件不合格呢？例如，图 12-14 所示孔间距的评价。

图 12-14　孔间距评价

　　答案肯定是不一定，因为影响装配的因素除间距（坐标）外，还有直径的影响，这就引入了最大实体条件。如图 12-15 所示，如果特征标注最大实体要求 Ⓜ，则表示特征可以在某个范围内调整。

图 12-15 特征标注最大实体要求

如果基准标注最大实体要求，则表示基准可以在某个范围内调整，如图 12-16 所示。

图 12-16 基准标注最大实体要求

如果特征和基准标注最大实体要求，则表示特征和基准都可以在某个范围内调整，如图 12-17 所示。

图 12-17　特征和基准标注最大实体要求

通过上面的学习可以知道，评价对象的最大实体条件是将特征的公差放大，而基准的最大实体条件是提供最佳装配路径（即最佳拟合）以缩小位置度，使装配更加容易。

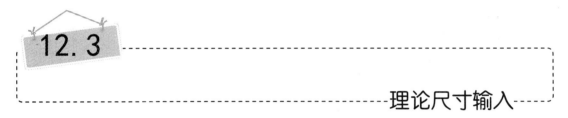

12.3 理论尺寸输入

键入尺寸用于将其他检测设备检测的尺寸或计算出的尺寸输出到同一张测量报告上。键入尺寸操作步骤如下。

1）打开"尺寸键入"对话框（图 12-18）。

2）输入 ID、标称值、实际值、公差。

3）单击"创建"按钮。

图 12-18　"尺寸键入"对话框

报 告 输 出

12.4.1　测量报告内容

测量报告通常包括报告表头和尺寸信息。以下为报告窗口常用功能按钮：报告刷新、报告打印、报告模板选择等，如图 12-19 所示。

图 12-19　报告设置界面

测量报告尺寸信息通常包括标称值、实测值、公差、偏差、超差等信息，如图 12-20 所示。

AX	NOMINAL	+TOL	-TOL	MEAS	DEV	OUTTOL	
X	69.000	0.050	0.050	69.000	0.000	0.000	
Y	90.000	0.050	0.050	90.000	0.000	0.000	
Z	0.000	0.050	0.050	0.000	0.000	0.000	
角度	30.000	0.010	0.010	30.000	0.000	0.000	
长度	-13.995	0.050	0.050	-13.995	0.000	0.000	

图 12-20　测量报告尺寸信息

12.4.2　测量报告模板

PC-DMIS 软件自带多种报告模板，可以根据需要将测量数据显示在不同的报告模板中，如图 12-21 所示。

1. 文本报告

文本报告是最常用的测量报告格式。在文本报告中显示的项目比较完整，报告内容排列整齐，易于理解。同时，文本报告有多种样式，如带边框的文本报告（图 12-22）、PPAP 报告（图 12-23）、纯文本报告（图 12-24）。

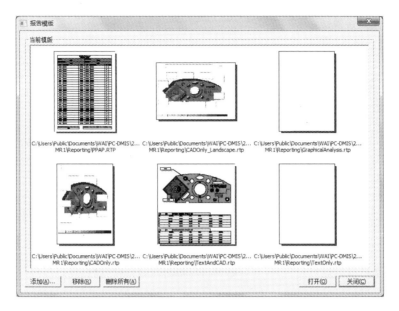

图 12-21　报告模板样式

中	毫米	位置6 - C16					
AX	NOMINAL	+TOL	-TOL	MEAS	DEV	OUTTOL	
极角	300.0000	0.1000	-0.1000	299.9992	-0.0008	0.0000	
中	毫米	位置7 - 球面球					
AX	NOMINAL	+TOL	-TOL	MEAS	DEV	OUTTOL	
D	54.1050	0.0400	-0.0400	54.0735	-0.0315	0.0000	
中	毫米	位置8 - 球道球					
AX	NOMINAL	+TOL	-TOL	MEAS	DEV	OUTTOL	
D	48.6030	0.0500	-0.0500	48.5255	-0.0775	0.0275	
同心度1	毫米	◎ Ø0.04 A					
特征	NOMINAL	+TOL	-TOL	MEAS	DEV	OUTTOL	
球道球	0.0000	0.0400		0.0401	0.0401	0.0001	

图 12-22　带边框的文本报告

Item	Specification	+Tol	-Tol	Measurement	OK	Reject
1	360.0000 (位置1-PA)	0.1000	-0.1000	360.0000	✓	
2	60.0000 (位置2-PA)	0.1000	-0.1000	60.0090	✓	
3	120.0000 (位置3-PA)	0.1000	-0.1000	120.0049	✓	
4	180.0000 (位置4-PA)	0.1000	-0.1000	180.0582	✓	
5	240.0000 (位置5-PA)	0.1000	-0.1000	240.0368	✓	
6	300.0000 (位置6-PA)	0.1000	-0.1000	299.9992	✓	
7	54.1050 (位置7-D)	0.0400	-0.0400	54.0735	✓	
8	48.6030 (位置8-D)	0.0500	-0.0500	48.5255		⊘
9	3.4000 (位置9-Z)	0.0500	-0.0500	3.4713		⊘
10	◎ Ø0.04 A (同心度1-POS)	0.0400		0.0401		⊘

图 12-23　PPAP 报告

```
DIM 位置6= 圆 的位置C16   单位=毫米
AX     NOMINAL      +TOL       -TOL        MEAS        DEV       CUTTOL
PA     300.0000     0.1000    -0.1000     299.9992    -0.0008    0.0000  ----#----

DIM 位置7= 球体 的位置球面球   单位=毫米
AX     NOMINAL      +TOL       -TOL        MEAS        DEV       CUTTOL
D       54.1050     0.0400    -0.0400      54.0735    -0.0315    0.0000  #-------

DIM 位置8= 球体 的位置球道球   单位=毫米
AX     NOMINAL      +TOL       -TOL        MEAS        DEV       CUTTOL
D       48.6030     0.0500    -0.0500      48.5255    -0.0775    0.0275  <-------

同心度1 = 同心度 CF 球道球     单位=毫米
AX     NOMINAL      +TOL       -TOL        MEAS        DEV       CUTTOL
M        0.0000     0.0400     0.0000       0.0401     0.0401    0.0001  -------->
```

图 12-24   纯文本报告

2．图形报告

图形报告将测量图形（图 12-25）或 CAD 模型（图 12-26）与相应的测量尺寸同时显示，这样可以直观地看到测量特征在零件上的位置和测量结果。

3．图文报告

图文报告是将文本报告和测量图形结合在一起，在报告中同时显示尺寸评价结果及其对应特征的图形。如图 12-27 所示，报告中显示 C1、C4、C7、C10、C13、C16 的极角评价结果及测量图形。

图 12-25   测量图形与测量尺寸同时显示的图形报告

图 12-26 CAD 模型与测量尺寸同时显示的图形报告

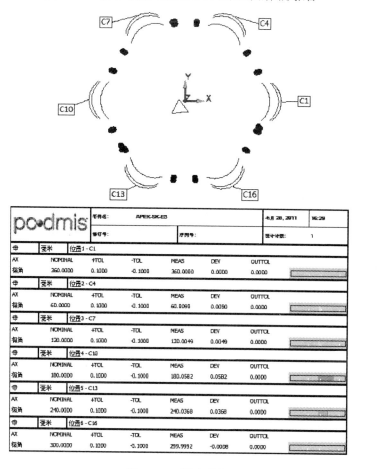

图 12-27 图文报告

12.4.3 测量报告输出

测量报告输出文件支持 PDF 和 RTF 格式，也可以将测量报告输出到打印机，相关内容在"报告打印选项"对话框中设置，如图 12-28 所示。设置好后，每次执行完程序后会自动根据设置打印或输出，也可以手动在报告窗口上方单击"打印"按钮。

图 12-28 报告输出设置

报 告 分 析

检查测量报告尺寸是否有超差尺寸，如果有超差尺寸，分析超差的合理性。同时应检查工件尺寸超差位置是否有异常，例如，测量表面是否有异物，工件是否紧固。重新清洁和紧固后，再测一次，对比两次测量的重复性，从而确定测量结果的合理性。

特殊尺寸误差评价和报告输出

对于齿轮、叶片、蜗轮、蜗杆、转子、凸轮轴等特殊零件，如图 12-29 所示，通常有相应的专用检测标准，以评价一些特殊误差，这些误差以前需要特殊的算法，需要使用测量软件的专用模块来实现检测和误差评价。

图 12-29 齿轮、叶片等零件

12.6.1 齿轮误差评价

PC-DMIS GEAR 齿轮测量模块如图 12-30 所示,主要用于检测渐开线式圆柱直齿轮(内、外直齿轮)、斜齿轮(内、外斜齿轮)、螺旋伞齿轮,用户只需输入参数即可基于 PC-DMIS 软件完成编程、测量,并实现自动评价。该软件包支持 AGMA、DIN、ISO、JIS 国际通用标准的测量和评价,PC-DMIS GEAR 可实现在线或脱机时对渐开线式齿轮进行评定。只需输入齿轮参数即可自动生成通用测量程序和专业报告,支持完整和不完整的圆柱齿轮(直齿和斜齿)、螺旋伞齿轮的测量。用户可以切换各种国际标准,齿轮支持 PC-DMIS AGMA 2000-A88、DIN 3962、JIS B1702 和 ISO 1328 标准。对于螺旋伞齿轮,它支持 AGMA 2009、AGMA 390-03A 和 DIN 3965 标准。该软件提供了专业易理解的报告模板,包括工业标准模板,可替代专用齿轮测量设备。

图 12-30 PC-DMIS GEAR 齿轮测量模块

12.6.2 叶片误差评价

PC-DMIS Blade 叶片测量模块如图 12-31 所示，它可以迅速定义被测截面的参数及计算方法，快速执行测量。该软件为叶片测量提供了通用程序，用户只需简单修改无须重新编程。利用该软件，用户只需输入叶片参数即可自动生成通用测量程序和专业报告，提供专业且丰富的评价分析算法、参数分析，支持变公差评价功能，全面的最佳拟合与 CAD 的完美结合，输出高效精准的检测报告，提供一系列专业报告模板，真正地做到图文并茂分析，如图 12-32 所示。

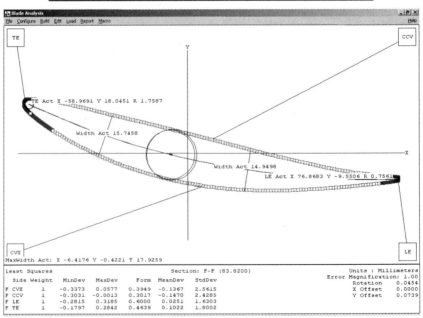

图 12-31　PC-DMIS Blade 叶片测量模块

图 12-32　叶片检测报告

12.6.3　其他特殊零件误差评价

QUINDOS 特殊模块包括圆柱齿轮、未知齿轮、齿轮量规、直伞齿轮、螺旋伞齿轮、GLEASON GAGE 4/WIN、CAT 齿轮、链轮、滚刀、成型刀具、剃齿齿轮、拉刀、圆柱蜗杆、蜗轮、球状蜗杆、叶片、螺纹、凸轮轴、活塞椭圆度、气阀导管和阀座、螺杆压缩机、互补凸轮、步进齿轮、自动量规检测、球板检测、零件托盘检测、基于要素检测等超过 50 个特殊模块，可以实现所有常见特殊零件的测量和误差评价。

12.7
统计过程分析 SPC 和统计报告输出

检测数据不但可以提供单一零件的测量报告，而且对批量零件的测量结果也可自动进行数据分析和产品质量监控和评估，用于指导加工、设计部门调整和改进产品质量。图 12-33 所示为统计分析 CP、CPK 图。

对于批量加工和测量的数据，按照工艺和设计部门要求进行各种控制图分析，从整体、批量数据评估和总结产品质量和改进方向。

图 12-33 统计分析 CP、CPK 图

习 题

1. 测量误差评价的目的是什么？
2. PC-DMIS 包括哪几项误差评价？
3. 报告输出形式有哪几种？

13 单元

三坐标测量项目实训

>>>>>

◎ **单元导读**

通过实训操作掌握三坐标测量机的使用方法，加强实践操作能力锻炼，全面提供三坐标测量的操作技能。

◎ **思政目标**

◆树立正确的学习观、价值观，自觉践行行业道德规范。

◆牢固树立质量第一、信誉第一的强烈意识。

◆发扬一丝不苟、精益求精的"工匠精神"。

◆遵规守纪，安全生产，爱护设备，钻研技术。

三坐标测量前规范操作

13.1.1　三坐标测量机准备工作

1．任务描述

现在安排检测任务，三坐标测量机需对标准块工件（图 13-1）进行相关测量及几何公差检测，测量前需要做相应的准备工作才能保证顺利检测。

图 13-1　标准块工件

2．任务分析

为保证三坐标测量顺利进行，检测前必须对相应的测量项目做具体分析，并形成检测方案，在保证检测的精度同时又能方便检测。前期基本要完成以下几个方面：测量机工作环境、测量机导轨清洁和开关机、工件图样分析、工件清洁、装夹、测量文件创建。

3．任务实施

（1）测量机工作环境

环境条件对三坐标测量机非常重要。工作环境包括温度条件、湿度、振动、供电电源、气源。测量前，必须分别仔细检测环境温度、湿度、振动等，满足三坐标测量机正常工作所需要的条件。

（2）测量机导轨清洁和开关机

测量机导轨的清洁度会影响工件测量精度，甚至影响机器的工作寿命。测量前，必须用无纺布或无尘纸蘸无水乙醇（99.5%）顺着一个方向擦拭机器 3 个轴向的导轨，然后擦拭工作台。

测量机的启动与关闭也必须按照规范操作。

开机顺序：

1）打开总气源，检查测量机三联体过滤器气压，一般为 0.4MPa 或 0.45MPa，根据不同机型而不同。

2）打开控制柜开关、计算机开关、测座/测头控制器开关。

3）操纵盒指示灯闪烁，控制柜自检，当自检完成后，按住"MACHINE START"键加电，如果加不上电，检查气压是否足够，急停键是否松开。

4）打开 PC-DMIS 软件，根据软件提示，确定后机器回零。

关机顺序：

1）将测头移动到机器左上前方，角度为 A90B180（靠近机器零点）。

2）保存程序（文件→保存），关闭软件（文件→退出 EXIT）。

3）关闭控制柜开关，关闭计算机，关闭测座/测头控制开关（如果有）。

4）关闭总气源（球阀）。

（3）工件图样分析及清洁、装夹

如图 13-1 所示标准块工件，检测前需要根据图样信息确定检测项目内容，并制定相应的装夹方案以保障测量。检测项目记录单如表 13-1 所示。

表 13-1　检测项目记录单

坐标检测项目					
零件名		图样版本号		尺寸单位	
图样标注基准					
测量项目		所需测量特征			
距离的尺寸					
夹角的尺寸					
形状公差的尺寸					
位置公差的尺寸					

（4）新建零件程序

PC-DMIS 软件新测量程序建立的步骤可参考如下。

1）选择"文件"→"新建"命令，打开"新建零件程序"对话框。

2）根据图样输入零件名为 LAB1_姓名缩写、修订号和版本号。

3）选择单位为毫米，确认接口为机器 1，单击"确定"按钮。

4）在打开的"测头工具框"对话框中选择一个测头文件，单击"确定"按钮关闭对话框。

5）在工具栏空白处右击，调出常用的工具栏，保存一个窗口布局，如图 13-2 所示。

图 13-2　软件工具栏界面

6）选择"文件"→"保存"命令，保存零件程序。

7）按照图 13-3 所示轨迹在标准球上练习操纵盒的移动、采点过程。

图 13-3　采点轨迹示意图

8）确认 SLOW 指示灯状态为灭，快速移动测头到"移动点 1"，按 PRINT 键记录移动点。

9）快速移动到"逼近点"（触测点回退方向 5mm 左右位置），按 SLOW 键，SLOW 指示灯亮，慢速触测"触测点 1"，然后回退到"回退点"，检查状态栏测点数为 1，按 DONE 键生成"点 1"。

10）取消 SLOW 键的选择，快速抬起到"移动点 1"，按 PRINT 键记录移动点，然后快速移动到"移动点 2"，按 PRINT 键记录移动点。

11）快速移动到"逼近点"（触测点回退方向 5mm 左右位置），按 SLOW 键，SLOW 指示灯亮，慢速触测"触测点 2"，然后回退到"回退点"，检查状态栏测点数为 1，按 DONE

键生成"点 2"。按照以上步骤在标准球的左、右、前、后、上各测量一个点。

注意：*快速移动，慢速触测，每一个点前后添加移动点。*

13.1.2　三坐标测量机测头的校验

1．任务描述

测量前需要对测量所需的测头进行定义与校验。根据检测工件的图样分析需要，确定检测的测针类型，并在 PC-DMIS 软件中设置测头定义及各测量角度的校验。

2．任务分析

PC-DMIS 软件中测头定义操作主要功能包括新建一个测头文件、定义校验工具、自动校验定义的测针、添加角度、校验测头。

分析图 13-4 所示图样，确定需要的测头角度有 A0B0、A90B180、A90B-90。

图 13-4　标准块示意图

3．任务实施

PC-DMIS 软件中测头相关操作可参考以下步骤。

（1）新建一个测头文件

1）选择"文件"→"新建"命令，打开"新建零件程序"对话框，新建一个零件名为 LAB3_NAME 的零件程序。

2）屏幕上将出现"测头工具框"对话框，如图 13-5 所示。如果不显示此对话框，可以选择"操作"→"校验/编辑"→"激活测头"命令打开。

图 13-5　"测头工具框"对话框

3）在"测头文件"下拉列表框中输入测针配置"4BY20_NAME"。

在"测头说明"下拉列表框中有两种情况：①第一行显示"未定义测头"。此时应选中"未定义测头"这一行，继续步骤 4）。②第一行如果已经包含第一个测头组件配置（如TESASTAR-M），那么最后一行显示"空连接 1"，选中"空连接 1"这一行，继续步骤 4）。

4）完成测头文件每个组件的配置，需要定义从机器 Z 轴底端到测针之间的每个部分。一个标准的测头配置由一个测座、转接（有时无）、传感器和测针组成。实际配置取决于当前机器加载的测头组件。

① 定义测座。单击"测头说明"下拉列表框右侧的下拉按钮，选择合适的测座类型，如 TESASTAR-M、LSP-X5 等。

② 如果有转接，则必须定义。选择该组件之前，确认"空连接 1"是选中状态。单击"测头说明"下拉列表框右侧的下拉按钮，选择适合的转接组件，如 TESA_TMA 转接。

③ 如果有传感器，也必须定义。选择该组件之前，确认"空连接 1"是选中状态。单击"测头说明"下拉列表框右侧的下拉按钮，选择适合的传感器名称，如 TESASTAR-P、TESASTAR-MP 和 PROBE_TP200 等。

④ 定义测针。选择该组件之前，确认"空连接 1"是选中状态。单击，选择适合的测针名称，如 TIP2BY20MM 和 TIP3BY20MM 测针。

测头配置结束后，测针列表中会自动出现一个测头角度 T1A0B0。此时，测头文件新建步骤即完成。

（2）添加要校准的角度

分析图样，工件特征测量除校验 A0B0 角度外，测量基准 B 平面上的圆孔需要 A90B180角度，测量与基准 C 平行侧面上圆孔需要 A90B-90 角度，测量与基准 B 平面相对的圆弧面上圆孔需要 A90B0 角度。添加测量角度操作步骤如下。

1）在"测头工具框"对话框中单击"添加角度"按钮，打开"添加新角度"对话框。

2）从测头角度组中选择以下角度：A90B0、A90B-90、A90B180。

3）单击"确定"按钮。

（3）定义标准球和校验新测头

为保证测量精度，新配置的测头及新添加的测量角度都需要进行校准认定。校准过程为通过测针触碰标准球。定义标准球操作步骤如下。

1）在"测头工具框"对话框中单击"测量"按钮，打开"测量测头"对话框。

2）选择 DCC 模式，"测点数"数值框中输入 12，"逼近/回退距离"数值框中输入 2.54，"移动速度"和"触摸速度"数值框保持默认值（移动速度=60mm/s，触摸速度=2mm/s）。

3）操作类型选择校验测尖。校准模式为用户定义。层数为 3 层，起始角和终止角分别为 0° 和 90°。其中，0° 位置是标准球直径最大的地方。

4）单击"添加工具"按钮，打开"添加新工具"对话框。在"工具标识"文本框中输入名称，从"工具类型"下拉列表框中选择"球体"选项，输入标准球的"支撑矢量 I""支撑矢量 J""支撑矢量 K"，根据标准球实际位置计算，输入球体的直径（标准球上查看），单击"确定"按钮。

5）确保设置的工具在"可用的工具"列表框中选中。

校准测头及角度需要事先手动操作操纵盒，将测头抬高确保避开障碍物，再按以下操作步骤逐步进行。

1）在"激活测尖列表"列表框中选中 A0B0，然后按住 Ctrl 键依次选中 A90B0、A90B-90、A90B180 角度。

2）单击"确定"按钮，出现"是否校验所有角度？"提示框，单击"是"按钮。

3）出现"标定工具是否已经移动或测量机零点被更改？"提示框，单击"是-手动采点定位工具"按钮。

4）出现"测尖将旋转到 T1A0B0"提示框（注意测头抬高到安全位置），单击"确定"按钮，测头旋转到 A0B0 角度。

5）用 A0B0 角度在标准球的最高点测一点（前、后、左、右去看）。

6）测完点后将测头稍抬高，确定慢速后，按操纵盒上的"DONE"键继续。

7）当屏幕上出现"是否要将测头旋转到…"提示框时，使用操纵盒将测头移动到安全位置，以便测头安全旋转。单击"是"按钮，测头将自动选择到即将校验的角度。

注意：观察校验完之后测头的移动路径是否安全移动。校验完成后，将出现"测头工具框"对话框。

（4）查看校验结果

测头校验后，单击"测头工具框"对话框中的"结果"按钮，打开"校验结果"对话框，如图 13-6 所示。在该对话框中，用户需要查看 D 和 StdDev 两项的值是否超差，以确定本次校验是否可用。D 是测针校验后的实测直径，略小于理论值。StdDev 是形状误差，其值越小越好。根据经验 D 与理论值的偏差不大于 0.01mm，StdDev 不大于 0.005mm。

图 13-6　校验结果

13. 2 零件坐标系的建立

13.2.1　手动建立坐标系（3-2-1 法）

1. 任务描述

三坐标检测中，被测零件坐标系的建立是对其实施坐标检测和评价的基础。本任务在 PC-DMIS 软件中，通过手动操作建立图 13-7 所示零件的零件坐标系。

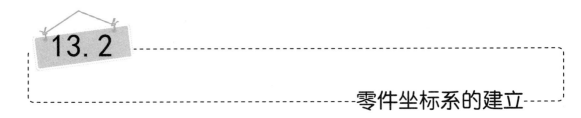

图 13-7　零件图样

2. 任务分析

通过图样分析（图 13-8）不难看出，零件的 A、B、C 这 3 个面可作为基准平面，因此可通过这 3 个面建立测量坐标系。PC-DMIS 软件中，建立坐标系的方法很多，如 3-2-1 法、迭代法等，由图样分析可知，该零件的坐标系可通过 3-2-1 法（面-线-点）建立坐标系。

再分析图样，零件中的圆特征也可以作为基准元素，如图 13-9 所示，可通过 PC-DMIS 软件以面-圆-圆为基准建立坐标系。

图 13-8　面-线-点建立坐标系的基准图　　　　　图 13-9　面-圆-圆建立坐标系的基准图

3．任务实施

（1）3-2-1 法手动建立坐标系

首先新建测量程序，配置相应的测头文件及测量角度；然后通过手动操作建立坐标系。PC-DMIS 软件中，3-2-1 法建立坐标系的具体操作步骤如下。

1）分析图样，根据图 13-8 的标注首先测量 A 基准，即"平面 1"。

2）选择"插入"→"坐标系"→"新建"命令（快捷方式 Ctrl+Alt+A），打开"坐标系功能"对话框。

3）选中"平面 1"，选择"Z+"，并且单击"找正"按钮。

4）单击"确定"按钮，建立坐标系 $A1$（此时零件已经用"平面 1"找正第一轴向。这一步是测量二维特征的必要准备工作）。

5）沿着 B 基准（工件前表面）方向，手动测量"直线 1"。

6）按照图样标注在 C 基准处取 1 点，即为"点 1"。

7）选择"插入"→"坐标系"→"新建"命令，打开"坐标系功能"对话框。

8）选中"直线 1"，选择围绕"Z+"旋转到"X+"，并且单击"旋转"按钮，再次选中"直线 1"，在"原点"组中勾选"Y"复选框，并且单击"原点"按钮。选中"点 1"，在"原点"组中勾选"X"复选框，并单击"原点"按钮。

9）选中"平面 1"，在"原点"组中勾选"Z"复选框，并单击"原点"按钮。

10）单击"确定"按钮，手动坐标系 $A2$ 将建立成功。

注意：看屏幕右边图形显示窗口，会发现坐标系的 Z 轴原点是由平面 1 确定的，Y 轴原点是由直线 1 确定的，X 轴原点是由点 1 确定的。

下面可以验证所建坐标系是否正确，方法为手动将测针移动到接近新建坐标系的原点处，观察状态栏右下角的 X、Y、Z 测针球心坐标值（或利用 Ctrl+W 组合键打开"测头读数"对话框，观察 X、Y、Z 轴的数值），数值接近于 0、0、0，即原点正确。沿着 Z 方向向上移动（X 和 Y 轴不动），发现右下角 Z 轴坐标值在逐步增大；再沿着 Z 方向向下移动（X 和 Y 轴不动），发现右下角 Z 轴坐标值在逐步缩小，说明 Z 轴轴向没有问题。以此类推，依次沿着 X 和 Y 方向向上、向下移动，观察坐标值，检查 Y 轴和 X 轴的轴向是否正确。

（2）建立手动坐标系

PC-DMIS 软件中，面-圆-圆建立坐标系具体操作步骤如下。

1）根据图 13-9 的标注，首先测量 A 基准，即"平面 1"。

2）选择"插入"→"坐标系"→"新建"命令，打开"坐标系功能"对话框，选中"平面 1"，选择"Z+"，并且单击"找正"按钮。

3）单击"确定"按钮，建立坐标系 $A3$（此时零件已经用"平面 2"找正第一轴向。这一步是测量二维特征的必要准备工作）。

4）测量图样上标注的 *B* 基准，即"圆 1"。

5）测量图样上标注的 *C* 基准，即"圆 2"。

6）选择"插入"→"坐标系"→"新建"命令，打开"坐标系功能"对话框。

7）同时选中"圆 1"和"圆 2"，旋转到"X+"。

8）选中"圆 1"，在"原点"组中勾选"X"和"Y"复选框，单击"原点"按钮。

9）选中"平面 1"，在"原点"组中，勾选"Z"复选框，单击"原点"按钮。

10）单击"确定"按钮，手动坐标系 *A4* 将建立成功，如图 13-10 所示。

查看屏幕右边图形显示窗口，可以发现坐标系的 *Z* 轴原点是由平面 1 确定的，*Y* 轴和 *X* 轴原点是由点 1 确定的。

用面-圆-圆建立出来的坐标系如图 13-10 所示，我们需要把 *A4* 的坐标系轴向变换为和 *A2* 坐标系轴向一致，需要做以下操作。

1）选择"插入"→"坐标系"→"新建"命令，打开"坐标系功能"对话框。

2）根据图样分析，*A4* 坐标系轴向转换到 *A1*，需要围绕 *Z* 轴转-45°。

3）在"围绕"下拉列表框中选择"Z+"选项，在"偏转角度"数值框中输入-45，单击"旋转"按钮。

注意：图形显示窗口坐标系轴向的转动。

4）单击"确定"按钮，坐标系的轴向则转为与 *A2* 保持一致，新坐标系 *A5* 建立成功，如图 13-11 所示。

图 13-10　需旋转操作的坐标系

图 13-11　完成旋转的坐标系

完成旋转后，还需把 *A5* 坐标系的原点偏置到 *A2* 的原点处，需以下操作。

1）选择"插入"→"坐标系"→"新建"命令，打开"坐标系功能"对话框。

2）从图样上读取到 *A5* 坐标系原点转换到 *A2* 的原点需要在 *X* 方向偏置-124，*Y* 方向偏置-50。勾选"X"复选框，在"偏置距离"数值框中输入-124，单击"原点"按钮。

3）勾选"Y"复选框，在"偏置距离"数值框中输入-50，单击"原点"按钮。

4）注意图形显示窗口坐标系原点的移动，单击"确定"按钮，新坐标系 *A6* 建立成功。

所有建立的坐标系都存在于图 13-12 所示的坐标系下拉列表框中，选择"A5"选项，即可将坐标系将自动回调到 A5 坐标系下。

图 13-12　坐标系调用软件界面

13.2.2　自动建立坐标系

1．任务描述

在图 13-4 所示零件上，利用 PC-DMIS 软件的自动建立零件坐标系功能建立零件坐标系。

2．任务分析

（1）通过分析图样，列举出所要测量尺寸

图例尺寸如表 13-2 所示。

表 13-2　图例尺寸

序号	项目	尺寸/mm	序号	项目	尺寸/mm
1	内圆柱的半径	R5.75	8	外圆锥与外圆柱在 X 方向的距离	10.8
2	小圆的直径×5	15	9	外圆锥与外圆柱在 Y 方向的距离	20
3	方槽长度×宽度	37×11	10	小侧面距离基准 C 的距离	194
4	圆槽长度×宽度	40×7	11	内圆锥距离基准 C 的基准	226.4
5	内圆锥的锥角	30°	12	外圆锥离基准 C 的距离	69
6	−Y 平面上小圆的直径	8	13	外球和内球的距离	20
7	+X 平面上小圆的直径	8			

（2）将图样上的尺寸转换为相应几何特征的测量

图 13-13 所示为上平面（+Z 工作平面）需测量的特征。

图 13-13　上平面（+Z 工作平面）需测量的特征

图 13-14 所示为前平面（−Y 工作平面）需测量的特征。

图 13-15 所示为右平面（+X 工作平面）需测量的特征。

图 13-14　前平面（−Y 工作平面）需测量的特征

图 13-15　右平面（+X 工作平面）需测量的特征

（3）根据要测量的几何特征选择合适的测头和摆放方式

根据要测量的几何特征尺寸、位置，选择合适的测头配置和测头角度。测头可配置为 4BY20，测头角度可用 A0B0、A90B180、A90B−90。

（4）测量规划

1）新建零件程序、加载测头。

2）手动坐标系（面-线-点）。

3）自动坐标系（面-线-线）。

4）测量上平面的几何特征（从左到右，从上往下）；工作平面：+Z。

5）测量前平面的几何特征；工作平面：−Y。

6）测量右平面的几何特征；工作平面：+X。

7）尺寸评价。

8）全部自动运行一遍。

9）输出测量报告。

3．任务实施

根据测量规划新建零件程序选择测头文件 4BY20_NAME，确定后默认测头角度为 A0B0。3-2-1 法建立手动坐标系已经在 13.2.1 节提及，通过测量平面 1、直线 1 和点 1 建立手动坐标系可参见 13.2.1 节的相关内容。

本任务同样基于 3-2-1 法建立坐标系，PC-DMIS 软件还为用户提供了自动模式，具体操作步骤如下。

1）在工具栏中单击"DCC 模式"按钮，进入自动模式。

2）将测头移动到距离上表面 40mm 处，按 PRINT 键加入一个安全点。

3）用手持操纵盒在工件上表面采集 4 点，按 END 键，生成"平面 2"，将测头沿+Z 方向移动 40mm，加入一个移动安全点。

4）继续在工件的−Y 面上采集 4 点，生成"平面 3"，在测量"平面 3"之前和之后上空 40mm 处分别加入一个安全点。

5）在工件−X 面上采集 4 点，生成"平面 4"，在测量"平面 4"之前和之后分别加入一个距离上表面 40mm 的安全点。

　　完成操作后，视图框如图 13-16 所示，其中红（深色点）点是测量点，绿点（浅色点）是安全点。

图 13-16　自动建立坐标系采点

　　选择"插入"→"坐标系"→"新建"命令，打开"坐标系功能"对话框，进行以下操作。

　　1）选中"平面 2"，找正"Z+"，再次选中"平面 2"，勾选"Z"复选框，单击"原点"按钮。

　　2）选中"平面 3"，旋转"Y–"，再次选中"平面 3"，勾选"Y"复选框，单击"原点"按钮。

　　3）选中"平面 4"，勾选"X"复选框，单击"原点"按钮。

　　4）单击"确定"按钮，将生成自动坐标系。

　　5）将测头抬高到上表面的安全位置，并将光标放在编辑窗口中"DCC 模式"的后面，按 Ctrl+U 组合键执行光标以下的程序，机器将自动测量参与建立自动坐标系的特征。

　　所有特征测完后，自动坐标系即建立完成。

　　查看屏幕右边图形显示窗口，会发现坐标系的 Z 轴原点是由平面 2 确定，Y 轴原点是平面 3 确定的，X 轴原点是平面 4 确定的。

　　测量规划中的几何特征测量、尺寸评价操作在 13.3 节中会详细讲解，在此不做解释。

坐标测量及评价报告

13.3.1　手动测量几何特征

1. 任务描述

　　本任务自动建立坐标系后，手动测量几何特征，在图 13-4 所示零件上，通过 PC-DMIS 软件手动测量零件的几何特征。

2. 任务分析

本任务分析与 13.2.2 节中相同，不再重复进行图样分析。

3. 任务实施

根据测量规划新建零件程序，选择测头文件 4BY20_NAME，确定后默认测头角度为 A0B0，并添加所需其他测头角度如 A90B180。通过 3-2-1 法手动或自动建立坐标系，操作方法已在 13.2.1 节和 13.2.2 节提及。

（1）手动测量几何特征

手动测量几何特征的操作步骤如下。

测量"点 1"要点：测点所在平面必须垂直于坐标系的一个轴向，矢量方向为测头回退的坐标轴方向。

步骤：移动测头到"点 1"上方，按 PRINT 键加一个移动点，然后向下运动到第 1 个测点回退方向 5mm 左右，按 SLOW 键切换到慢速触测，触测后回退 5mm 左右，检查状态栏测点数为 1，按 DONE 键生成"点 1"，快速抬起到合适高度，加入一个移动点。

测量"柱体 1"要点：测量 2 层，每层 4 个点且尽量在一个高度上，测量范围尽量大，特征前后添加移动点，快速移动，慢速触测，矢量方向为第一层指向最后一层。

测量"圆锥 1"要点：测量 2 层，每层 4 个点且尽量在一个高度上，测量范围尽量大，特征前后添加移动点，快速移动，慢速触测，矢量方向为小圆指向大圆。

测量"柱体 2"要点：测量 2 层，每层 4 个点且尽量在一个高度上，测量范围尽量大，特征前后添加移动点，快速移动，慢速触测，矢量方向为第一层指向最后一层。

测量"方槽 1"要点：顺时针或逆时针，先在一条长边上测量 3 个点，然后在其他 3 条边上各测量 2 个点，尽量在一个高度上，测量范围尽量大，特征前后添加移动点，快速移动，慢速触测，矢量方向为投影平面的方向。

测量"圆 1"要点：顺时针或逆时针，测量 4 个点，尽量在一个高度上，测量范围尽量大，特征前后添加移动点，快速移动，慢速触测，矢量方向为投影平面的方向。

测量"圆槽 1"要点：分别在每段圆弧上测量 4 个点，尽量在一个高度上，测量范围尽量大，特征前后添加移动点，快速移动，慢速触测，矢量方向为投影平面的方向。

测量"球 1"要点：测量 9 个点 3 层，先在球顶附近测量 1 个点，然后在赤道附近测量 4 个点且尽量在一个高度上，然后在中间位置测量 4 个点且尽量在一个高度上，测量范围尽量大，特征前后添加移动点，快速移动，慢速触测，矢量方向为工作平面的方向。

测量"球 2"要点：测量 9 个点 3 层，先在球顶附近测量 1 个点，然后在赤道附近测量 4 个点且尽量在一个高度上，然后在中间位置测量 4 个点且尽量在一个高度上，测量范围尽量大，特征前后添加移动点，快速移动，慢速触测，矢量方向为工作平面的方向。

测量"点 2"要点：测点所在平面必须垂直于坐标系的一个轴向，矢量方向为测头回退的坐标轴方向。

测量"圆锥 2"要点：测量 2 层，每层 4 个点且尽量在一个高度上，测量范围尽量大，特征前后添加移动点，快速移动，慢速触测，矢量方向为小圆指向大圆。

从图形显示窗口观察测量的元素，通过工具栏的"缩放"图标或按 Ctrl+Z 组合键缩放到适合大小，通过"切换视图"图标切换视图为+Z 视图（俯视图）；确认程序窗口光标在程序末尾，切换当前工作平面为-Y，切换测头角度为 A90B180，沿着-Y 方向移动测头到最前边，按 PRINT 键加移动点。

测量"圆 2"要点：顺时针或逆时针，测量 4 个点，尽量在一个高度上，测量范围尽量大，特征前后添加移动点，快速移动，慢速触测，矢量方向为投影平面的方向，注意切换工作平面到所在投影方向。

从图形显示窗口观察测量的元素，通过"缩放"图标或 Ctrl+Z 组合键缩放到适合大小，通过"切换视图"图标切换视图为+Y 视图（右视图），确认程序窗口光标在程序末尾，切换当前工作平面为+X，切换测头角度为 A90B-90，沿着+X 方向移动测头到最右边，按 PRINT 键加移动点。

测量"圆 3"要点：顺时针或逆时针，测量 4 个点，尽量在一个高度上，测量范围尽量大，特征前后添加移动点，快速移动，慢速触测，矢量方向为投影平面的方向，注意切换工作平面到所在投影方向。

注意：对于点、直线、平面、圆、圆柱、圆锥、球，使用自动推测时如果软件推测错误，可以使用替代推测来转换特征类型；对于方槽、圆槽，如果软件推测错误，建议选择指定特征类型测量。

（2）读取实测尺寸

读取测量实际数据，填入表 13-3。

表 13-3　实际测量数据记录单

序号	几何特征	实际数据填写	序号	几何特征	实际数据填写
1	点 1	X 坐标实测值：_____	8	圆槽 1	L 长度实测值：_____ D 宽度实测值：_____
2	点 2	X 坐标实测值：_____	9	方槽 1	L 长度实测值：_____ D 宽度实测值：_____
3	柱体 1	D 直径实测值：_____	10	球 1	X 坐标实测值：_____
4	柱体 2	X 坐标实测值：_____ Y 坐标实测值：_____	11	球 2	X 坐标实测值：_____
5	圆 1	D 直径实测值：_____	12	圆锥 1	X 坐标实测值：_____ Y 坐标实测值：_____
6	圆 2	D 直径实测值：_____	13	圆锥 2	X 坐标实测值：_____ A 锥角实测值：_____
7	圆 3	D 直径实测值：_____			

（3）填写测量报告

根据上面的实测尺寸填写表 13-4，保留 3 位小数，合格打"√"，超差打"×"。

表 13-4　测量报告

序号	标称值 NOM/mm	上公差+TOL/mm	下公差 −TOL/mm	实测值 MEAS/mm	偏差 DEV/mm	超差 OUTTOL/mm
1	5.75	+0.3	−0.3			
2	10.8	+0.3	−0.3			
3	69	+0.3	−0.3			
4	20	+0.3	−0.3			
5	37	+0.3	−0.3			
6	11	+0.3	−0.3			
7	15	+0.3	−0.3			
8	40	+0.3	−0.3			
9	7	+0.3	−0.3			
10	20	+0.3	−0.3			
11	194	+0.3	−0.3			
12	226.4	+0.3	−0.3			
13	30	+0.2	−0.2			
14	8	+0.3	−0.3			
15	8	+0.3	−0.3			

13.3.2　自动测量几何特征

1．任务描述

在图 13-17 所示的零件上，通过 PC-DMIS 软件自动检测模式测量零件的几何特征。

图 13-17　零件图

2．任务分析

（1）分析图样，明确需要测量的几何尺寸

图 13-17 中所列几何尺寸如表 13-5 所示。

表 13-5　图 13-17 中所列几何尺寸

序号	项目	尺寸/mm	序号	项目	尺寸/mm
1	位置度	0.3	5	圆柱度	0.5
2	直线度	0.3	6	垂直度	0.6
3	圆度	0.3	7	圆跳动	0.4
4	同轴度	0.3			

（2）将需评价尺寸转化为需要测量的元素

各平面测量特征如图 13-18 和图 13-19 所示。

图 13-18　上平面测量特征

图 13-19　前平面测量特征

（3）根据要测量的几何特征选择合适的测头、测头角度

根据要测量的几何特征尺寸、位置，选择合适的测头配置和测头角度。测头可配置为 4BY20，测头角度可用 A0B0、A90B180。

3．任务实施

根据测量规划新建零件程序，选择测头文件 4BY20_NAME，确定后添加测头角度 A0B0、A90B180。通过 3-2-1 法手动或自动建立坐标系，操作方法已在 13.2.1 节和 13.2.2 节介绍。

（1）没有 CAD 自动特征

1）从"自动特征"工具栏中单击"自动圆"图标 ▣ 。

① 根据图样在特征属性对话框中输入圆的理论中心位置 X 为 124、Y 为 50、Z 为 0。

② 曲面矢量 I 为 0、J 为 0、K 为 1。

③ 角度矢量：1、0、0。

④ 内/外类型：内。

⑤ 直径：60.5。

⑥ 设置测点为 4，深度为 2。

⑦ 样例点为 0，间隙为 0。

⑧ 避让移动选择两者，距离设为 30。

⑨ 检查各参数正确与否，单击"创建"按钮，此时机器将会自动测量圆 1，如图 13-20 所示。

图 13-20　自动圆示意图

采用同样的方式，测量中心位置 X 为 124、Y 为 50、Z 为 -15 的圆 2；中心位置 X 为 93.5、Y 为 19.5、Z 为 0 的圆 3。

通过阵列方式测量圆 4、圆 5、圆 6，方法如下。

① 通过坐标系平移方式，将坐标系平移至圆 2 圆心，坐标系 ID 为 $A5$。

② 选中圆 3 右击，在弹出的快捷菜单中选择"复制"命令，单击工具栏中的"编辑"按钮，选择"阵列"选项，在"阵列设置"对话框中设置角度为 90°，偏转次数为 3，单击"编辑"按钮，选择"阵列粘贴"选项。

③ 在程序窗口可以看到圆 4、圆 5、圆 6 被创建完毕，此时在每一个特征程序末尾插入一个移动点，保证程序运行时无碰撞干涉。

2）从"自动特征"工具栏选择"自动圆柱"图标 ▮ 。

测量圆柱 1 的步骤和测量圆大致一样。

① 根据图样在特征属性对话框中输入圆的理论中心位置 X 为 124、Y 为 50、Z 为 0。

② 曲面矢量 I 为 0、J 为 0、K 为 1。

③ 角度矢量：1、0、0。

④ 内/外类型：内。

⑤ 直径：60.5。

⑥ 圆柱长度：10。

⑦ 每层测点设置为 4，深度设置为 3，结束偏置设置为 3，层数设置为 2，螺距设置为 0。

⑧ 样例点设置为 0，间隙设置为 0。

⑨ 避让移动选择"两者"，距离设为 30。

⑩ 检查各参数正确与否，单击"创建"按钮，此时机器将会自动测量圆柱。

⑪ 通过同样的方式自动测量圆柱 2。

3）从"自动特征"工具栏选择"自动圆锥"图标▲。

测量圆锥的步骤和测量圆柱大致一样。

① 根据图样在特征属性对话框中输入圆锥的理论中心位置 X 为 69、Y 为 90、Z 为 0。

② 曲面矢量 I 为 0、J 为 0、K 为-1。

③ 角度矢量：1、0、0。

④ 内/外类型：外。

⑤ 直径：15.5。

⑥ 角度：30°。

⑦ 圆锥长度：14。

⑧ 每层测点设置为 4，深度设置为 3，结束偏置设置为 4，层数设置为 2。

⑨ 样例点设置为 0，间隙设置为 0。

⑩ 避让移动选择"两者"，距离设为 30。

⑪ 检查各参数正确与否，单击"创建"按钮，此时机器将会自动测量圆锥。

⑫ 通过同样的方式测量圆锥 2。

4）从"自动特征"工具栏选择"自动球"图标◉。

① 根据图样在特征属性对话框中输入圆锥的理论中心位置 X 为 168.5、Y 为 45.66、Z 为 0。

② 曲面矢量：I 为 0、J 为 0、K 为 1。

③ 角度矢量：1、0、0。

④ 内/外类型：外。

⑤ 直径：12.7。

⑥ 起始角为 0°、终止角为 360°，起始角为 20°、终止角为 90°。

⑦ 总测点数设置为 9，行数设置为 3。

⑧ 样例点设置为 0，间隙设置为 0。

⑨ 避让移动选择"两者"，距离设为 30。

⑩ 检查各参数正确与否，单击"创建"按钮，此时机器将会自动测量圆柱。

⑪ 通过同样的方式测量球 2。

设置当前工作平面为-Y，设置移动点，调用测头角度 A90B180，保证测头在转换角度时，无碰撞、干涉，采用自动测量圆的方式，测量圆 7，如图 13-21 所示。

图 13-21　圆 7 测量示意图

（2）尺寸评价

1）从"尺寸"工具栏选择"位置度"图标⊕。

① 屏幕上打开"位置度"对话框，设置"特征控制框编辑器"组中的内容。

② 单击"定义基准"按钮，在打开的"基准定义"对话框中设置基准。

③ 根据图样，选中所测的平面 2，设为基准 A；直线 2 设为基准 B、直线 3 设为基准 C；基准创建完成后单击"关闭"按钮。

④ 在"特征"组中选中"圆 5"。

⑤ 在"特征控制框编辑器"组中分别填入公差值 0.3，基准处分别选中定义的基准 A、基准 B 和基准 C，创建完成圆 5 的位置度评价。

2）从"构造特征"工具栏选择"构造圆"图标 ◉ 。

① 屏幕上打开"构造圆"对话框，设置 ID 为圆 8。

② 在特征列表中选择"圆 3""圆 4""圆 5""圆 6"。

③ 勾选"2 维"复选框，在构造方法下拉列表中选择"最佳拟合"选项。

④ 单击"创建"按钮，此时编辑窗口和图形显示窗口将分别出现圆 8 的程序和图形。

3）从"尺寸"工具栏选择"圆度"图标 ○ 。

① 屏幕上打开"圆度"对话框，首先设置"特征控制框编辑器"组中的内容。

② 在"特征"组中选中构造的圆 8，输入公差值 0.3，圆 8 圆度尺寸评价创建完毕。

4）从"尺寸"工具栏选择"直线度"图标 ━ 。

① 屏幕上打开"直线度"对话框，首先设置"特征控制框编辑器"组中的内容。

② 在"特征"组中选中直线 2，输入公差值 0.3，直线 2 直线度尺寸评价创建完毕。

5）从"尺寸"工具栏选择"同轴度"图标 ◎ 。

① 屏幕上打开"同轴度"对话框。

② 在"特征控制框编辑器"组中单击"定义基准"按钮。

③ 在打开的"基准定义"对话框中，根据图样，选中所测的圆柱 1。

④ 单击"创建"按钮，基准 D 创建成功，关闭"基准定义"对话框。

⑤ 返回"同轴度"对话框，在"特征控制框编辑器"组中选中圆柱 2，输入公差值 0.3。

⑥ 单击"创建"按钮。

6）从"尺寸"工具栏选择"圆柱度"图标 ⋈ 。

① 屏幕上打开"圆柱度"对话框。

② 在"特征控制框编辑器"组中选中圆柱 1，输入公差值 0.5。

③ 单击"创建"按钮。

7）从"尺寸"工具栏选择"圆跳动"图标 ↗ 。

① 屏幕上打开"圆跳动评价"对话框。

② 选择被评价元素圆 2，输入公差值 0.4，选择基准 D，创建完成。

8）从"尺寸"工具栏选择"垂直度"图标 ⊥ 。

① 屏幕上打开"垂直度"对话框。

② 在"特征"组中选中圆柱 1，在"特征控制框编辑器"组中输入公差值 0.6，选择基准 A。

③ 单击"创建"按钮。

9）从"尺寸"工具栏选择"位置"图标 ⊞ 。

① 屏幕上打开"特征位置"对话框。

② 在"特征"组中选中测量圆 7。

③ 在"坐标轴"组中，选择"X"。

④ 在"公差"组中，"轴"下拉列表框中选择"ALL"选项，输入上公差值为 0.3、下

公差值为-0.3，单击"创建"按钮，然后关闭对话框。

（3）打印报告

1）选择"文件"→"打印"→"报告窗口打印设置"命令，打开"报告打印选项"对话框（图13-22）。

2）在"将报告输出到"组中勾选"文件"复选框，然后单击"浏览"按钮，选择"D:/report"位置。

3）选择"提示"输出方式。

4）选择"PDF"格式。

5）单击"确定"按钮。

图 13-22   "报告打印选项"对话框

13.3.3　尺寸评价

1. 任务描述

如图 13-23 所示零件，通过 PC-DMIS 软件评价测量零件的几何特征的尺寸。

图 13-23　测量零件图

2．任务分析

（1）通过分析图样，明确要测量的尺寸

测量项目记录表如表 13-6 所示。

表 13-6　测量项目记录表

序号	项目	尺寸	序号	项目	尺寸
1	方槽与 X 轴的夹角	45°	9	中间的小圆相对于基准 D 的圆跳动	⌭ 0.4 D
2	两个小圆的圆心距离	86.3	10	角度为 15°的小斜面相对于基准 A 的倾斜度	∠ 0.2 A
3	两个小圆在 X 方向上距离	61	11	小侧面相对于基准 A 的垂直度	⊥ 0.3 A
4	两个小圆在 Y 方向上距离	61	12	高度为 -22 的小平面相对于基准 A 的平行度	∥ 0.15 A
5	ϕ15 圆的位置度	⌖ ϕ0.3 A B C	13	凹口槽右边小窄面的直线度	— 0.6
6	中间小圆柱相对于基准 D 的同轴度	◎ 0.3 D	14	前平面两个小圆的同轴度	◎ 0.3 E
7	中间大圆柱（基准 D）相对于基准 A 的垂直度	⊥ 0.6 A			
8	中间大圆柱（基准 D）的圆柱度	⌀ 0.5			

（2）将需评价尺寸转换为相应几何特征的测量

图 13-24 所示为上平面（+Z 工作平面）需测量的特征。

图 13-24　上平面（+Z 工作平面）需测量的特征

图 13-25 所示为前平面（–Y 工作平面）需测量的特征。

图 13-25　前平面（-Y 工作平面）需测量的特征

（3）根据要测量的几何特征选择合适的测头、测头角度

根据要测量的几何特征尺寸、位置，选择合适的测头配置和测头角度。测头可配置为 4BY20，测头角度可用 A0B0、A90B180。

（4）测量规划

1）新建零件程序、加载测头。

2）手动坐标系（面-线-点）。

3）自动坐标系（面-线-线）。

4）测量上平面的几何特征（从左到右、从上往下）；工作平面：+Z。

5）测量前平面的几何特征；工作平面：-Y。

6）测量右平面的几何特征；工作平面：+X。

7）尺寸评价。

8）全部自动运行一遍。

9）输出测量报告。

3．任务实施

根据测量规划新建零件程序，选择测头文件 4BY20_NAME，确定后添加测头角度 A0B0、A90B180。通过 3-2-1 法手动或自动建立坐标系，操作方法已在 13.2.1 节和 13.2.2 节中提及。

（1）手动测量特征

1）按照测量规划，首先测量+Z 工作平面上的特征，调用 A0B0 角度，设置当前工作平面为+Z。

2）手持操纵盒在工件的上表面，依次测量 SLTS1（方槽 1）、圆 1、圆 2、圆 3、柱体 1、柱体 2、平面 5、平面 6 和平面 7。

注意：在测量任何一个特征前和后都必须加一个移动安全点（按操纵盒上的 PRINT 键），保证自动测量时特征与特征之间的测量路径不发生碰撞。

3）将测头沿+Z 抬高 200mm，调用 A90B180，设置当前工作平面为-Y。

4）手持操纵盒在工件的-Y 面上，依次测量圆 4、圆 5 和直线 2，同样在测量任何一个特征的前和后都必须加一个移动安全点，保证测量路径安全。

（2）距离、夹角、形状和位置公差评价

1）方槽与 X 轴的夹角 45°。

① 设置当前工作平面为+Z。

② 从"尺寸"工具栏选择"夹角"图标 △，打开"角度"对话框。

③ 在"特征"组中选中特征 SLTS1，输入上公差值为 0.3、下公差值为-0.3、标称值为 45，角度类型选择 2D，关系选择按 X 轴，其他设置默认。

④ 单击"创建"按钮，报告窗口中会出现评价结果。

2）两个小圆的圆心距离 86.3，两个小圆在 X 方向上距离 61，两个小圆在 Y 方向上距离 61。

① 从"尺寸"工具栏中选择"距离"图标 ⊢⊣，打开"距离"对话框。

② 在"特征"栏中选中特征"圆 1"和"圆 2"，输入上公差值为 0.2、下公差值为-0.2、标称值为 86.3，距离类型选择 2D，其他设置默认。单击"创建"按钮，报告窗口中会出现圆 1 和圆 2 的圆心距离评价结果。

③ 打开"距离评价"对话框，在"特征"栏中选中特征"圆 1"和"圆 2"，输入上公差值为 0.2、下公差值为-0.2、标称值为 61，距离类型选择 2D，关系选择按 X 轴，方向选择平行于，其他设置默认。单击"创建"按钮，报告窗口中会出现圆 1 和圆 2 的在 X 方向上的距离评价结果。

④ 再次打开"距离评价"对话框，在"特征"组中选中特征"圆 1"和"圆 2"，输入上公差值为 0.2、下公差值为-0.2、标称值为 61，距离类型选择 2D，关系选择按 Y 轴，方向选择平行于，其他设置默认。单击"创建"按钮，报告窗口中会出现圆 1 和圆 2 的在 Y 方向上的距离评价结果。

3）ϕ15 圆的位置度。

① 从"尺寸"工具栏中选择"位置度"图标 ⊕，打开"位置度"对话框，评价圆 2 的位置度。

② 单击"定义基准"按钮，在出现的"基准定义"对话框中选中"平面 2"，"基准"处输入 A，单击"创建"按钮；选中"平面 3"，"基准"处输入 B，单击"创建"按钮；选中"平面 4"，"基准"处输入 C，单击"创建"按钮，然后关闭对话框。

③ 在"位置度"对话框中的"特征"组中选中"圆 2"。

④ 在"特征控制框编辑器"组中的"公差"处输入 0.3，在标有"dat"的位置分别选择基准 A、基准 B 和基准 C。

⑤ 在"高级"组中最下面的位置度选项中，选择"当前坐标系"，修改 X、Y 理论值分别为 154.5 和 80.5，然后单击"创建"按钮。

4）中间小圆柱相对于基准 D 的同轴度。

① 从"尺寸"工具栏中选择"同轴度"图标 ◎，打开"同轴度"对话框评价柱体 2 和柱体 1 的同轴度。

② 单击"定义基准"按钮，在出现的"基准定义"对话框中，选中"柱体 1"，"基准"处输入 D，单击"创建"按钮，然后关闭对话框。

③ 在"同轴度"对话框中的"特征"组中，选中"柱体 2"。

④ 在"特征控制框编辑器"组中的"公差"处输入 0.3，在标有"dat"的位置选择基准 D。

⑤ 检查其他参数无误后，单击"创建"按钮，然后关闭对话框。

5）中间大圆柱（基准 D）相对于基准 A 的垂直度。

① 从"尺寸"工具栏中选择"垂直度"图标 ⊥，打开"垂直度"对话框，评价柱体 1

和平面 2 的垂直度。

② 在"特征"组中选中"柱体 1"。

③ 在"特征控制框编辑器"组的"公差"处输入 0.3，在标有"dat"的位置选择基准 A。

④ 检查其他参数无误后，单击"创建"按钮，然后关闭对话框。

6）中间大圆柱（基准 D）的圆柱度。

① 从"尺寸"工具栏中选择"圆柱度"图标 $\text{\small ⋈}$，打开"圆柱度"对话框，评价柱体 1 的圆柱度。

② 在"特征"组中选中测量"柱体 1"。

③ 在"公差"处输入 0.5，其他设置默认，单击"创建"按钮，然后关闭对话框。

7）中间的小圆相对于基准 D 的圆跳动。

① 从"尺寸"工具栏中选择"圆跳动"图标 $\nearrow$，打开"圆跳动"对话框，评价圆 3 与柱体 1 的圆跳动。

② 在"特征"组中选中"圆 3"。

③ 在"特征控制框编辑器"组中的"公差"处输入 0.4，在标有"dat"的位置选择基准 D。

④ 检查其他参数无误后，单击"创建"按钮，然后关闭对话框。

8）角度为 15° 的小斜面相对于基准 A 的倾斜度。

① 从"尺寸"工具栏中选择"倾斜度"图标 $\angle$，打开"倾斜度"对话框，评价平面 5 与平面 2 的倾斜度。

② 在"特征"组中选中"平面 5"。

③ 在"特征控制框编辑器"组中的"公差"处输入 0.2，在标有"dat"的位置选择基准 A，在"高级"组中设定理论值为 15°。

④ 检查其他参数无误后，单击"创建"按钮，然后关闭对话框。

9）小侧面相对于基准 A 的垂直度。

① 从"尺寸"工具栏中选择"垂直度"图标 $\perp$，打开"垂直度"对话框，评价平面 7 与平面 2 的垂直度。

② 在"特征"组中，选中"平面 7"。

③ 在"特征控制框编辑器"组中的"公差"处输入 0.3，在标有"dat"的位置选择基准 A。

④ 检查其他参数无误后，单击"创建"按钮，然后关闭对话框。

10）高度为-22 的小平面相对于基准 A 的平行度。

① 从"尺寸"工具栏中选择"平行度"图标 $\sslash$，打开"平行度"对话框，评价平面 6 与平面 2 的平行度。

② 在"特征"组中选中"平面 6"。

③ 在"特征控制框编辑器"组中的"公差"处输入 0.15，在标有"dat"的位置选择基准 A。

④ 检查其他参数无误后，单击"创建"按钮，然后关闭对话框。

11）凹口槽右边小窄面的直线度。

① 从"尺寸"工具栏中选择"直线度"图标 $\boldsymbol{—}$，打开"直线度"对话框，评价直线 2

的直线度。

② 在"特征"组中选中测量"直线 2"。

③ 在"公差"处输入 0.6，其他设置默认，单击"创建"按钮，然后关闭对话框。

12）前平面两个小圆的同轴度。

① 从"尺寸"工具栏中选择"同轴度"图标 ◎，打开"同轴度"对话框，评价圆 4 和圆 5 的同轴度。

② 在"同轴度"对话框中，单击"定义基准"按钮，在出现的"基准定义"对话框中，选中"圆 4"，"基准"处输入 E，单击"创建"按钮，然后关闭对话框。

③ 在"同轴度"对话框中的"特征"组中选中"圆 5"。

④ 在"特征控制框编辑器"组中的"公差"处输入 0.3，在标有"dat"的位置选择基准 E。

⑤ 检查其他参数无误后，单击"创建"按钮，然后关闭对话框。

（3）报告模板设置

1）切换至图形显示窗口。

2）在报告窗口第一栏处，有 6 个图标 ▤▤▨▨▨▨ 分别对应 6 种报告模板，可单击图标进行不同报告模板之间的切换。其中，最后一个图标对应的是纯文本格式的报告。

3）在报告处右击，在弹出的快捷菜单中选择"编辑对象"命令。

① 在出现的参数设置对话框中，可将尺寸评价的行、列进行删减，取消复选框的勾选，则对应的内容将不再显示，如图 13-26 所示。

图 13-26 参数设置对话框

② 如图 13-27 所示，选中"这个标签"单选按钮，则①中的设置只针对当前光标处的单个尺寸评价有效；选中"本页所有相似标签"单选按钮，则①中的设置针对当前页码的报告有效；选中"本章节所有相似标签"单选按钮，则①中的设置对当前程序生成的所有报告有效。

图 13-27 "应用改变于"组

4）修改表头标签 Logo。

① 在 PC-DMIS 默认安装路径下找到一个名为 Reporting 的文件夹，将此文件夹备份。

②　选择"文件"→"报告模板"→"编辑"→"标签模板"命令，出现 Reporting 文件夹。

③　在该文件夹中找到名为 FILE_HEADER 的文件 FILE_HEADER.LBL ，选中该文件，单击"打开"按钮，此时报告窗口显示，如图 13-28 所示。

图 13-28　报告显示

④　在左边的 PC-DMIS 标志处右击，出现图 13-29 所示的"网络属性"对话框。单击"单元格类型"右边的"选择"按钮，可打开 JPG、BMP 等格式的图片，单击"确定"按钮后，即可完成报告表头标签 Logo 的修改。

（4）自动执行程序并打印报告

1）自动执行程序，程序执行完后会自动提示打印测量报告。

2）如果没有设置好打印设置，按照图 13-30 所示的步骤进行设置。

图 13-29　"网络属性"对话框

图 13-30　报告输出设置

13.4

三坐标检测进阶应用

13.4.1　PC-DMIS 软件构造特征

1．任务描述

如图 13-31 所示零件，要求通过 PC-DMIS 软件中构造功能，评价零件中无法被直接测量的几何特征尺寸。

图 13-31　零件尺寸图

2．任务分析

相关任务分析已经在前面任务中反复提及，在此不再重复介绍。根据任务要求，将测量尺寸转换为需要测量的元素，如图 13-32 所示。

图 13-32　分析转化成测量元素

3．任务实施

（1）新建测量文件并测量相应元素

1）选择"文件"→"新建"命令，新建一个名称为"Lab5_name"的文件。

2）在"测头工具"对话框中，选择之前所定义的测头文件。

3）从"测头"列表中选择 T1A0B0 角度，选择前确保测头在安全位置。

4）利用 3-2-1 法（面 1-线 1-点 1）粗建坐标系 A3。

5）利用 3-2-1 法（面 2-面 3-面 4）精建坐标系 A4。

6）测量出圆 1，并将坐标系平移到圆 1 的中心位置得到坐标系 A5。

7）测量出圆 2（DEMO 块中心大圆左上角处的圆）。

8）通过复制、阵列、阵列粘贴功能得到圆 3、圆 4、圆 5（将光标移动至概要模式圆 2 上，选择"编辑"→"复制"命令，然后选择"编辑"→"阵列"命令，并按图 13-33 所示设置阵列，然后进行阵列粘贴）。

图 13-33　"阵列设置"对话框

（2）构造特征

1）利用拟合法得到通过 4 个小圆圆心的大圆。

① 打开"构造圆"对话框。

② 选中圆 2、圆 3、圆 4、圆 5，使用"最佳拟合"功能构造得到圆 6。

2）利用套用方法得到圆柱轴线。

① 测量圆柱 1。

② 打开"构造线"对话框，选中"柱体 1"。使用"套用"的方法来构造圆柱的轴线"直线 2"，如图 13-34 所示。

（a）"构造线"对话框　　　　　　　　　　　　（b）构造效果

图 13-34　构造线

3）利用面面相交方法构造交线。

① 打开"构造线"对话框。

② 选中"平面 2"和"平面 3"，如图 13-35 所示。

图 13-35 "框造线"对话框设置

③ 使用"相交"的方法来构造两个平面的交线"直线 3"。

（3）尺寸评价（位置、距离、夹角）

1）评价圆 1 的位置。

① 从"尺寸"工具栏中选择"位置"图标 ⊞，打开"特征位置"对话框。

② 选中"圆 1"，按照图 13-36 填写相应的内容，单击"创建"按钮。

图 13-36 圆 1 尺寸评价设置

2）评价圆 2 和圆 3 在 X 方向的距离。

① 从"尺寸"工具栏中选择"距离"图标 ⊢⊣，打开"距离"对话框。

② 选中圆 2、圆 3，按照图 13-37 填写相应的内容（注意选择按 X 轴）。

图 13-37 圆 2、圆 3 尺寸评价设置

3）评价两条直线的夹角。

① 利用圆 2、圆 3 构造直线 4（圆 2 指向圆 3）。

② 利用圆 5、圆 3 构造直线 5（圆 5 指向圆 3）。

③ 从"尺寸"工具栏中选择"夹角"图标 △，打开"角度"对话框。

④ 按图 13-38 进行参数设置。

（a）设置界面　　　　　　　　　　　　　　（b）评价效果

图 13-38　直线夹角设置

（4）补充添加新角度

校验完成后，发现测量基准 A 上的斜孔 A45B90 忘记校验，此时标准球可能会出现标准球距离上次校验移动过和标准球未移动两种情况，分别按步骤添加校验。完成角度添加后，重复测量操作，再继续构造所需的特征。

1）标准球距离上次校验移动过。

① 光标放在编辑窗口中的"加载测头"位置，按 F9 键，打开"测头工具框"对话框。

② 单击"添加角度"按钮，打开"添加新角度"对话框，添加 A45B90。

③ 在"测头工具框"对话框中，勾选"用户定义的校验顺序"复选框。

④ 按住 Ctrl 键，在"激活测尖列表"列表中，选中 A0B0、A45B90，注意先选 A0B0。

⑤ 单击"测量"按钮，填写校验参数（和之前校验设置一样）。

⑥ 出现"标定工具是否已经移动或测量机零点被更改？"提示框，单击"是-手动采点定位工具"按钮，用 A0B0 在标准球最高点取一点，按 DONE 键，机器将自动校验。

⑦ 校验结束，查看结果，合格即可使用。

2）标准球未移动。

① 光标放在编辑窗口中的"加载测头"位置，按 F9 键，打开"测头工具框"对话框。

② 单击"添加角度"按钮，打开"添加新角度"对话框添加 A45B90。

③ 在"激活测尖列表"列表中，选中 A45B90。

④ 单击"测量"按钮，填写校验参数（和之前校验设置一样）。

⑤ 出现"标定工具是否已经移动或测量机零点被更改？"提示框，单击"否"按钮，机器将自动校验。

13.4.2 CAD 辅助测量

1. 任务描述

如图 13-39 所示，测量任务提供有零件的 CAD 模型，要求按图样要求完成所需尺寸的检测。

图 13-39　测量零件图

2. 任务分析

（1）通过分析图样，明确所要测量尺寸

1）位置尺寸：124、50。

2）锥角：30°。

3）直径：86.3、44、60.5、15。

4）角度：15°。

5）距离：15、61。

6）形状公差：圆柱度（1 个）、圆度（1 个）、直线度（1 个）。

7）位置公差：面轮廓度（1 个）、平行度（1 个）、垂直度（2 个）、同轴度（1 个）、同心度（1 个）、圆跳动（1 个）、端面跳动（1 个）、对称度（1 个）、倾斜度（1 个）、位置度（1 个）。

（2）通过图样上尺寸的分析，可将测量尺寸转换为测量的特征

图 13-40 所示为+Z 工作平面需测量的特征。

图 13-40　+Z 工作平面需测量的特征

图 13-41 所示为-Y 工作平面需测量的特征。

图 13-41　-Y 工作平面需测量的特征

（3）根据要测量的几何特征选择合适的测头、测头角度

根据要测量的几何特征尺寸、位置，选择合适的测头配置和测头角度。测头可配置为 4BY20，测头角度可用 A0B0、A90B180。

（4）测量规划

1）新建零件程序、加载测头。

2）手动坐标系（面-线-点）。

3）自动坐标系（面-线-线）。

4）测量上平面的几何特征（从左到右，从上往下）；工作平面：+Z。

5）测量前平面的几何特征；工作平面：-Y。

6）测量右平面的几何特征；工作平面：+X。

7）尺寸评价。

8）全部自动运行一遍。

9）输出测量报告。

3．任务实施

根据测量规划新建零件程序，选择测头文件 4BY20_NAME，确定后添加测头角度 A0B0、A90B180。

（1）3-2-1 法建立手动坐标系（面-线-点）

1）新建一个文件名为"Lab7_name"的程序，选择测头文件。

2）选择"文件"→"导入"→"IGES"命令，选择"HEXBLOCK_WIREFRAME_ SURFACE.igs" CAD 模型，单击"导入"按钮。在"IGES 文件"对话框中，单击"处理"按钮，单击"确定"按钮。

3）手持操纵盒，在工件上测量"平面1"，并找正"Z+"，确定"Z"原点。

4）在工件上测量"直线1"，旋转"X+"，确定"Y"原点。

5）在工件上测量"点1"，确定"X"原点。

（2）3-2-1法建立自动坐标系（面-面-面）

1）在工具栏中单击"DCC模式"按钮 ⊕，进入自动模式。

2）将测头移动到距离上表面40mm处，按PRINT键加入一个安全点。

3）手持操纵盒在工件上表面采集4点，按END键，生成"平面2"，将测头沿+Z方向移动40mm，加入一个移动安全点。

4）继续在工件的-Y面上采集4点，生成"平面3"，注意在测量"平面3"之前和之后上空40mm处，分别加入一个安全点。

5）在工件-X面上采集4点，生成"平面4"，注意在测量"平面4"之前和之后，分别一个距离上表面40mm的安全点（图13-17）。

6）选择"插入"→"坐标系"→"新建"命令，打开"坐标系功能"对话框，做以下操作。

① 选中"平面2"，找正"Z+"，再次选中"平面2"，勾选"Z"复选框，单击"原点"按钮。

② 选中"平面3"，旋转"Y-"，再次选中"平面3"，勾选"Y"复选框，单击"原点"按钮。

③ 选中"平面4"，勾选"X"复选框，单击"原点"按钮。

7）单击"CAD=工件"按钮，然后单击"确定"按钮，将生成自动坐标系A3。

8）将测头抬高到上表面的安全位置，光标放在编辑窗口中"自动模式"的后面，按Ctrl+U组合键执行光标以下的程序，机器将自动测量参与建立自动坐标系的特征。

9）所有特征测完后，自动坐标系A3即准备可用。

（3）测量特征并构造

按照图13-42的规划，测量图中所有特征，首先测量+Z工作平面上的特征，选择A0B0角度。

图13-42　元素测量规划

1）自动测量圆柱。

① 在图13-42所示"柱体1"（φ60.5的孔）周边单击，确保该圆柱被选中，此时它的固有理论属性被PC-DMIS读取，如中心坐标、曲面矢量、直径、长度等（注意加载的测针

是否满足设置的长度)。

② 按照图 13-43 所示,分别设置测点数、深度、结束偏置、层数、避让距离和样例点等信息。

图 13-43 自动测量圆柱设置

③ 检查各参数无误,单击"创建"按钮,机器将测量"柱体 1"。

④ 用上述的步骤,测量"柱体 2"($\phi 44$ 的孔)。

2)自动测量圆。

① 在图 13-42 所示"圆 1"($\phi 44$)周边单击,确保该圆被选中,此时它的固有理论属性被 PC-DMIS 读取。

② 按照图 13-44 所示,分别设置测点数、深度、避让移动和样例点等信息。

图 13-44 自动测量圆设置

③ 检查各参数无误,单击"创建"按钮,机器将测量"圆 1"。

④ 用上述的步骤,测量"圆 2"、"圆 3"、"圆 4"和"圆 5"($\phi 15 \times 4$)。

⑤ 打开"构造圆"对话框,在特征列表中选中"圆 2""圆 3""圆 4""圆 5",构造方法选择"最佳拟合",单击"创建"按钮,生成"圆 6"。

3)自动测量圆锥。

① 在图 13-42 所示"圆锥 1"(外锥)周边单击,确保该圆锥被选中,此时它的固有理论属性被 PC-DMIS 读取。

② 按照图 13-45 所示,分别设置测点数、深度、避让移动和样例点等信息。

图 13-45 自动测量圆锥设置

③ 检查各参数无误，单击"创建"按钮，机器将测量"圆锥 1"。

4）自动测量球。

① 在图 13-42 所示"球体 1"（外球）周边单击，确保该球体被选中，此时它的固有理论属性被 PC-DMIS 读取。

② 按照图 13-46 所示，分别设置测点数、深度、避让移动和样例点等信息。

图 13-46　自动测量球设置

③ 检查各参数无误，单击"创建"按钮，机器将测量"球体 1"。

④ 用上述的步骤测量"球体 2"（内球）。

5）自动测量矢量点。

① 在图 13-42 所示的曲面上单击取点，点的 *XYZ* 坐标值、矢量方向等信息被 PC-DMIS 读取。

② 设置避让移动为"两者"、距离为 40。

③ 单击"创建"按钮，机器将测量"点 2"。

④ 用上述的步骤和方法，测量"点 3"、"点 4"、…、"点 17"等 16 个点，如图 13-47 所示。

图 13-47　测量点示意图

⑤ 打开"构造特征组"对话框，选中"点 2"、"点 3"、…、"点 17"，单击"创建"按钮，生成特征组"扫描 1"。

6）自动测量平面。

测量柱体 1 和柱体 2 之间的小台面（平面 5）：

① 输入平面的中心坐标 *XYZ*（124、50、-15），设置曲面矢量为（0,0,1），角度矢量为（1,0,0,）。

② "测量属性"组中设置显示为三角形、阵列为圆形，如图 13-48（a）所示。

③ 按照图 13-48（b）所示，设置每圈测点数、环形、避让移动和间隙等参数。

（a）自动特征操作界面

（b）参数设置界面

图 13-48　自动平面设置界面

④ 检查各参数无误，单击"创建"按钮，机器将测量"平面 5"。

手持操纵盒在工件上测量与上表面有 15°夹角的斜平面，取 4 点，按 DONE 键生成"平面 6"。

注意：在测量之前和之后加入移动安全点；按同样的操作测量"平面 7"、"平面 8"和"平面 9"，每个特征之间加好移动点。

将测头抬高至上表面 240mm 左右的安全位置，加一个安全点，选择 A90B180 角度，测量零件上-Y 面的特征，如图 13-49 所示。

图 13-49　-Y 面特征

7）自动测量圆。

① 在图 13-42 所示"圆 7"（φ12.7 的孔）周边单击，确保该圆被选中，此时它的固有理论属性被 PC-DMIS 读取。

② 按照图 13-50 所示，分别设置测点数、深度、避让移动和样例点等信息。

图 13-50　自动测量圆设置

③ 用上述的步骤和方法，测量"圆 8"（ϕ8 的孔）。

④ 设置工作平面为-Y，在凹口槽右边小平面上，从上到下测量 4 点，按 DONE 键生成"直线 2"，在测量前后分别加一个安全点。

⑤ 将测头抬高 300mm 左右，加一个安全点，调用 A0B0 角度。

（4）尺寸评价

1）位置尺寸评价。

①圆柱位置、直径。

a. 从"尺寸"工具栏中选择"位置"图标 ⊞，打开"特征位置"对话框，评价柱体 1、柱体 2 的位置和直径。

b. 在"特征组中选中已测量的"柱体 1"、"柱体 2"，在"坐标轴"组中选择"X、Y、D"。

c. 在"公差"处的"轴"列表框中选择"ALL"选项，输入上公差值为 0.3、下公差值为-0.3，单击"创建"按钮，然后关闭对话框。

d. 在"编辑窗口"中查看结果尺寸。查看图样，检查理论值和上、下公差值是否正确。直径评价结果如图 13-51 所示。

⊞	毫米			位置3 - 柱体1		
AX	NOMINAL	+TOL	-TOL	MEAS	DEV	OUTTOL
X	124.000	0.300	-0.300	124.000	0.000	0.000
Y	50.000	0.300	-0.300	50.200	0.200	0.000
D	60.500	0.300	-0.300	60.500	0.000	0.000

⊞	毫米			位置4 - 柱体2		
AX	NOMINAL	+TOL	-TOL	MEAS	DEV	OUTTOL
X	124.000	0.300	-0.300	124.000	0.000	0.000
Y	50.000	0.300	-0.300	50.000	0.000	0.000
D	44.000	0.300	-0.300	44.000	0.000	0.000

图 13-51　直径评价结果

② 圆锥锥角。

a. 从"尺寸"工具栏中选择"位置"图标 ⊞，打开"特征位置"对话框，评价圆锥 1 的锥角。

b. 在"特征"组中选中测量"圆锥 1"，在"坐标轴"组中选择"A"。

c. 在"公差"处的"轴"列表中选择"ALL"选项，输入上公差值为 0.3、下公差值为

-0.3，单击"创建"按钮，然后关闭对话框。

圆锥锥角评价结果如图 13-52 所示。

中	毫米			位置5 - 圆锥1		
AX	NOMINAL	+TOL	-TOL	MEAS	DEV	OUTTOL
角度	30.000	0.300	-0.300	30.000	0.000	0.000

图 13-52　圆锥锥角评价结果

③ 圆、球直径。

从"尺寸"工具栏中选择"位置"图标 ⊞，打开"特征位置"对话框，评价圆 6、球 1、球 2 的直径，如图 13-53 所示。

中	毫米			位置6 - 圆6		
AX	NOMINAL	+TOL	-TOL	MEAS	DEV	OUTTOL
D	86.300	0.300	-0.300	86.267	-0.033	0.000
中	毫米			位置7 - 球体1		
AX	NOMINAL	+TOL	-TOL	MEAS	DEV	OUTTOL
D	12.700	0.300	-0.300	12.700	0.000	0.000
中	毫米			位置8 - 球体2		
AX	NOMINAL	+TOL	-TOL	MEAS	DEV	OUTTOL
D	12.700	0.300	-0.300	12.700	0.000	0.000

图 13-53　圆、球直径评价结果

2)距离评价。

① 从"尺寸"工具栏中选择"距离"图标 ⊢⊣，打开"距离"对话框，评价平面 8 和平面 9 的距离。

② 在"特征"中选中测量"平面 8"和"平面 9"。

③ 在"公差"处输入上公差值为 0.3、下公差值为-0.3、标称值为 15，距离类型为 2 维，勾选"按 X 轴"复选框，方向为平行于，单击"创建"按钮，然后关闭对话框。

距离评价结果如图 13-54 所示。

↔	毫米			距离1 - 平面9 至 平面8 (X 轴)		
AX	NOMINAL	+TOL	-TOL	MEAS	DEV	OUTTOL
M	15.000	0.300	-0.300	15.000	0.000	0.000

图 13-54　距离评价结果

3）角度评价。

① 从"尺寸"工具栏中选择"夹角"图标 △，打开"角度"对话框，评价平面 6 和平面 2 的夹角。

② 在"特征"组中选中测量"平面 2"和"平面 6"。

③ 在"公差"处输入上公差值为 0.2、下公差值为-0.2、标称值为-15，角度类型为 3

维，其他设置默认，单击"创建"按钮，然后关闭对话框。

夹角评价结果如图 13-55 所示。

图 13-55　夹角评价结果

4）形状公差评价。

① 圆柱度。

a. 从"尺寸"工具栏中选择"圆柱度"图标 ⋈，打开"圆柱度"对话框，评价柱体 1 的圆柱度。

b. 在"特征"中选中测量"柱体 1"。

c. 在"公差"处输入 0.5，其他设置默认，单击"创建"按钮，然后关闭对话框。

圆柱度评价结果如图 13-56 所示。

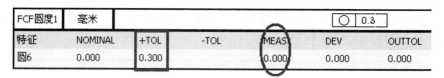

图 13-56　圆柱度评价结果

② 圆度。

a. 从"尺寸"工具栏中选择"圆度"图标 ◯，打开"圆度"对话框，评价圆 6 的圆度。

b. 在"特征"中选中测量"圆 6"。

c. 在"公差"处输入 0.3，其他设置默认，单击"创建"按钮，然后关闭对话框。

圆度评价结果如图 13-57 所示。

FCF圆度1	毫米				◯	0.3	
特征	NOMINAL	+TOL	-TOL	MEAS	DEV	OUTTOL	
圆6	0.000	0.300		0.000	0.000	0.000	

图 13-57　圆度评价结果

③ 直线度。

a. 从"尺寸"工具栏中选择"直线度"图标 ▬，打开"直线度"对话框，评价直线 2 的直线度。

b. 在"特征"中选中测量"直线 2"。

c. 在"公差"处输入 0.6，其他设置默认，单击"创建"按钮，然后关闭对话框。

直线度评价结果如图 13-58 所示。

FCF直线度 1	毫米				—	0.6
特征	NOMINAL	+TOL	-TOL	MEAS	DEV	OUTTOL
直线2	0.000	0.600		0.000	0.000	0.000

图 13-58　直线度评价结果

5）位置公差评价。

① 面轮廓度。

a. 从"尺寸"工具栏中选择"面轮廓度"图标 ⌒，打开"面轮廓度"对话框，评价特征组"扫描 1"的面轮廓度。

b. 单击"定义基准"按钮，在出现的"基准定义"对话框中，选中"平面 2"，"基准"处输入 A，单击"创建"按钮；选中"平面 3"，"基准"处输入 B，单击"创建"按钮；选中"平面 4"，"基准"处输入 C，单击"创建"按钮，然后关闭对话框。

c. 在"特征"组中选中测量"扫描 1"。

d. 在"特征控制框编辑器"组中的"公差"处输入 0.5，在标有"dat"的位置分别选择基准 A、基准 B 和基准 C。

e. 检查其他参数无误，单击"创建"按钮，然后关闭对话框。

面轮廓度评价结果如图 13-59 所示。

FCF轮廓度 1	毫米				⌒	0.5	A	B	C	形状与位置
特征	NOMINAL	+TOL	-TOL	MEAS	DEV		OUTTOL		BONUS	
扫描1	0.000	0.250	-0.250	0.049	0.049		0.000			

图 13-59　面轮廓度评价结果

② 垂直度。

柱体 1 的垂直度：

a. 从"尺寸"工具栏中选择"垂直度"图标 ⊥，打开"垂直度"对话框，评价柱体 1 与平面 2 的垂直度。

b. 在"特征"组中选中"柱体 1"。

c. 在"特征控制框编辑器"组中的"公差"处输入 0.6，在标有"dat"的位置选择基准 A。

d. 检查其他参数无误，单击"创建"按钮，然后关闭对话框。

柱体 1 评价结果如图 13-60 所示。

FCF垂直度 1	毫米				⊥	0.6	A
特征	NOMINAL	+TOL	-TOL	MEAS	DEV	OUTTOL	
柱体1	0.000	0.600	0.000	0.000	0.000	0.000	

图 13-60　柱体 1 评价结果

平面垂直度：

a. 从"尺寸"工具栏中选择"垂直度"图标 ⊥，打开"垂直度"对话框，评价平面 9 与平面 2 的垂直度。

b. 在"特征"组中选中"平面 9"。

c. 在"特征控制框编辑器"组中的"公差"处输入 0.3，在标有"dat"的位置选择基准 A。

d. 检查其他参数无误，单击"创建"按钮，然后关闭对话框。

平面垂直度评价结果如图 13-61 示。

FCF垂直度 2	毫米				⊥	0.3	A
特征	NOMINAL	+TOL	-TOL	MEAS	DEV		OUTTOL
平面9	0.000	0.300	0.000	0.000	0.000		0.000

图 13-61　平面垂直度评价结果

③ 平行度。

a. 从"尺寸"工具栏中选择"平行度"图标 //，打开"平行度"对话框，评价平面 7 与平面 2 的平行度。

b. 在"特征"组中选中"平面 7"。

c. 在"特征控制框编辑器"组的"公差"处输入 0.15，在标有"dat"的位置选择基准 A。

d. 检查其他参数无误，单击"创建"按钮，然后关闭对话框。

平行度评价结果如图 13-62 所示。

FCF平行度 1	毫米				//	0.15	A
特征	NOMINAL	+TOL	-TOL	MEAS	DEV		OUTTOL
平面7	0.000	0.150	0.000	0.000	0.000		0.000

图 13-62　平行度评价结果

④ 倾斜度。

a. 从"尺寸"工具栏中选择"倾斜度"图标 ∠，打开"倾斜度"对话框，评价平面 6 与平面 2 的倾斜度。

b. 在"特征"组中选中"平面 6"。

c. 在"特征控制框编辑器"组的"公差"处输入 0.2，在标有"dat"的位置选择基准 A。

d. 检查其他参数无误，单击"创建"按钮，然后关闭对话框。

倾斜度评价结果如图 13-63 所示。

FCF倾斜度 1	毫米				∠	0.2	A
特征	NOMINAL	+TOL	-TOL	MEAS	DEV		OUTTOL
平面6	0.000	0.200	0.000	0.000	0.000		0.000

图 13-63　倾斜度评价结果

⑤ 同轴度。

a. 从"尺寸"工具栏中选择"同轴度"图标 ◎，打开"同轴度"对话框，评价柱体 1 和柱体 2 的同轴度。

b. 单击"定义基准"按钮，在出现的"基准定义"对话框中，选中"柱体 1"，"基准"处输入 D，单击"创建"按钮，然后关闭对话框。

c. 在"同轴度"对话框中的"特征"组中选中"柱体2"。

d. 在"特征控制框编辑器"组的"公差"处输入 0.3，在标有"dat"的位置选择基准 D。

e. 检查其他参数无误，单击"创建"按钮，然后关闭对话框。

同轴度评价结果如图 13-64 所示。

FCF同轴度 1	毫米				⌖ ⌀0.3	D
特征	NOMINAL	+TOL	-TOL	MEAS	DEV	OUTTOL
柱体2	0.000	0.300		0.000	0.000	0.000

图 13-64　同轴度评价结果

⑥ 圆跳动。

径向圆跳动评价：

a. 从"尺寸"工具栏中选择"圆跳动"图标 ✎，打开"圆跳动"对话框，评价圆 1 与柱体 1 的圆跳动。

b. 在"特征"组中选中"圆1"。

c. 在"特征控制框编辑器"组的"公差"处输入 0.4，在标有"dat"的位置选择基准 D。

d. 检查其他参数无误，单击"创建"按钮，然后关闭对话框。

径向圆跳动评价结果如图 13-65 所示。

FCF跳动2	毫米				↗ 0.4	D	径向的
特征	NOMINAL	+TOL	-TOL	MEAS	DEV	OUTTOL	
圆1	0.000	0.400		0.000	0.000	0.000	

图 13-65　径向圆跳动评价结果

轴向圆跳动评价：

a. 从"尺寸"工具栏中选择"圆跳动"图标 ✎，打开"圆跳动"对话框，评价平面 5 与柱体 1 的圆跳动。

b. 在"特征"组中选中"平面5"。

c. 在"特征控制框编辑器"组的"公差"处输入 0.4，在标有"dat"的位置选择基准 D。

d. 检查其他参数无误，单击"创建"按钮，然后关闭对话框。

轴向圆跳动评价结果如图 13-66 所示。

FCF跳动3	毫米				↗ 0.4	D	轴向的
特征	NOMINAL	+TOL	-TOL	MEAS	DEV	OUTTOL	
平面5	0.000	0.400		0.000	0.000	0.000	

图 13-66　轴向圆跳动评价结果

⑦ 同心度。

a. 从"尺寸"工具栏中选择"同心度"图标 ◎，评价圆 7 和圆 8 的同心度。

b. 单击"定义基准"按钮，在出现的"基准定义"对话框中，选中"圆 7"，"基准"处输入 E，单击"创建"按钮，然后关闭对话框。

c. 在"同心度"对话框中的"特征"组选中"圆8"。

d. 在"特征控制框编辑器"组的"公差"处输入 0.3，在标有"dat"的位置选择基准 E。

e. 检查其他参数无误，单击"创建"按钮，然后关闭对话框。

同心度评价结果如图 13-67 所示。

FCF同心度 1	毫米				◎	⌀0.3	E	
特征	NOMINAL	+TOL	-TOL	MEAS	DEV	OUTTOL		
圆8	0.000	0.300		0.000	0.000	0.000		

图 13-67　同心度评价结果

⑧ 位置度。

a. 从"尺寸"工具栏中选择"位置度"图标 ⊕，打开"位置度"对话框，评价圆 2 的位置度。

b. 在"特征"组中选中"圆 2"。

c. 在"特征控制框编辑器"组的"公差"处输入 0.3，在标有"dat"的位置分别选择基准 A、基准 B 和基准 C。

d. 在"高级"组中最下面的"位置度选项"中选择"当前坐标系"选项，检查 X、Y 轴的理论坐标系是否正确，然后单击"创建"按钮。

e. 检查其他参数无误，单击"创建"按钮，然后关闭对话框。

位置度评价结果如图 13-68 所示。

FCF位置1 位置	毫米				⊕	⌀0.3	A	B	C
特征	NOMINAL	+TOL	-TOL	MEAS	DEV	OUTTOL	BONUS		
圆2	0.000	0.300		0.786	0.786	0.486	0.000		

FCF位置1 概要　拟和基准=开，垂直于中心线的偏差=开				
特征	AX	NOMINAL	MEAS	DEV
圆2	X	154.500	154.893	0.393
	Y	80.500	80.500	0.000

图 13-68　位置度评价结果

（5）报告输出

1）选择"文件"→"打印"→"报告窗口打印设置"命令，打开"报告打印"选项对话框。

2）在"将报告输出到"组中勾选"文件"复选框，然后单击"浏览"按钮，选择"D:/report"位置。

3）选择"提示"输出方式，选择"PDF"格式，在"输出选项"组勾选"打印背景色"复选框。

4）单击"确定"按钮。

13.4.3　钣金件测量和曲线曲面扫描

1. 任务描述

如图 13-69 所示零件，要求通过 PC-DMIS 软件中评价零件中几何特征尺寸。

图 13-69　零件图样

2．任务分析

（1）通过分析图样，明确所要测量尺寸

1）面轮廓度公差值 0.5。

2）线轮廓度公差值 0.2。

（2）通过图样上尺寸的分析，可将测量尺寸转换为测量的特征

图 13-70 所示为+Z 工作平面需测量的特征。

图 13-70　+Z 工作平面需测量的特征

（3）根据要测量的几何特征选择合适的测头、测头角度

根据要测量的几何特征尺寸、位置，选择合适的测头配置和测头角度。测头可配置为

4BY20，测头角度可用 A0B0。

（4）测量规划

1）新建零件程序、加载测头。

2）手动坐标系（面-线-点）。

3）自动坐标系（面-线-线）。

4）测量上平面的几何特征（从左到右，从上往下）；工作平面：+Z。

5）测量前平面的几何特征；工作平面：−Y。

6）测量右平面的几何特征；工作平面：+X。

7）尺寸评价。

8）全部自动运行一遍。

9）输出测量报告。

3．任务实施

根据测量规划新建零件程序，选择测头文件 4BY20_NAME，确定后添加测头角度 A0B0、A90B180。

通过手动采集面、线、点建立手动坐标系，具体建立过程与 PC-DMIS 手动坐标系建立过程相同。或是在自动程序模式下，采集面、线、线元素，建立自动坐标系，具体建立过程与自动坐标系建立过程相同。

（1）开线扫描

1）根据所用的扫描测头，将其正确定义并校正。

2）根据零件要求，建立相应的零件坐标系。

3）设置扫描参数：逼近、回退距离、扫描速度、扫描密度等参数。

4）测量模式转换为 DCC 模式。

5）选择"插入"→"扫描"命令，打开相应的对话框。

6）选择"开线扫描"选项，如图 13-71 所示。

图 13-71　开线扫描示意图

7）在图 13-71 中可以看到，进行开线扫描时设置的参数。

8）设置扫描的"起始点 1"、"方向点 D"和"终止点 2"的点坐标信息。将光标放在"边界点"的"1"位置，工件上测量 3 点，此 3 点分别为起始点、方向点、终止点；或在 CAD 模型上，用鼠标选取 3 点（注意：此时应为曲面模式）。

9）设置扫描方向 1 方法为"直线"。

10）设置最大增量为 2。

11）边界类型为平面，交叉数为 1。

12）触测点控制。

13）检查起始矢量、剖面矢量、终止矢量、平面矢量。PC-DMIS 根据测量的点或选取的点，自动生成矢量，如果矢量不合适，可以根据各参数的含义进行适当修改，将剖面适量修改为 0,0,1，保证扫描触点为等高。

14）如果有 CAD 模型，理论值方法需选择"查找标称值"。

15）根据扫描测头类型的不同选择"重新学习"。

16）如果有 CAD 模型，则在定义路径选项下，单击"生成"按钮，生成理论点及路径，如图 13-72 所示。

图 13-72　开线扫描结果示意图

17）单击"创建"按钮，进行扫描。

（2）曲面扫描

曲面扫描允许用户扫描一个区域而不再是扫描线，应用此扫描方式，至少需要 4 个边界点信息：一个开始点、一个方向点、扫描长度和扫描宽度。按此基本的或省略的信息，PC-DMIS 将根据给出的边界点 1、2、3 来定出三角形面片，而方向由 D 的坐标来定；若增加了第四个边界点，则面片可以为四方形。具体操作过程如下。

1）选择"插入"→"扫描"命令，打开相应的对话框。

2）选择"曲面扫描"，进入曲面扫描设置参数。

3）将光标放在"边界点 1"位置，用手动方式在功能块上测量一系列点，这些点形成一个多边形区域，分别为起始点、方向点及边界点。或者在 CAD 数模上，用鼠标选取这些点（注意：此时应为曲面模式），如图 13-73 所示。

图 13-73　曲面扫描示意图

4）设定方向 1 方法中的"最大增量"为 2，即由起始点沿方向点方向扫描时测点间距最大为 2mm 1 个点。

5）设定方向 2 方法中的"增量"为 5，即扫描线之间的间距为 5mm。

6）设定"起始矢量"。PC-DMIS 会根据用户选取的点或测量的点，自动生成矢量，如果矢量不合适，用户可以根据各参数的含义进行适当修改。

7）导入 CAD 后，设置理论值方法为"查找标称值"。

8）设定"执行控制"。

9）选择"测头半径补偿"。

10）单击"生成"按钮，PC-DMIS 自动在 CAD 模型上查找扫描路径，如图 13-74 所示。

图 13-74　曲面扫描结果示意图

11）单击"创建"按钮，PC-DMIS 开始进行自动扫描。

（3）尺寸评价

1）选择"插入"→"尺寸评价"→"线轮廓度"命令，打开"线轮廓度"对话框。

2）选择要评价的开线，并定义平面 2、直线 2、直线 3 分别为 A、B、C 基准，定义公差为 0.2，创建开线扫描线轮廓度尺寸评价。

3）选择"插入"→"尺寸评价"→"面轮廓度"命令，打开"面轮廓度"对话框，选择扫描的曲面，选择 A、B、C 基准，创建曲面轮廓度评价。

4）选择"插入"→"报告"→"分析"命令，打开"报告分析"对话框，选中"轮廓度 2-扫描 2"，查看窗口，得到图 13-75 所示分析结果。

图 13-75　分析结果

（4）打印报告

1）选择"文件"→"打印"→"报告窗口打印设置"命令，打开"报告打印选项"对话框。

2）在"将报告输出到"组中勾选"文件"复选框，然后单击"浏览"按钮，选择"D:/report"位置。

3）选择"提示"输出方式，选择"PDF"格式。

4）在"输出选项"组勾选"打印背景色"复选框。

5）单击"确定"按钮。

（5）自动执行程序

1）自动执行程序。

注意：当程序执行到屏幕跳出一个"输入"类型的注释语句时，输入数字"123456"，然后单击"确定"按钮。当报告打印出来后，可以在报告中看到输入的数字。

2）保存并退出程序。

附　录

国家标准选摘

附表 1　参考的部分国家标准

GB/T 321—2005	优先数和优先数系
GB/T 6093—2001	几何量技术规范（GPS）长度标准 量块
JJG 146—2011	量块
GB/Z 20308—2006	产品几何技术规范（GPS）总体规划
GB/T 18780—2002	产品几何技术规范（GPS）几何要素
GB/T 13319—2003	产品几何量技术规范（GPS）几何公差 位置度公差注法
GB/T 1958—2017	产品几何量技术规范（GPS）几何公差 检测与验证
GB/T 4249—2018	产品几何技术规范（GPS）基础 概念、原则和规则
GB/T 1800.1—2009	产品几何技术规范（GPS） 极限与配合 第 1 部分：公差、偏差和配合的基础
GB/T 11336—2004	直线度误差检测
GB/T 11337—2004	平面度误差检测
GB/T 4380—2004	圆度误差的评定 两点、三点法
GB/T 1184—1996	形状和位置公差 未注公差值
GB/T 1182—2018	产品几何技术规范（GPS）几何公差 形状、方向、位置和跳动公差标注
GB/T 16671—2018	产品几何技术规范（GPS）几何公差 最大实体要求（MMR）、最小实体要求（LMR）和可逆要求（RPR）
GB/T 3505—2009	产品几何技术规范（GPS）表面结构 轮廓法 术语、定义及表面结构参数
GB/T 1031—2009	产品几何技术规范 表面结构 轮廓法 表面粗糙度参数及其数值
GB/T 131—2006	产品几何技术规范（GPS） 技术产品文件中表面结构的表示法
GB/T 7220—2004	产品几何技术规范（GPS） 表面结构 轮廓法 表面粗糙度 术语 参数测量
GB/T 21388—2008	游标、带表和数显深度卡尺
GB/T 21389—2008	游标、带表和数显卡尺
GB/T 1216—2018	外径千分尺
GB/T 20919—2018	电子数显外径千分尺
GB/T 1219—2008	指示表
GB/T 16455—2008	条式和框式水平仪
GB/T 1957—2006	光滑极限量规 技术条件
ISO 10360—1：2000	三坐标测量标准（中文版）

附表2 量块测量面上任意点的长度极限偏差 t_e 和长度变动量最大允许值 t_v （摘自 JJG 146—2011）

最大允许值/μm

标称长度 ln/mm	K级		0级		1级		2级		3级	
	±t_e	t_v	±t_e	t_v	±t_e	t_v	±t_e	t_v	±t_e	t_v
ln≤10	0.20	0.05	0.12	0.10	0.20	0.16	0.45	0.30	1.0	0.5
10<ln≤25	0.30	0.05	0.14	0.10	0.30	0.16	0.60	0.30	1.2	0.5
25<ln≤50	0.40	0.06	0.20	0.10	0.40	0.18	0.80	0.30	1.6	0.55
50<ln≤75	0.50	0.06	0.25	0.12	0.50	0.18	1.00	0.35	2.0	0.55
75<ln≤100	0.60	0.07	0.30	0.12	0.60	0.20	1.20	0.35	2.0	0.55
100<ln≤150	0.80	0.08	0.40	0.14	0.80	0.20	1.6	0.40	3.0	0.65
150<ln≤200	1.00	0.09	0.50	0.16	1.00	0.25	2.0	0.40	4.0	0.70
200<ln≤250	1.20	0.10	0.60	0.16	1.20	0.25	2.4	0.45	5.0	0.75
250<ln≤300	1.40	0.10	0.70	0.18	1.40	0.285	2.8	0.50	6.0	0.80
300<ln≤400	1.80	0.12	0.90	0.20	1.80	0.30	3.6	0.50	7.0	0.90
400<ln≤500	2.20	0.14	1.10	0.25	2.20	0.35	4.4	0.60	9.0	1.11
500<ln≤600	2.60	0.16	1.30	0.25	2.6	0.40	5.0	0.70	11.0	1.10
600<ln≤700	3.00	0.18	1.50	0.30	3.0	0.45	6.0	0.70	11.0	1.10
700<ln≤800	3.40	0.20	1.70	0.30	3.4	0.50	6.5	0.80	14.0	1.30
800<ln≤900	3.80	0.20	1.90	0.35	3.8	0.50	7.5	0.90	15.0	1.40
900<ln≤1000	4.20	0.25	2.00	0.40	4.2	0.60	8.0	1.00	17.0	1.50

注：距离测量面边缘 0.8mm 范围内不计。

331

附表 3　各等量块长度测量不确定度和长度变动量最大允许值（摘自 JJG 146—2011）

标称长度 ln/mm	1等		2等		3等		4等		5等	
	测量不确定度	长度变动量	测量不确定度	长度变动量	测量不确定度	长度变动量	测量不确定度	长度变动量	测量不确定度	长度变动量
	最大允许值/μm									
ln≤10	0.022	0.05	0.06	0.10	0.11	0.16	0.22	0.30	0.6	0.50
10<ln≤25	0.025	0.05	0.07	0.10	0.12	0.16	0.25	0.30	0.6	0.50
25<ln≤50	0.030	0.06	0.08	0.10	0.15	0.18	0.30	0.30	0.8	0.55
50<ln≤75	0.035	0.06	0.09	0.12	0.18	0.18	0.35	0.35	0.9	0.55
75<ln≤100	0.040	0.07	0.10	0.12	0.20	0.20	0.40	0.35	1.0	0.60
100<ln≤150	0.05	0.08	0.12	0.14	0.25	0.20	0.5	0.40	1.2	0.65
150<ln≤200	0.06	0.09	0.15	0.16	0.30	0.25	0.6	0.40	1.5	0.70
200<ln≤250	0.07	0.10	0.18	0.16	0.35	0.25	0.7	0.45	1.85	0.75
250<ln≤300	0.08	0.12	0.20	0.18	0.40	0.30	0.8	0.50	2.0	0.80
300<ln≤400	0.10	0.14	0.25	0.20	0.50	0.35	1.0	0.50	2.5	0.90
400<ln≤500	0.12	0.16	0.30	0.25	0.60	0.40	1.2	0.60	3.0	1.00
500<ln≤600	0.14	0.18	0.35	0.25	0.7	0.40	1.4	0.70	3.5	1.10
600<ln≤700	0.16	0.20	0.40	0.30	0.8	0.45	1.6	0.70	4.0	1.20
700<ln≤800	0.18	0.20	0.45	0.30	0.9	0.50	1.8	0.80	4.5	1.30
800<ln≤900	0.20	0.20	0.50	0.35	1.0	0.50	2.0	0.90	5.0	1.40
900<ln≤1000	0.22	0.25	0.55	0.40	1.1	0.60	2.2	1.00	5.5	1.50

注：1. 距离测量面边缘 0.8mm 范围内不计。
2. 表内测量不确定度置信概率为 0.99。

附表 4　直线度和平面度的未注公差值（摘自 GB/T 1184—1996）　　（单位：mm）

公差等级	基本长度范围					
	≤10	>10～30	>30～100	>100～300	>300～1000	>1000～3000
H	0.02	0.05	0.1	0.2	0.3	0.4
K	0.05	0.1	0.2	0.4	0.6	0.8
L	0.1	0.2	0.4	0.8	1.2	1.6

附表 5　垂直度未注公差值（摘自 GB/T 1184—1996）　　（单位：mm）

公差等级	基本长度范围			
	≤100	>100～300	>300～1000	>1000～3000
H	0.2	0.3	0.4	0.5
K	0.4	0.6	0.8	1
L	0.6	1	1.5	2

附表 6　对称度未注公差值（摘自 GB/T 1884—1996）　　（单位：mm）

公差等级	基本长度范围			
	≤100	>100～300	>300～1000	>1000～3000
H	0.5			
K	0.6		0.8	1
L	0.6	1	1.5	2

附表 7　圆跳动的未注公差值（摘自 GB/T 1184—1996）　　（单位：mm）

公差等级	圆跳动公差值
H	0.1
K	0.2
L	0.5

附表 8　直线度、平面度（摘自 GB/T 1184—1996）

主参数 L/mm	公差等级											
	1	2	3	4	5	6	7	8	9	10	11	12
	公差值/μm											
≤10	0.2	0.4	0.8	1.2	2	3	5	8	12	20	30	60
>10～16	0.25	0.5	1	1.5	2.5	4	6	10	15	25	40	80
>16～25	0.3	0.6	1.2	2	3	5	8	12	20	30	50	100
>25～40	0.4	0.8	1.5	2.5	4	6	10	15	25	40	60	120
>40～63	0.5	1	2	3	5	8	12	20	30	50	80	150
>63～100	0.6	1.2	2.5	4	6	10	15	25	40	60	100	200
>100～160	0.8	1.5	3	5	8	12	20	30	50	80	120	250
>160～250	1	2	4	6	10	15	25	40	60	100	150	300
>250～400	1.2	2.5	5	8	12	20	30	50	80	120	200	400
>400～630	1.5	3	6	10	15	25	40	60	100	150	250	500

续表

主参数 L/mm	公差等级											
	1	2	3	4	5	6	7	8	9	10	11	12
	公差值/μm											
>630～1000	2	4	8	12	20	30	50	80	120	200	300	600
>1000～1600	2.5	5	10	15	25	40	60	100	150	250	400	800
>1600～2500	3	6	12	20	30	50	80	120	200	300	500	1000
>2500～4000	4	8	15	25	40	60	100	150	250	400	600	1200
>4000～6300	5	10	20	30	50	80	120	200	300	500	800	1500
>6300～10000	6	12	25	40	60	100	150	250	400	600	1000	2000

附表9　圆度、圆柱度（摘自 GB/T 1184—1996）

主参数 d(D)/mm	公差等级												
	0	1	2	3	4	5	6	7	8	9	10	11	12
	公差值/μm												
≤3	0.1	0.2	0.3	0.5	0.8	1.2	2	3	4	6	10	14	25
>3～6	0.1	0.2	0.4	0.6	1	1.5	2.5	4	5	8	12	18	30
>6～10	0.12	0.25	0.4	0.6	1	1.5	2.5	4	6	9	15	22	36
>10～18	0.15	0.25	0.5	0.8	1.2	2	3	5	8	11	18	27	43
>18～30	0.2	0.3	0.6	1	1.5	2.5	4	6	9	13	21	33	52
>30～50	0.25	0.4	0.6	1	1.5	2.5	4	7	11	16	25	39	62
>50～80	0.3	0.5	0.8	1.2	2	3	5	8	13	19	30	46	74
>80～120	0.4	0.6	1	1.5	2.5	4	6	10	15	22	35	54	87
>120～180	0.6	1	1.2	2	3.5	5	8	12	18	25	40	63	100
>180～250	0.8	1.2	2	3	4.5	7	10	14	20	29	46	72	115
>250～315	1.0	1.6	2.5	4	6	8	12	16	23	32	52	81	130
>315～400	1.2	2	3	5	7	9	13	18	25	36	57	89	140
>400～500	1.5	2.5	4	6	8	10	15	20	27	40	63	97	155

附表10　平行度、垂直度、倾斜度（摘自 GB/T 1184—1996）

主参数 L，d(D)/mm	公差等级											
	1	2	3	4	5	6	7	8	9	10	11	12
	公差值/μm											
≤10	0.4	0.8	1.5	3	5	8	12	20	30	50	80	120
>10～16	0.5	1	2	4	6	10	15	25	40	60	100	150
>16～25	0.6	1.2	2.5	5	8	12	20	30	50	80	120	200
>25～40	0.8	1.5	3	6	10	15	25	40	60	100	150	250
>40～63	1	2	4	8	12	20	30	50	80	120	200	300
>63～100	1.2	2.5	5	10	15	25	40	60	100	150	250	400
>100～160	1.5	3	6	12	20	30	50	80	120	200	300	500
>160～250	2	4	8	15	25	40	60	100	150	250	400	600
>250～400	2.5	5	10	20	30	50	80	120	200	300	500	800

主参数 L，d(D)/mm	公差等级											
	1	2	3	4	5	6	7	8	9	10	11	12
	公差值/μm											
>400～630	3	6	12	25	40	60	100	150	250	400	600	1000
>630～1000	4	8	15	30	50	80	120	200	300	500	800	1200
>1000～1600	5	10	20	40	60	100	150	250	400	600	1000	1500
>1600～2500	6	12	25	50	80	120	200	300	500	800	1200	2000
>2500～4000	8	15	30	60	100	150	250	400	600	1000	1500	2500
>4000～6300	10	20	40	80	120	200	300	500	800	1200	2000	3000
>6300～10000	12	25	50	100	150	250	400	600	1000	1500	2500	4000

附表 11　同轴度、对称度、圆跳动和全跳动（摘自 GB/T 1184—1996）

主参数 d(D),B,L/mm	公差等级											
	1	2	3	4	5	6	7	8	9	10	11	12
	公差值/μm											
≤1	0.4	0.6	1.0	1.5	2.5	4	6	10	15	25	40	60
>1～3	0.4	0.6	1.0	1.5	2.5	4	6	10	20	40	60	120
>3～6	0.5	0.8	1.2	2	3	5	8	12	25	50	80	150
>6～10	0.6	1	1.5	2.5	4	6	10	15	30	60	100	200
>10～18	0.8	1.2	2	3	5	8	12	20	40	80	120	250
>18～30	1	1.5	2.5	4	6	10	15	25	50	100	150	300
>30～50	1.2	2	3	5	8	12	20	30	60	120	200	400
>50～120	1.5	2.5	4	6	10	15	25	40	80	150	250	500
>120～250	2	3	5	8	12	20	30	50	100	200	300	600
>250～500	2.5	4	6	10	15	25	40	60	120	250	400	800
>500～800	3	5	8	12	20	30	50	80	150	300	500	1000
>800～1250	4	6	10	15	25	40	60	100	200	400	600	1200
>1250～2000	5	8	12	20	30	50	80	120	250	500	800	1500
>2000～3150	6	10	15	25	40	60	100	150	300	600	1000	2000
>3150～5000	8	12	20	30	50	80	120	200	400	800	1200	2500
>5000～8000	10	15	25	40	60	100	150	250	500	1000	1500	3000
>8000～10000	12	20	30	50	80	120	200	300	600	1200	2000	4000

附表 12　Ra 参数值与取样长度 lr 值的对应关系（摘自 GB/T 1031—2009）

Ra / μm	lr / mm	ln / mm($ln = 5lr$)
≥ 0.008 ～0.02	0.08	0.4
>0.02～0.1	0.26	1.25
>0.1～2.0	0.8	4.0
>2.0～10.0	2.5	12.5
>10.0～80.0	8.0	40.0

附表 13　*Rz* 参数数值与取样长度 *lr* 值的对应关系（摘自 GB/T 1031—2009）

Rz/μm	*lr*/mm	*ln* / mm(*ln* = 5*lr*)
≥0.025 ～0.10	0.08	0.4
>0.10～0.50	0.25	1.25
>0.50～10.0	0.8	4.0
>10.0～50.0	2.5	12.5
>50～320	8.0	40.0

附表 14　公称尺寸至 3150mm 的标准公差数值（摘自 GB/T 1800.1—2009）

公称尺寸/mm		标准公差等级																	
大于	至	IT1	IT2	IT3	IT4	IT5	IT6	IT7	IT8	IT9	IT10	IT11	IT12	IT3	IT14	IT15	IT16	IT17	IT18
												mm							
—	3	0.8	1.2	2	3	4	6	10	14	25	40	60	0.1	0.14	0.25	0.4	0.6	1	1.4
3	6	1	1.5	2.5	4	5	8	12	18	60	48	75	0.12	0.18	0.3	0.48	0.75	1.2	1.8
6	10	1	1.5	2.5	4	6	9	15	22	36	58	90	0.15	0.22	0.36	0.58	0.9	1.5	2.2
10	18	1.2	2	3	5	8	11	18	27	43	70	110	0.18	0.27	0.43	0.7	1.1	1.8	2.7
18	30	1.5	2.5	4	6	9	13	21	33	52	84	130	0.21	0.33	0.52	0.84	1.3	2.1	3.3
30	50	1.5	2.5	4	7	11	16	25	39	62	100	160	0.25	0.39	0.62	1	1.6	2.5	3.9
50	80	2	3	5	8	13	19	30	46	74	120	190	0.3	0.46	0.74	1.2	1.9	3	4.6
80	120	2.5	4	6	10	15	22	35	54	87	140	220	0.35	0.54	0.87	1.4	2.2	3.5	5.4
120	180	3.5	5	8	12	18	25	40	63	100	160	250	0.4	0.63	1	1.6	2.5	4	6.3
180	250	4.5	7	10	14	20	29	46	72	115	185	290	0.46	0.72	1.15	1.85	2.9	4.6	7.2
250	315	6	8	12	16	23	32	52	81	130	210	320	0.52	0.81	1.3	2.1	3.2	5.2	8.1
315	400	7	9	13	18	25	36	57	89	140	230	360	0.57	0.89	1.4	2.3	3.6	5.7	8.9
400	500	8	10	15	20	27	40	63	97	155	250	400	0.63	0.97	1.55	2.5	4	6.3	9.7
500	630	9	11	16	22	32	44	70	110	175	280	440	0.7	1.1	1.75	28	4.4	7	11
630	800	10	13	18	25	36	50	80	125	200	320	500	0.8	1.25	2	3.2	5	8	12.5
800	1000	11	15	21	28	40	56	90	140	230	360	560	0.9	1.4	2.3	3.6	5.6	9	14
1000	1250	13	18	24	33	47	66	105	165	260	420	660	1.05	1.65	2.6	4.2	6.6	1.5	16.5
1250	1600	15	21	29	39	55	78	125	195	310	500	780	1.25	1.95	3.1	5	7.8	12.5	19.5
1600	2000	18	25	35	46	65	92	150	230	370	600	920	1.5	2.3	3.7	6	9.2	15	23
2000	2500	22	30	41	55	78	110	175	280	440	700	1100	1.75	2.8	4.4	7	11	17.5	28
2500	3150	26	36	50	68	96	135	210	330	540	860	1350	2.1	3.3	5.4	8.6	13.5	21	33

注：1. 公称尺寸大于 500mm 的 IT1～IT5 的标准公差数值为试行的。

2. 公称尺寸小于或等于 1mm 时，无 IT14～IT18。

附表 15　轴的基本偏差数值（摘自 GB/T 1800.1—2009）

（单位：μm）

公称尺寸/mm 大于	至	基本偏差数值（上极限偏差 es） 所有标准公差等级										
		a	b	c	cd	d	e	ef	f	fg	g	h	js
—	3	-270	-140	-60	-34	-20	-14	-10	-6	-4	-2	0	
3	6	-270	-140	-70	-46	-30	-20	-14	-10	-6	-4	0	
6	10	-280	-150	-80	-56	-40	-25	-18	-13	-8	-5	0	
10	14	-290	-150	-90		-50	-32		-16		-6	0	
14	18												
18	24	-300	-160	-110		-65	-40		-20		-7	0	
24	30												
30	40	-310	-170	-120		-80	-50		-25		-9	0	
40	50	-320	-180	-130									
50	65	-340	-190	-140		-100	-60		-30		-10	0	
65	80	-360	-200	-150									
80	100	-380	-220	-170		-120	-72		-36		-12	0	
100	120	-410	-240	-180									
120	140	-460	-260	-200		-145	-85		-43		-14	0	
140	160	-520	-280	-210									
160	180	-580	-310	-230									
180	200	-660	-340	-240		-170	-100		-50		-15	0	
200	225	-740	-380	-260									
225	250	-820	-420	-280									
250	280	-920	-480	-300		-190	-110		-56		-17	0	
280	315	-1050	-540	-330									
315	355	-1200	-600	-360		-210	-125		-62		-18	0	
355	400	-1350	-680	-400									

js 列：偏差 $=\pm\dfrac{\text{IT}n}{2}$，式中 IT$n$ 是 IT 值值数

续表

基本偏差数值（上极限偏差 es）

所有标准公差等级

公称尺寸/mm		a	b	c	cd	d	e	ef	f	fg	g	h	ja
大于	至												
400	450	-1500	-760	-440		-230	-135		-68		-20	0	
450	500	-1650	-840	-480		-260	-145		-76		-22	0	
500	560					-290	-160		-80		-24	0	
560	630												
630	710					-320	-170		-86		-26	0	
710	800												
800	900					-350	-195		-98		-28	0	
900	1000												
1000	1120					-390	-220		-110		-30	0	
1120	1250												
1250	1400					-430	-240		-120		-32	0	
1400	1600												
1600	1800					-480	-260		-130		-34	0	
1800	2000												
2000	2240					-520	-290		-145		-38	0	
2240	2500												
2500	2800												
2800	3150												

续表

基本偏差数值（下极限偏差 ei）　　　所有标准公差等级

公称尺寸/mm 大于	至	j			k		m	n	p	r	s	t	u	v	x	y	z	za	zb	zc
		IT5和IT6	IT7	IT8	IT4~IT7	≤IT3>IT7														
—	3	−1	−4	−6	0	0	+2	+4	+6	+10	+14		+18		+20		+26	+32	+40	+60
3	6	−2	−4		+1	0	+4	+8	+12	+15	+19		+23		+28		+35	+42	+50	+80
6	10	−2	−5		+1	0	+6	+10	+15	+19	+23		+28		+34		+42	+52	+67	+97
10	14	−3	−6		+1	0	+7	+12	+18	+23	+28		+33		+40		+50	+64	+90	+130
14	18					0								+39	+45		+60	+77	+108	+150
18	24	−4	−8		+2	0	+8	+15	+22	+28	+35		+41	+47	+54	+63	+73	+98	+136	+188
24	30					0						+41	+48	+55	+64	+74	+88	+118	+160	+218
30	40	−5	−10		+2	0	+9	+17	+26	+34	+43	+48	+60	+68	+80	+94	+112	+148	+200	+274
40	50					0						+54	+70	+81	+97	+114	+136	+180	+242	+325
50	65	−7	−12		+2	0	+11	+20	+32	+41	+53	+66	+87	+102	+122	+144	+172	+226	+300	+405
65	80					0				+43	+59	+75	+102	+120	+146	+174	+210	+274	+360	+480
80	100	−9	−15		+3	0	+13	+23	+37	+51	+71	+91	+124	+146	+178	+214	+258	+335	+445	+585
100	120					0				+54	+79	+104	+144	+172	+210	+254	+310	+400	+525	+690
120	140	−11	−18		+3	0	+15	+27	+43	+63	+92	+122	+170	+202	+248	+300	+365	+470	+620	+800
140	160					0				+65	+100	+134	+190	+228	+280	+340	+415	+535	+700	+900
160	180					0				+68	+108	+146	+210	+252	+310	+380	+465	+600	+780	+1000
180	200	−13	−21		+4	0	+17	+31	+50	+77	+122	+166	+236	+284	+350	+425	+520	+670	+880	+1150
200	225					0				+80	+130	+180	+258	+310	+385	+470	+575	+740	+960	+1250
225	250					0				+84	+140	+196	+284	+340	+425	+520	+640	+820	+1050	+1350
250	280	−16	−26		+4	0	+20	+34	+56	+94	+158	+218	+315	+385	+475	+580	+710	+920	+1200	+1550
280	315					0				+98	+170	+240	+350	+425	+525	+650	+790	+1000	+1300	+1700
315	355	−18	−28		+4	0	+21	+37	+62	+108	+190	+268	+390	+475	+590	+730	+900	+1150	+1500	+1900
355	400					0				+114	+208	+294	+435	+530	+660	+820	+1000	+1300	+1650	+2100

续表

基本偏差数值（下极限偏差 ei）

公称尺寸/mm 大于	至	j IT5和IT6	j IT7	j IT8	k IT4~IT7	k ≤IT3>IT7	所有标准公差等级 m	n	p	r	s	t	u	v	x	y	z	za	zb	zc
400	450	−20	−32		+5	0	+23	+40	+68	+126	+232	+330	+490	+590	+740	+920	+1100	+1450	+1850	+2400
450	500									+132	+252	+360	+540	+660	+820	+1000	+1250	+1600	+2100	+2600
500	560				0	0	+26	+44	+78	+150	+280	+400	+600							
560	630									+155	+310	+450	+660							
630	710				0	0	+30	+50	+88	+175	+340	+500	+740							
710	800									+185	+380	+560	+840							
800	900				0	0	+34	+56	+100	+210	+430	+620	+940							
900	1000									+220	+470	+680	+1050							
1000	1120				0	0	+40	+66	+120	+250	+520	+780	+1150							
1120	1250									+260	+580	+840	+1300							
1250	1400				0	0	+48	+78	+140	+300	+640	+960	+1450							
1400	1600									+330	+720	+1050	+1600							
1600	1800				0	0	+58	+92	+170	+370	+820	+1200	+1850							
1800	2000									+400	+920	+1350	+2000							
2000	2240				0	0	+68	+110	+195	+440	+1000	+1500	+2300							
2240	2500									+460	+1100	+1650	+2500							
2500	2800				0	0	+76	+135	+240	+550	+1250	+1900	+2900							
2800	3150									+580	+1400	+2100	+3200							

注：公称尺寸小于或等于 1mm 时，基本偏差 a 和 b 均不采用，公差带 js7～js11，若 ITn 值数是奇数，则取偏差 = $\pm \dfrac{ITn-1}{2}$。

附表 16　孔的基本偏差数值（摘自 GB/T 1800.1—2009）

（单位：μm）

下极限偏差 EI（所有标准公差等级）：A、B、C、CD、D、E、EF、F、FG、G、H、JS；　上极限偏差 ES：J、K、M、N、P～ZC

公称尺寸/mm 大于	至	A	B	C	CD	D	E	EF	F	FG	G	H	JS	J IT6	J IT7	J IT8	K ≤IT8	K >IT8	M ≤IT8	M >IT8	N ≤IT8	N >IT8	P～ZC ≤IT7
—	3	+270	+140	+60	+34	+20	+14	+10	+6	+4	+2	0	偏差 = ±$\frac{ITn}{2}$，式中 ITn 是IT值数	+2	+4	+6	0	0	−2	−2	−4	−4	在大于IT7的相应数值上增加一个Δ值
3	6	+270	+140	+70	+46	+30	+20	+14	+10	+6	+4	0		+5	+6	+10	−1+Δ	0	−4+Δ	−4	−8+Δ	0	
6	10	+280	+150	+80	+56	+40	+25	+18	+13	+8	+5	0		+5	+8	+12	−1+Δ	0	−6+Δ	−6	−10+Δ	0	
10	14	+290	+150	+95		+50	+32		+16		+6	0		+6	+10	+15	−1+Δ	0	−7+Δ	−7	−12+Δ	0	
14	18	+290	+150	+95																			
18	24	+300	+160	+110		+65	+40		+20		+7	0		+8	+12	+20	−2+Δ	0	−8+Δ	−8	−15+Δ	0	
24	30	+300	+160	+110																			
30	40	+310	+170	+120		+80	+50		+25		+9	0		+10	+14	+24	−2+Δ	0	−9+Δ	−9	−17+Δ	0	
40	50	+320	+180	+130																			
50	65	+340	+190	+140		+100	+60		+30		+10	0		+13	+18	+28	−2+Δ	0	−11+Δ	−11	−20+Δ	0	
65	80	+360	+200	+150																			
80	100	+380	+220	+170		+120	+72		+36		+12	0		+16	+22	+34	−2+Δ	0	−13+Δ	−13	−23+Δ	0	
100	120	+410	+240	+180																			
120	140	+460	+260	+200		+145	+85		+43		+14	0		+18	+26	+41	−3+Δ	0	−15+Δ	−15	−27+Δ	0	
140	160	+520	+280	+210																			
160	180	+580	+310	+230																			
180	200	+660	+340	+240		+170	+100		+50		+15	0		+22	+30	+47	−3+Δ	0	−17+Δ	−17	−31+Δ	0	
200	225	+740	+380	+260																			
225	250	+820	+420	+280																			
250	280	+920	+480	+300		+190	+110		+56		+17	0		+25	+36	+55	−4+Δ	0	−20+Δ	−20	−34+Δ	0	
280	315	+1050	+540	+330																			
315	355	+1200	+600	+360		+210	+125		+62		+18	0		+29	+39	+60	−4+Δ	0	−21+Δ	−21	−37+Δ	0	
355	400	+1350	+680	+400																			

续表

公称尺寸/mm 大于	至	A	B	C	CD	D	E	EF	F	FG	G	H	JS	J IT6	J IT7	J IT8	K IT8	M IT8	M IT8	N IT8	N IT8	P~ZC IT7
		下极限偏差 EI（所有标准公差等级）												上极限偏差 ES（基本偏差数值）								
400	450	+1500	+760	+440		+230	+135		+68		+20	0		+33	+43	+66	-5+Δ	-23+Δ	-23	-40+Δ	0	
450	500	+1650	+840	+480																		
500	560					+260	+145		+76		+22	0					0	-26		-44		
560	630																					
630	710					+290	+160		+80		+24	0					0	-30		-50		
710	800																					
800	900					+320	+170		+86		+26	0					0	-34		-56		
900	1000																					
1000	1120					+350	+195		+98		+28	0					0	-40		-66		
1120	1250																					
1250	1400					+390	+220		+110		+30	0					0	-48		-78		
1400	1600																					
1600	1800					+430	+240		+120		+32	0					0	-58		-92		
1800	2000																					
2000	2240					+480	+260		+130		+34	0					0	-68		-110		
2240	2500																					
2500	2800					+520	+290		+145		+38	0					0	-76		-135		
2800	3150																					

续表

公称尺寸/mm		基本偏差数值 上极限偏差 ES 标准公差等级大于 IT7												Δ值 标准公差等级					
大于	至	P	R	S	T	U	V	X	Y	Z	ZA	ZB	ZC	IT3	IT4	IT5	IT6	IT7	IT8
—	3	-6	-10	-14		-18		-20		-26	-32	-40	-60	0	0	0	0	0	0
3	6	-12	-15	-19		-23		-28		-35	-42	-50	-80	1	1.5	1	3	4	6
6	10	-15	-19	-23		-28		-34		-42	-52	-67	-97	1	1.5	2	3	6	7
10	14	-18	-23	-28		-33		-40		-50	-64	-90	-130	1	2	3	3	7	9
14	18						-39	-45		-60	-77	-108	-150						
18	24	-22	-28	-35		-41	-47	-54	-63	-73	-98	-136	-188	1.5	2	3	4	8	12
24	30				-41	-48	-55	-64	-75	-88	-118	-160	-218						
30	40	-26	-34	-43	-48	-60	-68	-80	-94	-112	-148	-200	-274	1.5	3	4	5	9	14
40	50				-54	-70	-81	-97	-114	-136	-180	-242	-325						
50	65	-32	-41	-53	-66	-87	-102	-122	-144	-172	-226	-300	-405	2	4	5	6	11	16
65	80		-43	-59	-75	-102	-120	-146	-174	-210	-274	-360	-480						
80	100	-37	-51	-71	-91	-124	-146	-178	-214	-258	-335	-445	-585	2	4	5	7	13	19
100	120		-54	-79	-104	-144	-172	-210	-254	-310	-400	-525	-690						
120	140	-43	-63	-92	-122	-170	-202	-248	-300	-365	-470	-620	-800	3	4	6	7	15	23
140	160		-65	-100	-134	-190	-228	-280	-340	-415	-535	-700	-900						
160	180		-68	-108	-146	-210	-252	-310	-380	-465	-600	-780	-1000						
180	200	-50	-77	-122	-166	-236	-284	-350	-425	-520	-670	-880	-1150	3	4	6	9	17	26
200	225		-80	-130	-180	-258	-310	-385	-470	-575	-740	-960	-1250						
225	250		-84	-140	-196	-284	-340	-425	-520	-640	-820	-1050	-1350						
250	280	-56	-94	-158	-218	-315	-385	-475	-580	-710	-920	-1200	-1550	4	4	7	9	20	29
280	315		-98	-170	-240	-350	-425	-525	-650	-790	-1000	-1300	-1700						
315	355	-62	-108	-190	-268	-390	-475	-590	-730	-900	-1150	-1500	-1900	4	5	7	11	21	32
355	400		-114	-208	-294	-435	-530	-660	-820	-1000	-1300	-1650	-2100						

续表

公称尺寸/mm		基本偏差数值 上极限偏差 ES												Δ值					
		标准公差等级大于 IT7												标准公差等级					
大于	至	P	R	S	T	U	V	X	Y	Z	ZA	ZB	ZC	IT3	IT4	IT5	IT6	IT7	IT8
400	450	-68	-126	-232	-330	-490	-595	-740	-920	-1100	-1450	-1850	-2400	5	5	7	13	23	34
450	500	-68	-132	-252	-360	-540	-660	-820	-1000	-1250	-1600	-2100	-2600						
500	560	-78	-150	-280	-400	-600													
560	630	-78	-155	-310	-450	-660													
630	710	-88	-175	-340	-500	-740													
710	800	-88	-185	-380	-560	-840													
800	900	-100	-210	-430	-620	-940													
900	1000	-100	-220	-470	-680	-1050													
1000	1120	-120	-250	-520	-780	-1150													
1120	1250	-120	-260	-580	-840	-1300													
1250	1400	-140	-300	-640	-960	-1450													
1400	1600	-140	-330	-720	-1050	-1600													
1600	1800	-170	-370	-820	-1200	-1850													
1800	2000	-170	-400	-920	-1350	-2000													
2000	2240	-195	-440	-1000	-1500	-2300													
2240	2500	-195	-460	-1100	-1650	-2500													
2500	2800	-240	-550	-1250	-1900	-2900													
2800	3150	-240	-580	-1400	-2100	-3200													

注：1. 公称尺寸小于或等于 1mm 时，基本偏差 A 和 B 及大于 IT8 的 N 均不采用。公差带 JS7 至 JS11，若 ITn 值数是奇数，则取偏差 $= \dfrac{\mathrm{IT}(n-1)}{2}$。

2. 对小于或等于 IT8 的 K、M、N 和小于或等于 IT7 的 P~ZC，所需 Δ 值从表内右侧选取，如 18~30mm 段的 K7，Δ=8μm，ES=2+8=+6(μm)；18~30mm 段的 S6，Δ=4μm，所以 ES=35+4=31(μm)，特殊情况为 250~315mm 段的 M6，ES=9μm（代替-11μm）。

参 考 文 献

陈强华，何永熹，2015. 几何精度规范学[M]. 北京：北京理工大学出版社.

陈晓华，2006. 机械精度设计与检测[M]. 北京：中国计量出版社.

陈于萍，2005. 互换性与测量技术[M]. 北京：高等教育出版社.

丛树岩，龚雪，2016. 互换性与技术测量[M]. 北京：机械工业出版社.

付风岚，胡业发，张新宝，2006. 公差与检测技术[M]. 北京：科学出版社.

甘永立，2008. 几何量公差与检测[M]. 8 版. 上海：上海科学技术出版社.

海克斯康测量技术有限公司，2007. 实用坐标测量技术[M]. 北京：化学工业出版社.

韩进宏，2006. 互换性测量技术基础[M]. 北京：中国林业出版社.

何贡，2005. 互换性与测量技术[M]. 2 版. 北京：中国计量出版社.

黄镇昌，2003. 互换性与测量技术[M]. 广州：华南理工大学出版社.

技能士の友编辑部，2009. 测量技术[M]. 徐之梦，翁翎，译. 北京：机械工业出版社.

孔庆华，母福生，刘传绍，2008. 极限配合与测量技术基础[M]. 2 版. 上海：同济大学出版社.

李军，2007. 互换性与测量技术[M]. 武汉：华中科技大学出版社.

刘美红，张秀娟，吴林峰，等，2013. 互换性与测量技术[M]. 武汉：华中科技大学出版社.

卢志珍，2007. 互换性与测量技术[M]. 成都：电子科技大学出版社.

庞学慧，武文革，2009. 互换性与测量技术基础[M]. 北京：电子工业出版社.

任桂华，胡凤兰，2013. 互换性与技术测量实验指导书[M]. 武汉：华中科技大学出版社.

王伯平，2009. 互换性与测量技术基础[M]. 北京：机械工业出版社.

王金武，2013. 互换性与测量技术[M]. 武汉：华中科技大学出版社.

吴静，2008. 机械检测技术：中职数控[M]. 四川：重庆大学出版社.

徐茂功，2009. 公差配合与技术测量[M]. 3 版. 北京：机械工业出版社.

杨沿平，2013. 机械精度设计与检测技术基础[M]. 北京：机械工业出版社.

余兴波，2014. 互换性与技术测量[M]. 武汉：华中科技大学出版社.

张国雄，1999. 三坐标测量机[M]. 天津：天津大学出版社.

张铁，李旻，2010. 互换性与测量技术[M]. 北京：清华大学出版社.

周湛学，赵小明，雒运强，2009. 图解机械零件精度测量及实例[M]. 北京：化学工业出版社.